U0378418

新视野电子电气科技丛书

基于MATLAB的
电力电子技术和
交直流调速系统仿真

（第2版）

陈中　编著

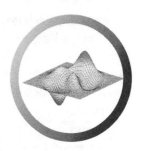

清华大学出版社
北京

内 容 简 介

本书主要介绍基于 MATLAB 的电力电子技术和交直流调速系统仿真,在适当阐述工作原理的基础上,重点介绍系统的仿真模型建立方法和仿真结果分析,对于不能直接调用的仿真模块进行修改并说明其工作原理。

全书共分 7 章:第 1 章为基础内容,着重介绍 MATLAB 基本操作与模型库中模块浏览;第 2~7 章为电力电子和交直流调速系统仿真模型的建立和仿真结果分析。全书提供了大量应用实例。

本书的特点是将电力电子技术、交直流调速系统与 MATLAB 仿真有机地结合在一起,叙述简洁、概念清楚。

本书适合作为高等学校电气类、自动化类及其相关专业高年级本科生、研究生的教材和教师参考书,也可供相关技术人员参考。

图书在版编目(CIP)数据

基于 MATLAB 的电力电子技术和交直流调速系统仿真/陈中编著.—2 版.—北京:清华大学出版社,2019
(2023.3重印)

(新视野电子电气科技丛书)

ISBN 978-7-302-53540-9

Ⅰ.①基… Ⅱ.①陈… Ⅲ.①电力电子技术-系统仿真-MATLAB 软件 ②交流电机-调速-系统仿真-MATLAB 软件 ③直流电机-调速-系统仿真-MATLAB 软件 Ⅳ.①TM1-39 ②TM330.12 ③TM340.12

中国版本图书馆 CIP 数据核字(2019)第 180081 号

责任编辑:文 怡
封面设计:台禹微
责任校对:李建庄
责任印制:刘海龙

出版发行:清华大学出版社
    网 址:http://www.tup.com.cn,http://www.wqbook.com
    地 址:北京清华大学学研大厦 A 座   邮 编:100084
    社 总 机:010-83470000   邮 购:010-62786544
    投稿与读者服务:010-62776969,c-service@tup.tsinghua.edu.cn
    质量反馈:010-62772015,zhiliang@tup.tsinghua.edu.cn
    课件下载:http://www.tup.com.cn,010-83470236
印 装 者:三河市铭诚印务有限公司
经 销:全国新华书店
开 本:185mm×260mm 印 张:19.75   字 数:482 千字
版 次:2014 年 11 月第 1 版 2019 年 10 月第 2 版   印 次:2023 年 3 月第 4 次印刷
定 价:59.00 元

产品编号:084425-01

第2版 前言

FOREWORD

《基于 MATLAB 的电力电子技术和交直流调速系统仿真》第 1 版已经出版接近 5 年了，受到了读者的好评，并被部分高校选为教材。随着 MATLAB 新版本的不断推出，当初采用的版本 MATLAB 6.5.1 已不符合潮流，故用 MATLAB R2014a 版本重新编写。

MATLAB 是美国 MathWorks 公司出品的商业数学软件，用于算法开发、数据可视化、数据分析以及数值计算的高级技术计算语言和交互式环境，主要包括 MATLAB 和 Simulink 两部分。MATLAB 是 Matrix Laboratory 的组合，意为矩阵工厂（矩阵实验室）。它将数值分析、矩阵计算、科学数据可视化以及非线性动态系统的建模和仿真等诸多强大功能集成在一个易于使用的视窗环境中，为科学研究、工程设计以及必须进行有效数值计算的众多科学领域提供了一种全面的解决方案，并在很大程度上摆脱了传统非交互式程序设计语言（如 C、FORTRAN）的编辑模式，代表了当今国际科学计算软件的先进水平。

基于框图仿真平台的 Simulink 是在 1993 年发行的，它是以 MATLAB 强大计算功能为基础，以直观的模块框图进行仿真和计算的。Simulink 提供了各种仿真工具，尤其是它不断扩展的、内容丰富的模块库，为系统仿真提供了极大的便利。在 Simulink 平台上，通过拖曳和连接典型的模块就可以绘制仿真对象的框图，对模型进行仿真。在 Simulink 平台上，仿真模型可读性强，避免了在 MATLAB 窗口中使用 MATLAB 命令和函数仿真时需要熟悉记忆大量函数的问题。

Simulink 环境下的电力系统模块库（PowerSystem Blockset）是由加拿大 HydroQuebec 和 TESCIM Internation 公司共同开发的，其功能非常强大，可用于电路、电力电子系统、电动机控制系统、电力传输系统等领域的仿真。

MATLAB 软件更新很快，几乎每隔一段时间就有新版本推出，但从笔者个人实践中来看，MATLAB 版本差别为：MATLAB 6.5 版本和 MATLAB 6.5.1 版本相比，前者不分控制信号和主电路信号，MATLAB 7.0 版本和 MATLAB 6.5.1 版本相比，前者多了 Powergui 模块；而 MATLAB R2014a 版本与以前版本有较大差异，但与 MATLAB R2018b 版本相差不大。两者之间除了一些无关紧要的模块（如示波器模块）、模块名的设置稍有不同外，其他的操作方法和仿真模块基本上没有区别，就电力电子和交直流调速仿真而言，笔者更倾向于采用 MATLAB 6.5.1 版本，但其缺点是只能在 Windows XP 操作系统上运行，检测多次谐波比较烦琐。所以本书使用 MATLAB R2014a 版本。

本书依然保留了之前版本的一些重要仿真模型，而且如果读者使用的是 MATLAB 其他版本而达不到书中效果，可以在仿真模型基础上适当修改参数和算法。特此说明。

本书主要基于顾春雷副教授和笔者编著的《电力拖动自动控制系统与 MATLAB 仿真》

进行扩展,增加了一部分内容,并修正了某些错误,电力电子部分主要以冷增祥、徐以荣编著的《电力电子技术基础》为蓝本,交直流调速部分主要以陈伯时编著的《电力拖动自动控制系统》为蓝本,开关电源部分主要以阚加荣编著的《开关电源及技术》为蓝本进行仿真,在此向顾春雷、冷增祥、徐以荣、陈伯时、阚加荣等人表示衷心感谢。

　　本书共分为7章:第1章介绍MATLAB简介与基本操作,内容包括Simulink和Sim PowerSystems模型库中的各模块的含义,以及一些基本操作,如模块的修改、示波器的设置等;第2章介绍电力电子整流电路仿真,包括不同类型整流电路带不同负载时的仿真模型和仿真结果分析;第3章介绍电力电子有源逆变仿真,介绍不同类型整流电路有源逆变的仿真模型和仿真结果;第4章介绍电力电子无源逆变仿真,包括晶闸管逆变和全控器件逆变;第5章介绍交流调压和直流变换仿真;第6章介绍直流调速系统仿真,重点是调节器参数和电动机参数的确定;第7章介绍交流调速系统的MATLAB仿真,包括交流调速系统仿真模型的建立和仿真结果分析。

　　本书编写过程中得到了盐城工学院电气学院各位领导以及同事的大力支持和帮助,特别是陈冲副教授、阚加荣副教授,安徽徽电科技股份有限公司朱代忠工程师也给予了很大帮助,在此向他们表示衷心感谢。

　　由于笔者水平有限,书中可能有许多不足之处,欢迎读者批评指正。

　　谨以此书献给我的亲朋好友!

陈　中

2019年8月

课件下载

CONTENTS

第1章

MATLAB简介与基本操作

1.1　MATLAB 简介

MATLAB 语言是由美国的 Clever Moler 博士于 1980 年开发的。在许多专家的努力下,经过多次扩充修改,历经升级,现已发布到 MATLAB R2018 以上版本,成为流行全球、深受用户欢迎的计算机辅助设计软件工具。

Clever Moler 博士最早是为了解决数学中矩阵运算而开发了 MATLAB 语言,MATLAB 是 Matrix Laboratory(矩阵实验室)的缩写。MATLAB 语言早期主要用于解决科学和工程的复杂数学计算问题,由于它使用方便、输入便捷、运算高效、适应科技人员的思维方式,成为科技界广泛使用的软件。

基于框图仿真平台的 Simulink 是在 1993 年发布的。它以 MATLAB 的强大计算功能为基础,以直观的模块框图进行仿真和计算。Simulink 提供了各种仿真工具,尤其是它不断扩展的、内容丰富的模块库,为系统仿真提供了极大的便利。在 Simulink 平台上,通过拖曳和连接典型的模块就可以绘制仿真对象的框图,对模型进行仿真。这种仿真模型可读性强,避免了在 MATLAB 窗口中使用 MATLAB 命令和函数仿真时需要熟悉记忆大量函数的问题。

由于 Simulink 原本是为控制系统的仿真而建立的工具箱,在使用中易编程、易拓展,并且可以解决 MATLAB 不易解决的非线性、变系数等问题。它能支持连续系统和离散系统的仿真,并且支持多种采样频率系统的仿真,即不同的系统能以不同的采样频率组合,这样就可以仿真较为复杂的系统。各学科领域根据自己的需要,以 MATLAB 为基础,开发了大量的专用仿真程序,把这些程序以模块的形式放入 Simulink 中,就形成了多种多样的模块库。

Simulink 环境下的电力系统模块库(PowerSystem Blockset)是由加拿大 HydroQuebec 和 TESCIM Internation 公司共同开发的,其功能非常强大,可以用于电路、电力电子系统、电动机控制系统、电力传输系统等领域的仿真。本书主要介绍电力电子技术和电力拖动自动控制系统的建模和仿真。

1.2　Simulink/SimPowerSystems 模型窗口

1.2.1　Simulink 的工作环境

从 MATLAB 窗口进入 Simulink 环境有以下几种方法。

（1）在 MATLAB 的菜单栏上选择"新建"菜单,在下拉菜单中的选项中选择 Simulink Model 命令。

（2）在 MATLAB 的工具栏上单击 Simulink 库按钮,然后在打开的模型库浏览窗口菜单上单击 按钮。

（3）在 MATLAB 的命令窗口中输入 Simulink 后按回车键,然后在打开的模型库浏览窗口菜单上单击 按钮。

完成上述操作之一后,屏幕上出现 Simulink 的工作窗口,如图 1-1 所示。菜单栏包含 File(文件)、Edit(编辑)、View(查看)、Display(显示)、Diagram(图表)、Simulation(仿真)、Analysis(分析)、Code(代码)、Tools(工具)和 Help(帮助)等主要功能菜单,第二栏是菜单命令的等效按钮。窗口下方有仿真状态提示栏,启动仿真后,在该栏中可以提示仿真进度和使用的仿真算法。窗口空白部分是绘制仿真模型框图的空间,这就是对系统仿真的主要工作平台。

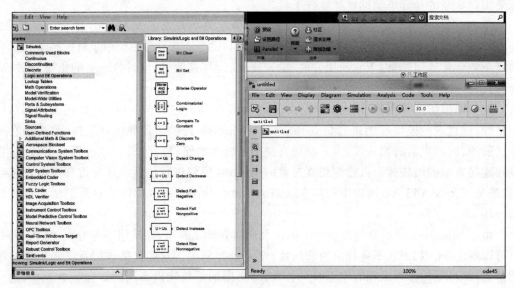

图 1-1　Simulink 工作窗口

10 项主菜单项都有其下拉菜单,每个菜单项为一个命令,只要用鼠标选中,即可执行菜单项命令所规定的操作,以下是各个菜单项命令的等效快捷键及功能。

1. File 文件菜单

New　Ctrl+N　　　　　　　　　创建新的模型

Open　Ctrl＋O　　　　　　　打开已存在的模型文件

Close　Ctrl＋W　　　　　　关闭当前的 Simulink 工作窗口模型

Save　Ctrl＋S　　　　　　　保存当前的文件模型,文件名、路径、子目录保持不变

Save as　　　　　　　　　将模型另外保存

Sources control　　　　　设置 Simulink 与资源控制接口

Export model to　　　　　把模型发送到

Report　　　　　　　　　报告

Model properties　　　　　模型属性

Print　Ctrl＋P　　　　　　打印模型

Simulink preferences　　　仿真优先

Exit MATLAB　Ctrl＋Q　　退出 MATLAB

2. Edit 编辑菜单

Undo copy　Ctrl＋Z　　　　撤销前次操作

Can't redo　Ctrl＋Y　　　　恢复前次操作

Cut　Ctrl＋X　　　　　　　剪切当前选定内容,放在剪贴板上

Copy　Ctrl＋C　　　　　　复制

Copy current view to clipboard　复制选定内容,放在剪贴板上

Paste　Ctrl＋V　　　　　　将剪贴板上内容粘贴到光标所在位置

Past duplicate inport　　　为子系统或外部输入创建输入端口

Select all　Ctrl＋A　　　　全部选定整个窗口内容

Comment through　　　　过程讲解

Comment out　　　　　　过程输出

Delete　　　　　　　　　删除

Find　　　　　　　　　　查找

Find referenced variables　查找引用的变量

Find & replace in chart　　在图表中查找与代替

Bus editor　　　　　　　总线编辑

Lookup table editor　　　　查找表格编辑器

3. View 查看菜单

Library browser　　　　　模型库浏览

Model explorer　　　　　打开模块资源管理器

Variant manager　　　　　变量管理

Simulink project　　　　　仿真工程

Model dependency viewer　模型属性查看

Diagnostic viewer　　　　诊断查看

Requirements traceability at this level　需求追踪

Model browser　　　　　模型浏览

Configure toolbars　　　　配置工具栏

Toolbars　　　　　　　　工具栏

Status bar	显示或隐藏状态栏
Explore bar	探索栏
Navigate	导航
Zoom	放大模型显示比例
Smart guides	智能指南
MATLAB desktop	MATLAB 桌面

4. Display 显示菜单

Library links	模块库连接
Sample time	采样时间
Blocks	模块
Signals & ports	信号与端口
Chart	表格
Data display in simulation	仿真中显示数据
Highlight signal to source	到源的高亮显示信号
Highlight signal to destination	到目的地的高亮显示信号
Remove highlight	删除高亮显示

5. Diagram 图表菜单

Refresh blocks	刷新模块
Subsystem & model reference	子系统和参考模型
Format	格式
Rotate & flip	旋转与翻转
Arrange	布局
Mask	封装
Library links	模型库连接
Signals & ports	信号与端口
Block parameters	模块参数
Properties	属性

6. Simulation 仿真菜单

Update diagram	更新图表
Model configuration parameters	模型配置参数
Model	模型
Data Display	显示数据
Step back(uninitialized)	向后单步运行(未初始化)
Run	运行
Step forward	向前单步运行
Stop	停止
Output	输出
Stepping options	单步选择
Debug	调试

7. Analysis 分析菜单

Model advisor	打开模型咨询工具,帮助用户检查和分析模型配置
Model dependencies	使用模型文件清单
Compare simulink XML Files	选择文件导出到 XML 进行比较
Simscape	动静态观测
Performance tools	性能工具
Requirements traceability	被要求的可追踪性
Control design	控制设计
Parameter estimation	参数估计
Response optimization	响应优化
Design verifier	打开设置验证器
Coverage	覆盖
Fixed-Point tool	定点工具

8. Code 代码菜单

C/C++ Code	C/C++代码
HDL Code	HDL 代码
PLC Code	PLC 代码
Data Objects	数据对象
External model control panel	外部模型控制面板
Simulink code inspector	仿真代码检查
Verification wizards	选择协同仿真向导方式,指定为 FPGA 硬件在环选项
PolySpace	软件运行时错误检测工具

9. Tools 工具菜单

Library browser	模型库浏览
Model explorer	模型检测
Report generator	生成报告
System test	系统测试
MPlay video viewer	打开 MPlay 视频浏览窗口
Run on target hardware	进入安装或更新硬件目标串口

10. Help 帮助菜单

Simulink	仿真
Stateflow	系统建模
Keyboard shortcuts	键盘快捷键
Web resources	网络资源
Terms of use	使用条款
Patents	专利
About simulink	关于仿真
About stateflow	关于系统建模

1.2.2　模型窗口工具栏

模型窗口中主菜单下面是工具栏,工具栏有 15 个按钮,用来执行最常用功能。归纳起来有以下两类。

1. 文件管理类

(1) 第 1 个按钮。单击该按钮将创建一个新模型文件,与在主菜单 File 中执行 New 命令相同。

(2) 第 2 个按钮。单击该按钮将保存模型文件,与在主菜单 File 中执行 Save 命令相同。

2. 对象管理类

(1) 第 3 个按钮。单击该按钮将由封装的子系统内部返回到仿真模型平台。

(2) 第 4 个按钮。单击该按钮将由仿真模型平台进入封装的子系统内部。

(3) 第 5 个按钮。单击该按钮将由封装的子系统内部返回到仿真模型平台。

(4) 第 6 个按钮。单击该按钮将打开模型库浏览器。

(5) 第 7 个按钮。单击该按钮将进行仿真参数设置。

(6) 第 8 个按钮。单击该按钮将打开模块资源管理器。

(7) 第 9 个按钮。单击该按钮将执行单步选择。

(8) 第 10 个按钮。单击该按钮将进行仿真,与在主菜单 Simulation 中执行 Run 命令相同。

(9) 第 11 个按钮。单击该按钮将向前单步运行。

(10) 第 12 个按钮。单击该按钮将停止仿真,与在主菜单 Simulation 中执行 Stop 命令相同。

(11) 第 13 个按钮。单击该按钮将记录和观测仿真输出。

(12) 第 14 个按钮。单击该按钮将打开模型咨询工具,帮助用户检查和分析模型配置。

(13) 第 15 个按钮。单击该按钮将建立模型。

1.3　有关模块的基本操作及仿真步骤

有关模块的基本操作有很多,这些操作都可用菜单功能和鼠标来完成,这里仅介绍主要的、常用的操作。

1. 模块的提取

对系统进行仿真时,第一步就是将需要的模块从模型库中提取出来并放到仿真平台上,方法有以下几种。

(1) 在模型浏览器窗口选中所需要的模块(鼠标单击),选中的模块名会反色,然后在 Edit 菜单栏下选择 Add selected block to untitled 命令,这时选中的模型会出现在仿真平台上。

(2) 在选中的模块上右击,弹出快捷菜单,选择 Add to untitled 命令,这时选中的模型会出现在仿真平台上。

（3）将光标指针移动到需要的模块上，按住鼠标左键将模型图表拖曳到平台上，然后松开鼠标即可。这是最常用的快捷方法。

2．模块的复制和粘贴

已经放到平台上的模块，如果系统中需要用到几个，可以进行复制。其操作步骤如下。

将光标指针移动到需要的模块上，单击鼠标左键，模块的 4 角出现 4 个小方框，表明该模块被选中，然后右击，在弹出的快捷菜单上单击 Copy 命令，再在需要该模块的地方右击，单击 Paste 命令即可复制所需要的模块。

采用这种方法也可以复制几个不同的模块或者复制仿真模型中的一部分乃至全部，然后转移到其他地方使用，方法是按住鼠标左键拖曳鼠标，在平台上出现一个虚线方框，包围需要复制的模块，这时被包围的所有模块都出现反色，即表示这些模块被选中，然后用复制和粘贴命令就可以将其复制到其他地方使用。

3．模块的移动、放大和缩小

为了使绘制的系统比较美观，需要将各个调用模块放到合适的位置上，或者需要调整模块的大小比例，可以用如下方法得到。

（1）移动模块。仅需要将光标指针移到该模块上，按住鼠标左键拖曳该模块到相应的位置即可。

（2）放大或缩小模块。只需要在选中该模块后，将光标移到模块 4 角的小方框上，这时光标变成双向小箭头，按住鼠标左键按箭头方向拖曳，则可调节模块图标外形的大小。

4．模块的转动

为了模块与模块之间的连线方便，有时需要转动模块的方向，转动模块的方向只需要在选中模块后右击，弹出快捷菜单，使用 Rotate & Flip 右拉菜单中的 Clockwise、Counterclockwise、Flip block 三条命令即可。Clockwise 命令使模块顺时针作 90°旋转，Counterclockwise 命令使模块逆时针作 90°旋转，Flip block 命令使模块水平翻转。

5．模块名的修改

在每个模块下方都有一个模块名，模块名可以修改、放大、翻转和隐藏。修改模块名时，首先单击该模块名，模块名上出现光标，就可以修改模块名称，模块名称可以是中文或英文。

6．模块名放大或缩小

在选中所需要放大模块名的模块后右击，在弹出的快捷菜单中单击 Format 中的 Font style 命令，会弹出如图 1-2 所示的对话框，对话框中有字体、字型和大小选项，单击相应的选项就可改变模块名的字体和字型及大小。

MATLAB R2014a 版本的模块名只能上下或左右调整位置。翻转模块名称位置只需要在选中模块后右击，弹出快捷菜单，使用 Rotate & Flip 右拉菜单中的 Flip block name 命令即可。

如果不需要显示模块名，可以在 Format 右拉菜单中去掉 Show block name 前面小方框中的"☑"，就可以隐藏模块名，如果需要重新显示模块名，可以在 Format 右拉菜单中再次勾选 Show block name 前面小方框中的"☑"，隐藏的模块名会重新显示出来。

7．模块的参数设置

模型库里模块放到仿真窗口之后，在使用前大多数模块都需要设置模块的参数，将光标箭头移到模块图标上，双击会弹出参数对话框，对话框上面是模块功能的简要介绍，下面是

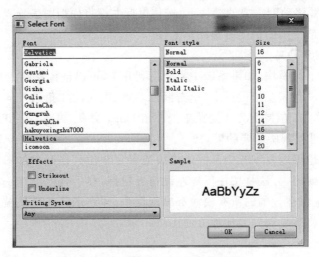

图 1-2　模块名字体格式的选择

模块参数设置栏,在设置栏中可以按要求输入参数。参数设置好后,单击 OK 按钮关闭对话框,模块参数就设置完毕。模块参数在仿真过程中是不能进行修改的。

8. 模块的删除和恢复

对放在平台上的模块,如果不再需要可以将其删除,操作步骤是选中要删除的模块后,按键盘的 Delete 键;如果要删除一部分模块,可以在要删除的部分上单击拖曳出一个方框,框内的全部模型和连线被选中,按 Delete 键这部分模型包括连线就被删除。模型浏览器中的模块是只读的,不能删除。

9. 模块的连接

在使用 Simulink/SimPowerSystems 仿真时,系统模型由多个模块组成,模块与模块之间需要用信号线连接,连接的方法是将光标箭头指向模块的端口,对准后光标变成"＋"字形,这时按住鼠标左键拖曳"＋"字形到另一个模块的端口后松开鼠标左键,在两个模块的输出和输入端就出现了带箭头的连线,并且箭头实现了信号的流向。

如果要在信号线的中间拉出分支连接另一个模块,可以先将光标移到需要分岔的地方,同时按住 Ctrl 键和鼠标左键,这时可以看到光标变成"＋"字形,按住鼠标左键不放,拖曳鼠标就可以拉出一根支线,然后将支线引到另一输入端口,松开鼠标即可。

10. 信号线的弯折、移动和删除

如果信号线需要弯折,只需要在拉出信号线时,在需要弯折的地方松开鼠标停顿一下,然后继续按住鼠标左键,改变鼠标移动方向就可以画出折线。

如果要移动信号的位置,首先选中要移动的线条,将光标指向该线条后单击,线条上出现反色表明该线条被选中,然后再将光标指向线条上需要移动的那一段,拖动鼠标即可。

11. 信号线的标签设置

在信号线附近双击即可在该信号线的附近出现一个蓝色矩形框,在矩形框内的光标处输入该信号线的说明标签。

12. 信号线与模块分离

将鼠标指到要分离的模块上,按住 Shift 键不放,再用鼠标把模块拖到别处,即可把模块与连接线分离。

若要删除已画好的信号线,只要选中该信号线后,按 Delete 键即可。

下面简要介绍仿真步骤的一般方法。

在 Simulink 环境下,仿真的一般过程是首先打开一个空白的编辑窗口,然后将需要的模块从模块库中复制到编辑窗口中并连接起来,按照需要设置各模块的参数,确定好仿真参数后就可以对整个模型进行仿真了。下面以简单的阻感性负载为例来说明仿真的步骤。

(1) 按照如前所述方法,建立仿真平台。

(2) 在模型库中找到 Series RLC Branch、AC Voltage Source、Scope 等模块,拖曳到仿真平台中进行如图 1-3 所示的连接。

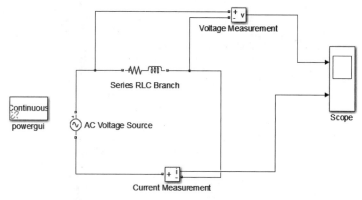

图 1-3　阻感性负载仿真模型

(3) 把 powergui 模块拖曳到仿真平台中,否则仿真不能顺利进行。

(4) 模块参数设置。单击 Series RLC Branch、AC Voltage Source 模块,打开模块对话框,进行如图 1-4 和图 1-5 所示的参数设置。

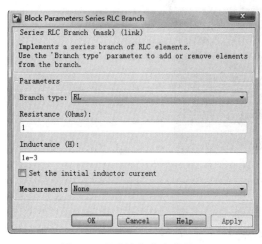

图 1-4　阻感性负载参数设置

图 1-5　电压源参数设置

(5) 仿真参数设置。单击工具栏上的 的图标,打开仿真参数设置窗口,如图 1-6 所示。该对话框中有多个选项卡,其内容为 Solver(解算器)、Data Import/Export(数据输入和输出)选项、Optimization(设置仿真优化模式)、Diagnostics(诊断)、Hardware Implementation(仿真硬件的实现)、Model Referencing(设置模型引用的有关参数)等。

如图 1-6 所示的参数设置表明采用 ode23tb 算法,仿真开始时间为 0,结束时间为 5s。

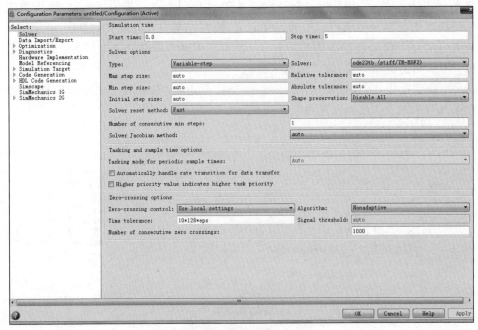

图 1-6   仿真参数设置

(6)单击工具栏上的 ▶ 按钮开始仿真,仿真结束后,打开示波器,经调整得到局部放大的曲线如图 1-7 所示。

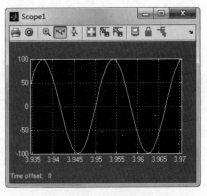

图 1-7   仿真结果

1.4   测量模块及显示和记录模块的使用

由于在 MATLAB 6.5.1 以后版本中,模块端口标志分成两大类:一类是小方块;另一类是三角形,这表明信号性质是不同的。可以简单地认为小方块的端口用于主电路,而三角形的端口用于控制电路。这两类端口信号无法用信号线直接连接,可以通过测量模块进行连接。在仿真过程中常用的测量模块有电压测量模块(路径为 Simscape/SimPower Systems/Specialized Technology/Measurements/Voltage Measurement)、电流测量模块(路径为 Simscape/SimPower Systems/Specialized Technology/Measurements/Current Measurement)、多路测量仪(路径为 Simscape/SimPowerSystem/Specialized Technologys/Measurements/Multimeter)。下面通过实例来说明常用模块的使用方法。

1. 多路测量仪的使用

对于如图 1-3 所示的仿真模型,需要测量电路的电流和电压,可以采用多路测量仪。首先选择需要测量的物理量,比如还是以上面的仿真为例,需要测量 RL 回路的电压和电流,在仿真平台上加入多路测量仪后,可以进行如图 1-8 所示的连接。双击 Series RLC Branch 图标选项进行参数设置,如图 1-9 所示,在 Measurements 下拉列表框中选择 Branch voltage and current 选项,然后单击 OK 按钮关闭对话框。

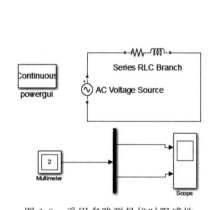

图 1-8　采用多路测量仪时阻感性
负载仿真模型

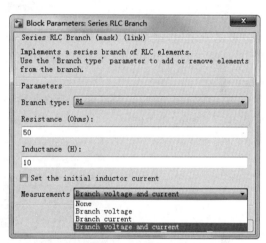

图 1-9　阻感性负载参数测量设置

双击多路测量仪,可以看到如图 1-10(a)所示的对话框,在左边的列表框中有 Ub Series RLC Branch 和 Ib Series RLC Branch 两个物理量,表明多路测量仪可以测量的量有 Series RLC Branch 的电压和电流。用鼠标单击需要测量的物理量,使其变蓝色,表明选中该量,再单击两框中间的"〉〉"按钮,此量就移到右边的列表框中,用同样的方法把下一个测量的量移到右边的列表框中,如图 1-10(b)所示。

从图 1-10 可以看到,多路测量仪输出多路信号,从上到下依次为电压、电流信号,如果想改变输出信号顺序,单击右边需要改变的测量量,使其变成蓝色,再单击 Up 或 Down 按钮,多路输出信号上下位置发生改变,其输出信号就与其对应。如果不再需要输出某一路信号,选中该信号后,单击 Remove 按钮即可。如果多路测量仪中只有一个测量的信号,把多路测量仪输出端直接连接到示波器即可;如果多路测量仪中有多个测量信号,可以采用 Demux 模块,把多个信号分解输出到示波器中就可以分别观测到每路信号。

2. 示波器的使用

Simulink 中有各种仪器仪表模块来显示和记录仿真的结果,在仿真的模型图中必须有

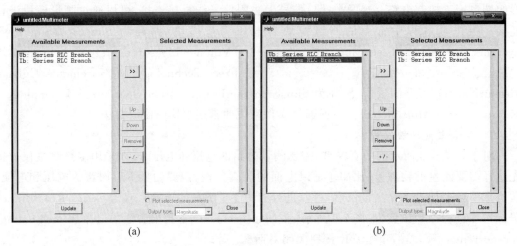

图 1-10   多路测量仪对话框

一个这样的模块,否则在启动仿真时会提示模型不完整。在这些仪器中,示波器是最经常使用的,示波器不仅可以显示波形且可以同时保存波形数据。下面主要介绍示波器模块的使用。

双击示波器模块图标,即可弹出示波器的窗口界面,如图 1-11 所示,单击工具栏中的按钮可以使用其相应的功能。

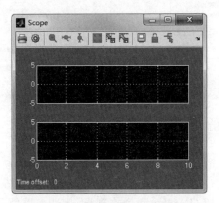

图 1-11   示波器的窗口界面

(1) 示波器参数。

单击示波器参数按钮可以弹出示波器参数对话框,如图 1-12 所示。在 General 选项卡中设置参数,Number of axes 项用于设定示波器的 Y 轴数量,即示波器输入信号端口的个数,其默认值为 1,也就是该示波器可以观测一路信号,当将其设为 2 时,可以观测两路信号,同时示波器图标也自动变为有两个输入端口,以此类推。这样示波器可以同时观测多路信号。

在 Data history 选项卡中有两个选项。第一项是数据点数,预置值是 5000,即显示 5000 个数据,若超过 5000 个数据,则删除前面的数据而保留后面的。一般可以将其设置为 5 000 000,基本上就可以显示较完整的曲线。

(2) 图形缩放。

在示波器窗口工具栏中有 3 个放大镜,分别用于图形的区域放大、X 轴向和 Y 轴向的

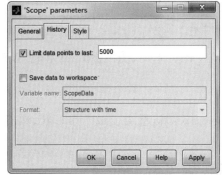

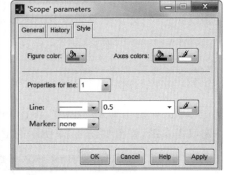

图 1-12　示波器参数设置对话框

图形放大。区域放大,先在工具栏中单击"区域放大器"按钮,然后在需要放大的区域用鼠标单击即可。X 轴向和 Y 轴向放大,同样只要在工具栏中单击相应按钮,然后在需要放大的区域单击,曲线就沿着 X 轴或 Y 轴放大。单击次数增加,曲线沿坐标轴放大倍数也随着增加。

(3) 示波器曲线的编辑。

右击已经打开的示波器窗口的图形部分,在弹出的快捷菜单中选择·Axes properties 项,则可以弹出如图 1-13 所示的对话框,Y-min、Y-max 分别表示 Y 轴的取值范围。在 Title 下面的编辑框中显示信号命名,例如在 Title 下面的编辑框中输入"电流曲线",则示波器就显示信号名称,如图 1-14 所示。

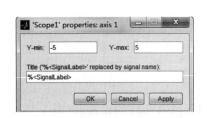

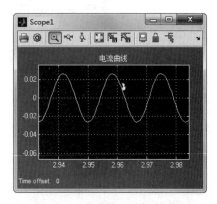

图 1-13　Y 轴设定范围及曲线名称的编辑　　　　图 1-14　示波器显示仿真结果

（4）示波器背景及曲线颜色的更改。

Style 选项卡中 Figure color 右边的下拉选项中为选择示波器边框的颜色，默认值是灰色。Axes colors 分别选择示波器背景颜色和坐标轴的颜色，默认值分别是黑色和白色，现依次改为白色和蓝色，在 Line 右边的下拉选项中分别为选择曲线的类型、曲线的宽度和曲线的颜色。曲线的颜色的默认值是黄色，现改为黑色。在 Marker 右边的下拉选项中给曲线加上不同的标注。设置完成后单击 OK 按钮就得到如图 1-15 所示的修改后的示波器界面。

如果读者使用旧版本的示波器，需要更改示波器背景及曲线颜色时，方法如下：等 Scope 显示出来图像以后，在 MATLAB 的命令窗口上运行：

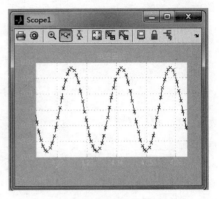

图 1-15　修改后的示波器界面

```
set(0,'ShowHiddenHandles','On')
set(gcf,'menubar','figure')
```

这时 Scope 的工具栏的上面多了一行，单击 insert-axes，鼠标会变成十字形状，然后在图像的任意一处双击左键，弹出如图 1-16 所示的 Property Editor 对话框。

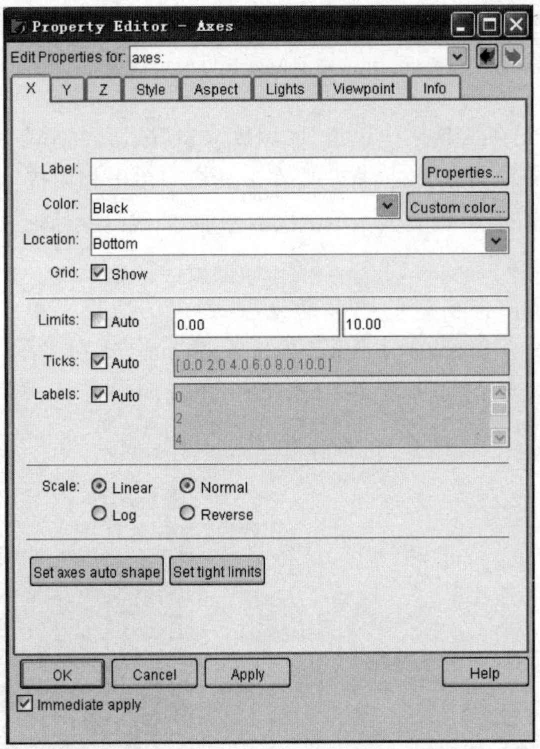

图 1-16　示波器编辑对话框

Edit Properties for 后面的文本框为对坐标轴和示波器曲线的设置，以图 1-16 为例，单击 X 按钮，表明是对 X 轴进行设置，Label 是对 X 轴名称的设置，Color 是对 X 轴坐标线颜色的设置,现在把 Color 后面的文本框选择为 Black,表明 X 轴坐标线的颜色是黑色,用同样的方法可以对 Y 轴进行设置。单击 Style 按钮,则可对示波器背景颜色进行设置,Title 是显示曲线的名称,Background 后面的文本框是对背景颜色的设置,其默认值是黑色,选择 White,则把背景颜色改为白色。在 Edit Properties for 后面的文本框的下拉菜单中选择 line,则是对曲线的设置,Line width 是设置曲线的宽度,Line color 是设置曲线的颜色,其默认值为黄色,现改为 Black(黑色),再单击 OK 和 Apply 按钮,得到修改后的示波器界面,如图 1-17 所示。

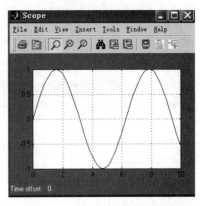

图 1-17　修改后的示波器界面

3. OUT1 模块的使用

OUT1 模块路径为 Simulink/sinks/out1,当使用 OUT1 模块观测仿真输出结果时,首先选中仿真参数设置中的 Save to work space/Output 复选框,把所需要显示的信号接到 OUT1 上,仿真结束后,在 MATLAB 命令窗口输入绘图命令 plot(tout,yout),即可得到未经编辑的 Figure 1 输出曲线,如图 1-18 所示。对 Figure 1 图形可用下列方法进行编辑。

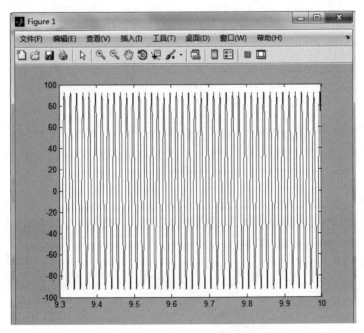

图 1-18　未经编辑的 OUT 输出曲线

单击 Figure 1 的菜单"编辑"中的"轴属性"命令,可得到如图 1-19 所示的界面,左下边窗口的"标题"是 Out 输出的名称,在其右边文本框中输入"仿真结果"。下面是背景颜色,默认值为白色,右边是坐标轴的颜色,默认值为黑色。在网络右边的文本框中分别是对 X 轴、Y 轴和 Z 轴标上坐标线,如果在其对应的方框中打"☑",就能显示对应的坐标线。在右下边窗口中是 X 轴、Y 轴和 Z 轴标签,现在 X 轴标签右边的文本框中输入"电流曲线",可得如图 1-20 所示的界面,选择 Figure 1 图形菜单后,在其编辑下拉菜单中单击"复制图形"命令,可复制 Figure 1 输出曲线,最终可得到经过编辑后的 Figure 1 输出图形,如图 1-21 所示。

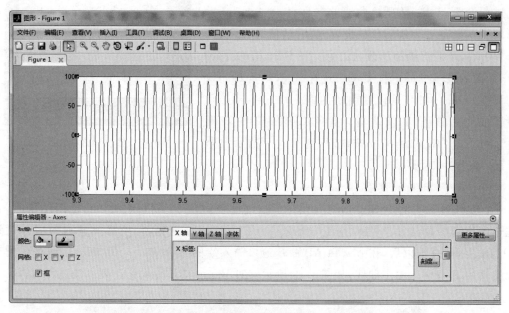

图 1-19　单击菜单"编辑"中"轴属性"后的界面

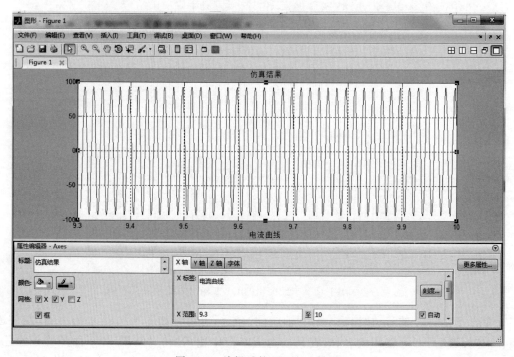

图 1-20　编辑后的 Figure 1 界面

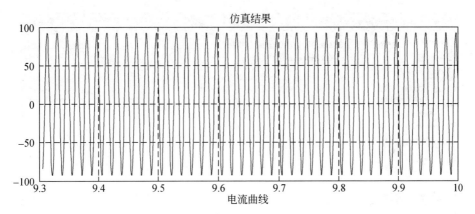

图 1-21 编辑后的 Figure 1 输出图形

1.5 建立子系统和系统模型的封装

1. 建立子系统

在 Simulink 的仿真中,一个复杂系统的模型由许多基本模块组成,可以采用建立子系统技术将其集中在一起,形成新的功能模块,经过封装后的子系统可以有特定的图标与参数设置对话框,成为一个独立的功能模块。在 Simulink 的模块库里有许多标准模块本身就是由多个更基本的标准功能模块封装而成的。下面举例说明子系统的建立与系统模型的封装。

把 Gain 和 Saturation 两个模块用信号线连接起来,用鼠标左键拖曳出一个虚线框,将需要打包的模块都包含在虚线框内,松开鼠标,这时虚线框内的模块和信号线都被选中,如图 1-22(a)所示。然后在 Diagram 菜单中单击 Subsystem & Model Reference/Create Subsystem form Selection(创建子系统)命令,选择后就变成如图 1-22(b)所示的形式,这时图中虚线框内模型就已打包成一个子系统模块,模块名为 Subsystem。

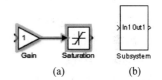

图 1-22 带限幅 PI 调节器模块及其封装后的子系统

2. 对子系统封装

用鼠标指向子系统模块,右击弹出一个快捷菜单,单击快捷菜单中的 Mask/Creat mask 命令,出现如图 1-23 所示的封装编辑器(Mask Editor:Subsystem)窗口。

封装编辑器的 4 个选项卡是封装子系统特殊模块的属性,它们是 Icon & Ports、Parameters & Dialog、Initialization、Documentation,其主要功能分别如下。

(1) Icon & Ports 为被封装的子系统设置特殊外观。Icon & Ports 选项卡左边是关于模块外观的选择,分别是 Block frame、Icon transparency、Icon units、Icon rotation、Port rotation,在这 5 个名称下面都有一个下拉式列表框来决定外观的选择。Block frame 用来确定图标边框线条是否显示,Visible 为显示边框,Invisible 为隐藏边框。Icon transparency

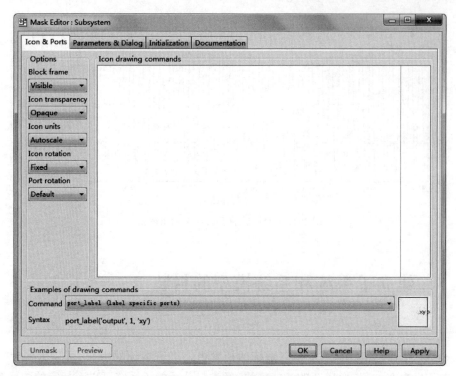

图 1-23　封装编辑器窗口

用来确定图标端口 Port 是否显示，Transparent 为显示端口，Opaque 为隐藏端口。Icon units 用来确定图标的大小，Autoscale 为自动标志，当模块大小改变时图标大小也随之改变；Pixel 是以像素为单位绘制图形的，当模块大小改变时图标大小不变。Normalized 规定图标左下角坐标为(0,0)，右上角的坐标为(1,1)，要绘制图形的点必须归化到(0,1)之间才能显示出来。Icon rotation 用来确定图标是否旋转，Fixed 为不随着被封装子系统的旋转而旋转，Rotates 为旋转。Port rotation 用来确定封装模块的端口旋转类型。Default 为顺时针旋转后端口将重新排序，以保持从左到右的端口编号顺序(对于位于模块上下两端的端口)以及从上到下的端口编号顺序(对于位于模块左右两侧的端口)。Physical 为端口随模块一起旋转，而不在顺时针旋转后重新排序。其右边 Icon drawing commands 下的空白框中是关于图标外观的设计。可在图标上显示文本、图像、图形或传递函数。对话框下部是关于 Icon drawing commands 的举例。在 Command 右边下拉列表中是各种指令，在 Syntax 右边是对每一种指令的格式举例。

(2) Parameters & Dialog 为被封装的子系统进行参数设置。Prompt 用于设计输入提示，也即对对应的变量 Variable 进行说明。单击窗口左边控件箱 Display 中的"A"控件，在 Prompt 对应的栏中 Add Text here 修改成相应的汉字，表示对这个参数进行说明，然后单击窗口左边控件箱 Parameter 中的 Edit 控件，在 Name 对应的栏中写入参数，然后重复进行，就得到封装模块的 3 个参数及说明。

(3) Initialization 对子系统变量进行初始化。

(4) Documentation 对封装的子系统进行说明。

图 1-24～图 1-26 是对 Gain、Saturation 两个模块进行封装的子系统 3 个选项卡的举

例,图 1-27 是封装后子系统的图标,图 1-28 是打开封装模块时的参数对话框。

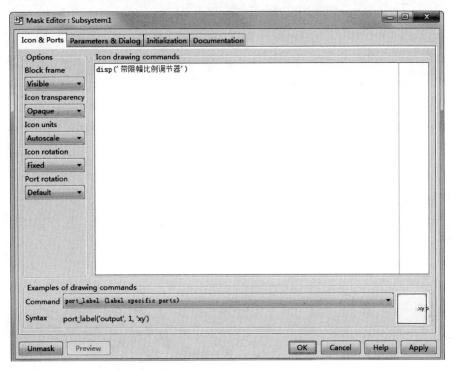

图 1-24 封装编辑器中 Icon & Ports 选项卡举例

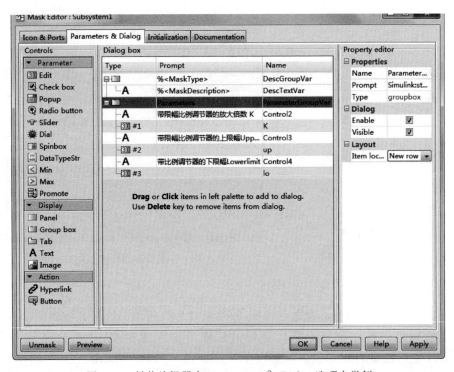

图 1-25 封装编辑器中 Parameters & Dialog 选项卡举例

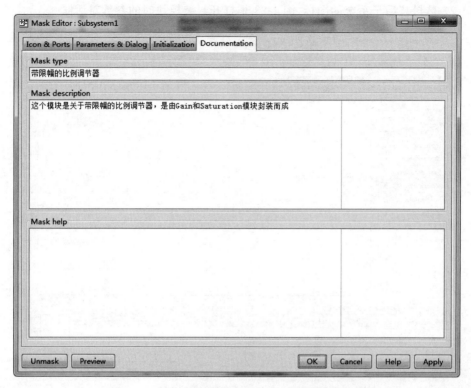

图 1-26　封装编辑器中 Documentation 选项卡举例

图 1-27　封装后子系统图标

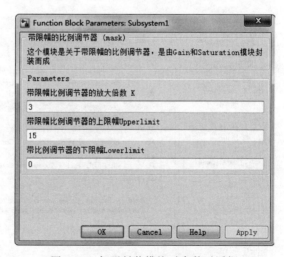

图 1-28　打开封装模块时参数对话框

3. 参数的设置

　　在子系统中每个模块都有参数对话框,如果要对每个模块都打开参数对话框进行参数设置是很麻烦的。可以在每个模块参数对话框中输入变量名,注意此变量名称要与Parameters 中的变量名相一致。例如在子系统中打开 Saturation 模块中对话框,进行如图 1-29 所示的参数设置,这样,当打开封装子系统的参数对话框进行参数设置时,被封装的各参数就传递到子系统各模块中。否则,封装的子系统仍然按照子系统各模块中原始参数进行运算。

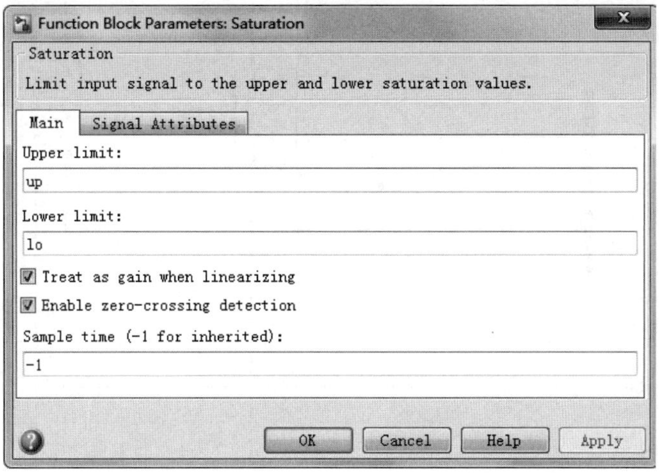

图 1-29 子系统中 Saturation 参数设置对话框

下面再举例说明封装模块的使用方法。

单相半控桥式整流电路,上臂桥是晶闸管,下臂桥是二极管,不能直接采用 Universal Bridge 模块(路径为 Simscape/Simscape/SimPowerSystems/Specialized Technology/Power Electronics/Universal Bridge)。因为 Universal Bridge 模块中的电力电子都是同一电子元件,而单相半控桥式整流电路,电力电子元件有晶闸管和二极管两类。所以应该用分立电子元件搭建单相半控桥式整流电路,由两个晶闸管和两个二极管封装而成。现在从模块库中取两个晶闸管模块 Thyristor(路径为 Simscape/SimPowerSystems/Specialized Technology/Power Electronics/Thyristor),两个二极管模块 Diode(路径为 Simscape/SimPowerSystems/Specialized Technology/Power Electronics/Diode)拉到仿真平台中进行连接,得到如图 1-30 所示的仿真模型。

Terminator 模块(路径为 Simulink/Sinks/Terminator)主要是为了在封装后不产生晶闸管的测量端口,也可以在晶闸管参数设置框中把 Show measurement port 前面的选择框中的"√"去掉即可。

选中所有模块进行封装后,弹出如图 1-31 所示的仿真模型。

可以看出封装后的子系统模块有如下缺点:第一,端口没有定义;第二,三个端口都是在同一侧,端口排列比较混乱,可以进行如下调整。

双击这个封装模块,可以得到如图 1-32 所示的仿真模型。

可以看出,端口自动出现,椭圆形的是控制信号输入,多边形的是主电路输入和输出。而其主电路中端口 Conn1、Conn4 是输入端,端口 Conn2、Conn3 是输出端,单击输入和输出端口的名称,修改名称,然后将鼠标指向端口 Conn4,双击,弹出的对话框如图 1-33 所示。

在 Port location on parent subsystem 右边的文本框中选择 Right 选项,关闭窗口后,得到如图 1-34 所示的封装模型。

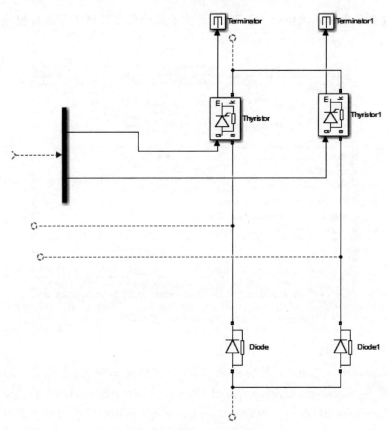

图 1-30   单相半控桥式整流电路仿真模型

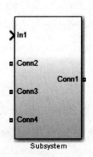

图 1-31   封装后单相半控桥式整流电路仿真模型

封装模块就搭建成功了,为了装饰这个模块,现给其加上图案,方法如下:

自制一个 JPG 文件,取名 b747. jpg,替换根目录下的 D:/MATLAB/toolbox/simulink/simulink 中的 b747. jpg 文件。然后鼠标指向封装模块,右击,在下拉菜单中选中 Mask subsystem 指令,就弹出对话框 Mask Editor:Subsystem,在工具栏的 Icon 中的 Drawing commands 下面的窗口中输入 image(imread('b747. jpg')),然后在 Examples of drawing commands 下面的 Command 右边文本框下拉菜单中选择 image(show a picture on the block),然后依次单击 Apply 和 OK 按钮,就得到如图 1-35(a)所示的封装模型。

鼠标指向封装模型的名称,更改模块名称为"单相半波半控整流电路",按照前面的讲述方法进行字体调整,最后得到如图 1-35(b)所示修饰后的封装模型。

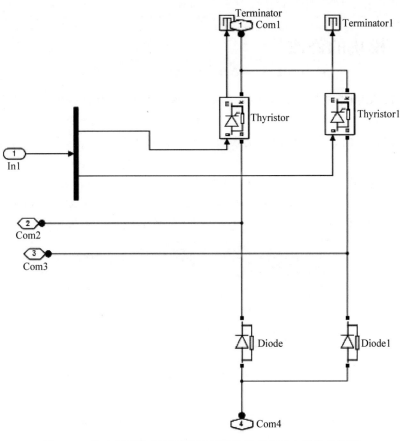

图 1-32　单击子系统后打开的单相半控桥式整流电路仿真模型

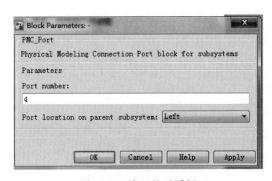

图 1-33　端口的对话框

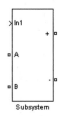

图 1-34　端口设置后半控桥式
整流电路封装模型

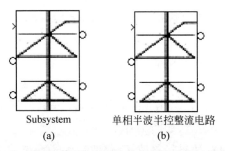

Subsystem　　　单相半波半控整流电路

(a)　　　　　　　(b)

图 1-35　装饰后的单相半控桥式整流电路封装模型

1.6　模块的修改

在 MATLAB 中,许多模块都是由子系统封装而成的。但有些模块定义和实际应用的理论不同,不能直接应用,必须进行适当的修改。下面就以畸变系数测量模块为例说明模块是如何修改的。注意修改后的模块只能在仿真平台上使用,在模型库中的模块保持不变。

在 MATLAB 中畸变系数测量模块为 THD(total harmonic distortion),其路径为 Simscape/SimpowerSystem/Specialized Technology/Control and Measurements Library/Measurements/THD,在仿真平台上双击这个模块,得到如图 1-36 所示的参数对话框。

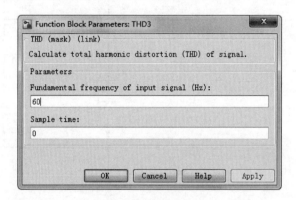

图 1-36　畸变系数测量模块参数对话框

对话框上部为模块的说明,主要是模块的作用和定义,下面对话框是参数的设置,这个模块是测量所连接的电压或电流畸变系数的,下面的对话框中是基频数值的设定,此模块畸变系数定义为 $\text{THD} = U_\text{h}/U_1$,$U_\text{h}$ 为所有谐波的有效值,其定义为 $U_\text{h} = \sqrt{U_2^2 + U_3^2 + U_4^2 + U_5^2 + \cdots}$,$U_1$ 为基波的有效值,但在实际理论上,以电力电子的电流畸变系数为例,畸变系数定义为

$$\text{THD} = \frac{I_1}{I} = \frac{I_1}{\sqrt{I_1^2 + I_2^2 + I_3^2 + I_4^2 + \cdots}}$$

其中,I_1 为基波的有效值;I 为包括基波和谐波的有效值,所以在测量畸变系数时,不能直接用模块 THD,必须进行修改。

鼠标指向此模块,右击,弹出快捷菜单 Mask,鼠标指向 Look Under Mask,如图 1-37 所示。

右击,弹出此封装模块的原始模型,如图 1-38 所示。

此系统模块的参数是不能设置的,鼠标指向任何一个模块,按住左键进行拖曳,这时仿真平台上部出现黄色背景的提示"Attempt to modify link' untitled/THD'. You can disable this link now and restore later.",如图 1-39 所示。

单击 disable,就可以对模块进行修改了,修改后的子系统如图 1-40 所示。

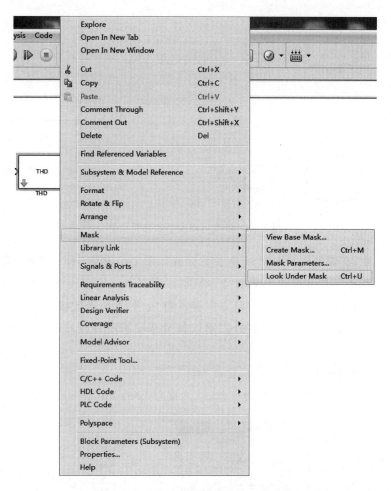

图 1-37 畸变系数测量模块的下拉菜单

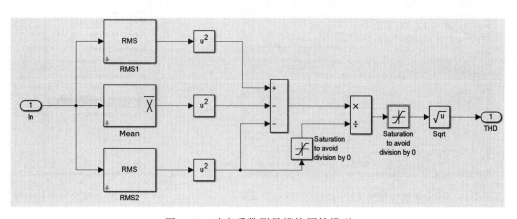

图 1-38 畸变系数测量模块原始模型

Attempt to modify link 'untitled/THD'. You can disable this link now and restore later.

图 1-39 畸变系数测量模块原始模型修改

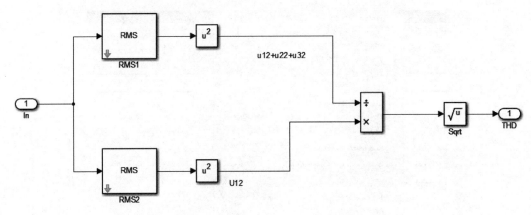

图 1-40　修改后畸变系数测量模块

在图 1-40 中,有效值模块 RMS1 中参数设置如图 1-41 所示,即在 True RMS value 前面方框里打"√",表明从此模块出来的是包括基波所有谐波的有效值。有效值模块 RMS2 中参数设置是在 True RMS value 前面方框里不打"√",表明从此模块出来的只是基波有效值。Product 模块的作用是基波有效值除以包括基波和所有谐波的有效值,就得到畸变系数。

如果读者使用旧版本 THD 模块,更改方法如下。

鼠标指向此模块,右击,弹出快捷菜单,鼠标指向 Look under mask,如图 1-42 所示。

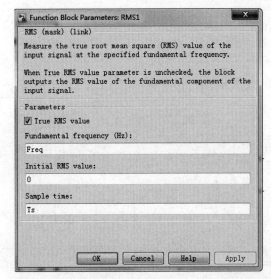

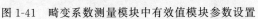

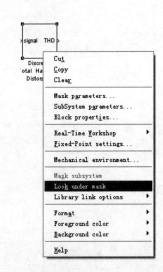

图 1-41　畸变系数测量模块中有效值模块参数设置　　图 1-42　畸变系数测量模块的下拉菜单

右击 Look under mask,弹出此封装模块的原始模型,如图 1-43 所示。

单击此系统的模块,弹出的对话框中的参数是不能设置的,在 Edit 菜单上,选择 Select all 命令,这时子系统每个模块都出现了 4 个小方框,如图 1-44 所示。

鼠标指向任何一个模块,按住左键进行拖曳,这时弹出的对话框如图 1-45 所示。

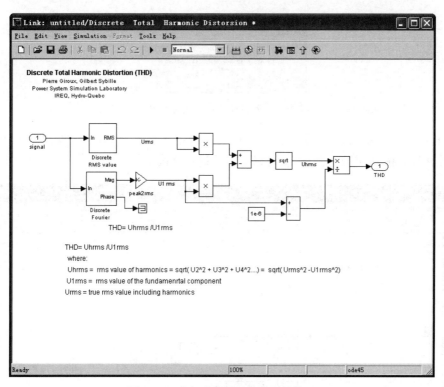

图 1-43　畸变系数测量模块原始模型

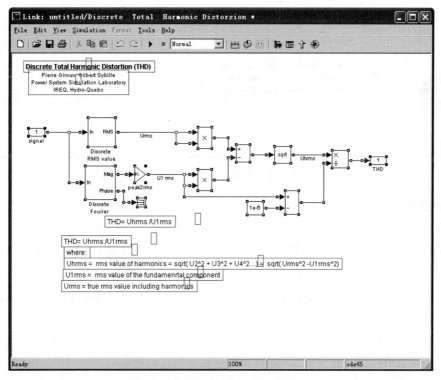

图 1-44　畸变系数测量模块原始模型修改

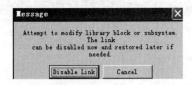

图 1-45　畸变系数测量模块原始模型操作时的对话框

单击 Disable Link 按钮,再将光标放置空白处,单击鼠标,所有模块周围 4 个小方框消失,得到如图 1-46 所示的对话框,就可以对模块进行修改了。

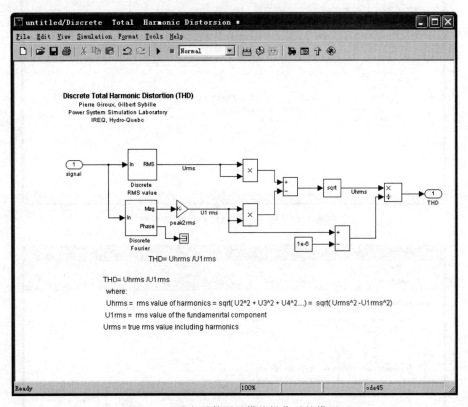

图 1-46　畸变系数测量模块操作后的模型

修改后的子系统如图 1-47 所示。

从图 1-47 可以看出,从 Discrete RMS value 模块出来的是包括基波和所有谐波的有效值,平方后再加 1e−6(之所以加个 1e−6 是为了防止分母可能为零),就得到值 $I = \sqrt{I_1^2 + I_2^2 + I_3^2 + I_4^2 + I_5^2 + \cdots}$,从 Discrete Fourier 模块出来的只是基波的有效值,Product 模块(上面的仿真模型把此模块名隐藏了)的作用是基波有效值除以包括基波和所有谐波的有效值,就得到畸变系数。

下面再介绍模块库中仿真模型的修改,这种方法不提倡,因为修改后模块库的仿真模型也被修改了,再用到这种仿真模型时,就是修改后的仿真模型。

把需要修改的仿真模型拖曳到仿真平台,如图 1-48 所示。

选中该模型,使其反色,按 Ctrl＋L 键,弹出如图 1-49 所示的界面。

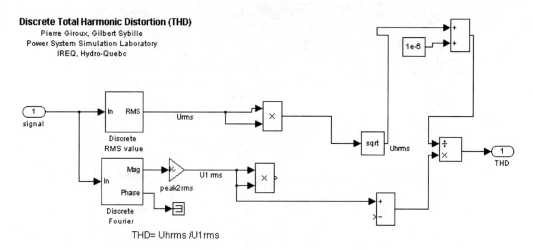

图 1-47　修改后畸变系数测量模块

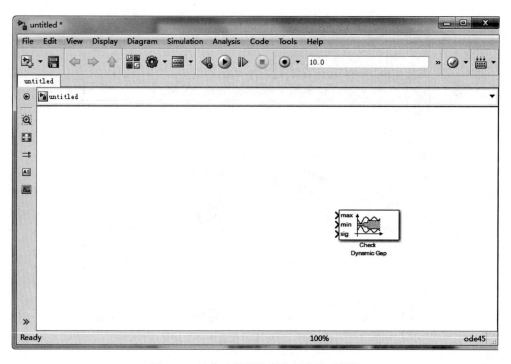

图 1-48　被修改的模块库中仿真模型模块

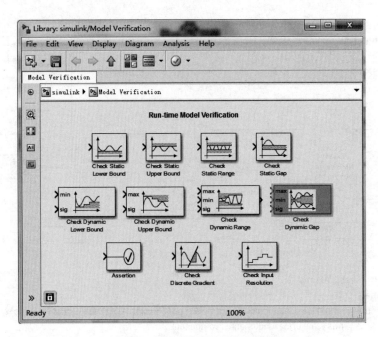

图 1-49　被修改的模块库中仿真模型模块步骤(1)

选中模块,右击,在弹出的快捷菜单中选择 Open in New Tab,弹出如图 1-50 所示的界面。

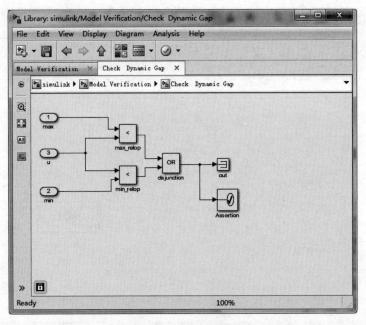

图 1-50　被修改的模块库中仿真模型模块步骤(2)

试图修改该模块时,弹出如图 1-51 所示的界面。

单击 unlock this library 就可以修改模块了,然后按下 File 中的保存按钮,这样被修改后的模块就保存到模块库中了。

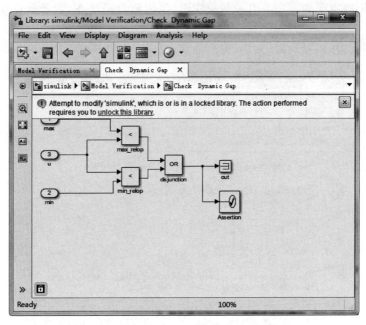

图 1-51　被修改的模块库中仿真模型模块步骤(3)

1.7　新版本中查找旧版本模块

在新版本的 MATLAB 中依然保留某些旧版本模块,但不能通过常规的模块库查找方法进行,现介绍方法如下:打开仿真模型,在 MATLAB 命令窗口运行 powerlib_extras,然后按下回车键,弹出如图 1-52 所示的界面。

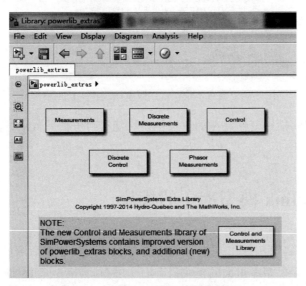

图 1-52　新版本中保留的旧版本模块库

可以看出旧版本模块库主要有测量模块库、离散测量模块库、控制模块库、离散控制模块库等。

现把鼠标指向控制模块库，双击，弹出如图 1-53 所示的界面。

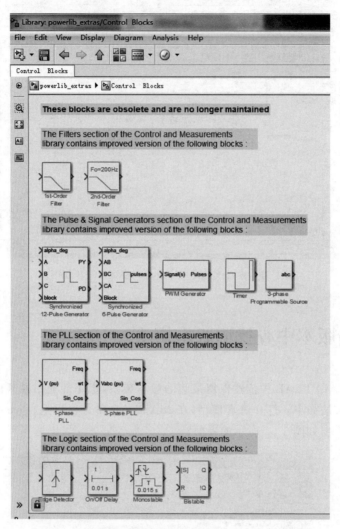

图 1-53　新版本中保留旧版本模块库中仿真模型

选中需要的模块，通过复制粘贴的方法把模块复制到仿真平台中，这样就可以使用旧版本的模块了。

1.8　Simulink 模型库中的模块

在模型浏览器中属于 Simulink 名下的模型有 13 类，其中激励源模型库和仪器仪表库是比较特殊的，这两个模型库里面的模块只有一个端口，前者只有输出，用来为系统提供各种输入信号，后者只有输入，用来观测或记录系统在输入信号作用下产生的响应。其他模型库的模块都同时有输入和输出两个端口,这些模块组成仿真系统模型。下面简要介绍常用模块组的名称及部分模块的功能。

1. 普通常用模块组

普通常用模块组主要是 Simulink 仿真中经常使用的仿真模型,包括信号选择、微分、延迟模块。模块图标如图 1-54 所示,模块名称及功能如表 1-1 所示。

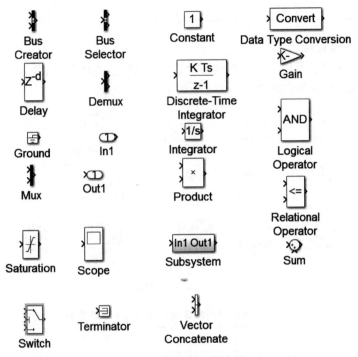

图 1-54　普通常用模块组

表 1-1　普通常用模块组各模块的名称及功能

模 块 名 称	模 块 功 能	模 块 名 称	模 块 功 能
Bus Creator	总线信号生成器,将多个输入信号合并成一个总线信号	Bus Selector	总线信号选择输出,用来选择总线信号中的一个或多个信号
Constant	常数模块,输出常量信号	Data Type Conversion	数据类型转换
Delay	延时	Demux	将总线信号分解输出
Discrete-Time Integrator	离散型积分	Gain	对输入乘以一个常数增益
Ground	接地	In1	输入信号端口
Integrator	积分	Logical Operator	逻辑运算
Dot Product	计算点积	Reshape	矢量、矩阵运算
Mux	将输入的多路信号汇入总线输出	Out1	输出信号端口
Product	对输入信号求积	Relational Operator	关系操作模块,输入布尔类型数据
Saturation	对输出信号进行限幅	Scope	示波器
Subsystem	创建子系统模块	Sum	对输入信号求代数和

续表

模 块 名 称	模 块 功 能	模 块 名 称	模 块 功 能
Switch	根据门槛数值,选择开关输出	Terminator	封锁信号
Vector Concatenate	相同数据类型的向量输入信号串联		

2. 连续系统模块组

连续系统模块组主要用来构建连续系统仿真模型,包括积分、微分、PID 模块。模块图标如图 1-55 所示,模块名称及功能如表 1-2 所示。

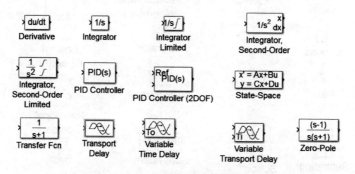

图 1-55　连续系统模块组

表 1-2　连续系统模块组各模块的名称及功能

模 块 名 称	模 块 功 能	模 块 名 称	模 块 功 能
Derivative	对输入信号进行微分	Integrator	对输入信号进行积分
Integrator Limited	有限幅的积分	Integrator Second-Order	两重积分
Integrator Second-Order Limited	有限幅的两重积分	PID Controller	PID 控制器
PID Controller(2DOF)	具有 PID 控制器(2 自由度)	State-Space	建立一个线性状态空间模型
Transfer Fcn	建立一个线性传递函数模型	Transport Delay	对输入信号进行给定量延迟
Variable Time Delay	对输入信号进行不定量延迟	Variable Transport Delay	可变传输延迟模块,输入信号延时一个可变时间再输出
Zero-Pole	零点-极点增益模块,以零点-极点表示的传递函数模型		

3. 非线性系统模块组

非线性系统模块组主要用来模拟各种非线性环节,其图标如图 1-56 所示,部分模块名称及功能如表 1-3 所示。

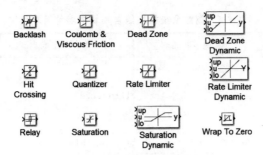

图 1-56 非线性系统模块组

表 1-3 非线性系统模块组各模块的名称及功能

模 块 名 称	模 块 功 能	模 块 名 称	模 块 功 能
Backlash	在输出不变区,输出不随输入变化而变化;在输出不变区外,输出随输入变化而变化	Coulomb&Viscous Friction	在原点不连续,在原点外输出随输入线性变化
Dead Zone	提供一个死区特性	Dead Zone Dynamic	提供一个动态死区特性
Hit Crossing	捕获穿越点模块,检测信号穿越设定值的点,穿越时就输出为 1,否则输出为 0	Quantizer	量子点模块,对输入信号界限量化处理,将平滑的输入信号编程阶梯状输出信号
Rate Limiter	限制信号变化率	Rate Limiter Dynamic	动态限制信号变化率
Relay	带有滞环继电特性	Saturation	对输出信号进行限幅
Saturation Dynamic	对输出信号进行动态限幅	Wrap To Zero	如果输入大于门槛值,就输出零,否则输出就等于输入

4. 离散系统模块组

离散系统是对离散信号处理,包括离散传递函数、保持器模块等,其图标如图 1-57 所示,模块名称及功能如表 1-4 所示。

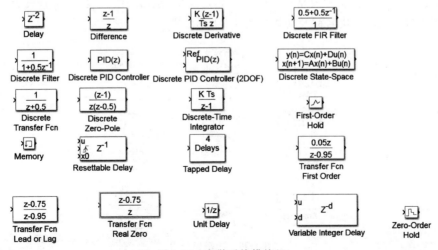

图 1-57 离散系统模块组

表 1-4　离散系统模块组各模块的名称及功能

模 块 名 称	模 块 功 能	模 块 名 称	模 块 功 能
Delay	延迟	Difference	离散差分器模块,对输入信号进行差分运算,输出当前输入信号与前一个采样值之差
Discrete Derivative	离散型微分	Discrete FIR Filter	离散型 FIR 滤波器
Discrete Filter	离散型滤波器	Discrete PID Controller	离散型 PID 控制器
Discrete PID Controller (2DOF)	离散型 PID 控制器(2 自由度)	Discrete State-Space	离散型状态空间模型
Discrete Transfer Fcn	建立一个离散型传递函数	Discrete Zero-Pole	建立一个零极点形式离散型传递函数
Discrete-Time Integrator	对一个信号进行离散时间积分	First-Order Hold	一阶采样保持器
Memory	对设定的初始信号进行保持	Resettable Delay	可重新设定时间的延时
Tapped Delay	触发延迟模块,延迟输入 N 个采样周期后输出全部的输入信息	Transfer Fcn First Order	一阶传递函数模块,用于建立一阶的离散传递函数模型
Transfer Fcn Lead or Lag	传递函数超前或滞后补偿器模块,用于输入离散时间信号的传递函数超前或滞后的补偿	Transfer Fcn Real Zero	实数零点传递函数模块,用于只有实数零点而无极点的离散传递函数
Unit Delay	单位延迟模块,延迟一个采样周期	Variable Integer Delay	时间可调的整数延时
Zero-Order Hold	零阶保持器		

5. 表格模块组

表格模块组中各模块主要是根据输入来确定输出,包括一维查表、二维查表等。各模块图标如图 1-58 所示,模块名称及功能如表 1-5 所示。

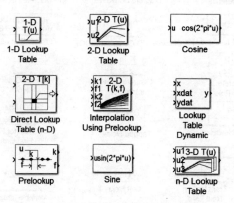

图 1-58　表格模块组

表 1-5　表格模块组各模块的名称及功能

模 块 名 称	模 块 功 能	模 块 名 称	模 块 功 能
1-D Lookup Table	一维表格查询模块,使用线性插值	2-D Lookup Table	二维表格查询模块,使用线性插值
Cosine	定点查表余弦函数模块	Direct Lookup Table (n-D)	n 维直接查表器模块
Interpolation Using Prelookup	内插查表,使用常数插值或线性插值实现 n 维查表器模块	Lookup Table Dynamic	动态表格查询模块,由给定数据生成一维近似函数
Prelookup	在设置的断点处为输入进行查找,使用常数插值或线性插值对间断点序列进行查找	Sine	定点查表正弦函数模块
n-D Lookup Table	使用插值实现 n 维查表器		

6. 数学运算模块组

数学运算模块组中各模块主要用来完成各种数学运算,包括复数计算、逻辑运算等。各模块图标如图 1-59 所示,部分模块名称及功能如表 1-6 所示。

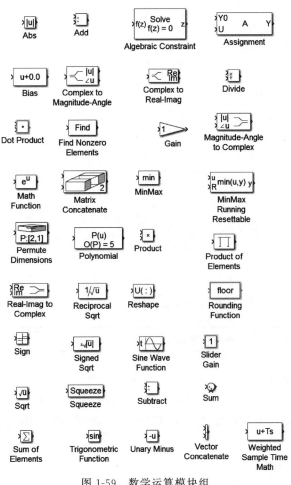

图 1-59　数学运算模块组

表 1-6　数学运算模块组部分模块的名称及功能

模 块 名 称	模 块 功 能	模 块 名 称	模 块 功 能
Abs	对输入信号求绝对值或模	Add	对输入信号进行相加
Algebraic Constraint	代数环限制	Assignment	输入信号元素赋值
Bias	偏差模块	Complex to Magnitude-Angle	复数转为幅值和相角模块
Complex to Real-Imag	建立逻辑真值表,输出分别是复数的实部和虚部	Divide	对输入信号进行相除
Dot Product	计算点积	Find Nonzero Elements	寻找非零元素模块
Gain	对输入乘以一个常数增益	Magnitude-Angle to Complex	将输入模和复角写成复数形式输出
Math Function	数学运算	Matrix Concatenation	矩阵级联
MinMax	取输入信号的极小或极大值	MinMax Running Resettable	带复位功能最小或最大值模块
Permute Dimension	重整多维数组的维数	Polynomial	取输入的正负符号
Product	对输入信号进行相乘	Product of Elements	元素连乘器模块
Real-Imag to Complex	由实部与虚部合成复数模块	Reciprocal Sqrt	平方根倒数
Reshape	改变数据的维数	Rounding Function	取整运算函数
Sign	符号函数模块	Signed Sqrt	对输入信号取绝对值后再进行根号计算
Sine Wave Function	正弦波函数模块	Slider Gain	使用滚动条设置增益
Sqrt	对输入信号进行取根号	Squeeze	去除多维数组的单一维
Subtract	对输入信号进行相减	Sum	对输入信号求代数和
Sum of Elements	元素求和模块	Trigonometric Function	三角函数
Unary Minus	取负运算,对输入取反	Vector Concatenate	相同数据类型的向量输入信号串联
Weighted Sample Time Math	加权样本时间数学		

7. 信号传输模块组

信号传输模块组主要用于信号的传输,包括合成信号的分解、多个信号的合成、信号的选择输出等模块。信号传输模块组图标如图 1-60 所示,部分模块名称及功能如表 1-7 所示。

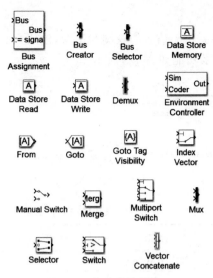

图 1-60 信号传输模块组

表 1-7 信号传输模块组部分模块名称及功能

模 块 名 称	模 块 功 能	模 块 名 称	模 块 功 能
Bus Assignment	总线分配器模块,对总线的指定元素赋值	Bus Creator	总线生成器模块,将多个信号输入到总线
Bus Selector	总线选择器模块,将总线信号分解成多个信号	Data Store Memory	数据存储模块,将数据存储到内存空间
Data Store Read	数据读取模块,将存储的数据读入内存空间	Data Store Write	数据写入模块,将数据写入存储的数据文件中
Demux	信号分离器模块,将向量信号分解后输出	Environment Controller	环境控制器,创建模块结构图分支,用于仿真或代码生成
From	接收信号模块,用于从 Goto 模块中接收一个输入信号	Goto	传输信号模块,用于把输入信号传递给 From 模块
Goto Tag Visibility	传输信号到可见变量模块,定义 Goto 模块标签范围	Index Vector	根据第一个输入值切换开关
Manual Switch	手动开关	Merge	合并模块,用于合并多重信号到一个信号
Multiport Switch	多路开关模块,由第一个输入端控制在多个输入之间进行切换	Mux	信号混合器模块,将几个输入信号组合为向量或总线输出信号
Selector	选择器模块,用于从向量、矩阵或多维信号中选择输入元素	Switch	选择开关,当第二个输入端大于临界值时,输出为第一个输入端数值,否则输出为第三个输入端数值
Vector Concatenate	相同数据类型的向量输入信号串联		

8. 输出模块组

输出模块组中各模块主要用于信号的观测和记录,包括示波器、浮动示波器等。模块图标如图 1-61 所示,模块名称及功能如表 1-8 所示。

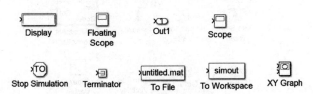

图 1-61 输出模块组

表 1-8 输出模块组各模块名称及功能

模 块 名 称	模 块 功 能	模 块 名 称	模 块 功 能
Display	将信号以数字方式显示	Floating Scope	浮动示波器
Out1	输出端口	Scope	示波器
Stop Simulation	满足条件停止仿真	Terminator	封锁信号
To File	将信号写入文件	To Workspace	将信号写入工作空间
XY Graph	将信号分别由 X、Y 轴输出		

9. 信号源模块组

信号源模块组中各模块主要是为系统提供各种激励信号,包括脉冲发生器、正弦波信号等。模块图标如图 1-62 所示,模块名称及功能如表 1-9 所示。

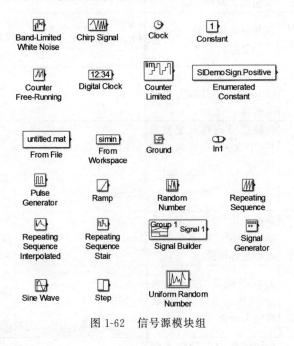

图 1-62 信号源模块组

表 1-9　信号源模块组各模块名称及功能

模 块 名 称	模 块 功 能	模 块 名 称	模 块 功 能
Band-Limited White Noise	有带宽限制的白噪声模块,连续系统引入白噪声	Chirp Signal	产生频率变化的正弦波信号
Clock	时钟信号模块	Constant	生成一个常值
Counter Free-Running	无限计数器模块,加法计算器,溢出后清零	Digital Clock	数字时钟信号模块,以指定采样间隔输出仿真时间的数字钟
Counter Limited	有限幅的计数器模块,加法计算器,超过上限后清零	Enumerated Constant	枚举常数
From File	从.mat 文件中读出数据	From Workspace	从工作空间读出数据
Ground	接地信号	In1	为系统提供输入端口
Pulse Generator	脉冲发生器	Ramp	斜坡信号模块,产生一连续递增或递减的信号
Random Number	正态分布的随机信号	Repeating Sequence	由数据序列产生周期信号
Repeating Sequence Interpolated	重复输出离散时间序列,数据点之间插值	Repeating Sequence Stair	锯齿波
Signal Builder	信号创建器,产生任意分段的线性信号	Signal Generator	信号发生器
Sine Wave	正弦波信号	Step	阶跃信号
Uniform Random Number	产生均匀分布的随机信号		

10. 用户自定义函数模块组

用户自定义函数模块组是为了补充数学模块组的局限性,根据系统要求,自行编制程序,提高了仿真的灵活性。各模块图标如图 1-63 所示,模块名称及功能如表 1-10 所示。

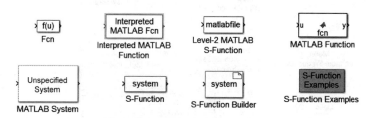

图 1-63　控制模块组

表 1-10　用户自定义函数模块组各模块的名称及功能

模 块 名 称	模 块 功 能	模 块 名 称	模 块 功 能
Fcn	自定义数学表达式	Interpreted MATLAB Function	通过编辑 MATLAB 文件失效函数功能
Level-2 MATLAB S-Function	扩展的 MATLAB S-函数	MATLAB Function	MATLAB 函数库函数,利用 MATLAB 的现有函数进行运算

模 块 名 称	模 块 功 能	模 块 名 称	模 块 功 能
MATLAB System	MATLAB 系统	S-Function	调用由 S-函数编写程序
S-Function Builder	S-函数编译器,编写 S-函数模板的源代码	S-Function Examples	S-函数设计实例

1.9　SimPowerSystems 模型库浏览

电力系统模型库(SimPowerSysteams)是专门用于 *RLC* 电路、电力电子、电动机传动控制系统和电力系统仿真的模型库。在电力拖动自动控制系统中主要使用该模型库的模型。电力系统模型库的使用和 Simulink 模块有所不同,电力系统模型库必须连接在回路中使用,在回路中流动的是电流,且电流通过元器件会产生压降。Simulink 模块组成的是信号流程,流入流出模块信号没有特定的物理含义,其含义视仿真模型的对象而定。由电力系统模型库组成的电路和系统可以和 Simulink 模型库的控制单元连接,组合成控制系统进行仿真,观察不同控制方案下系统的性能指标,为系统设计提供依据。

在 SimPowerSystems 模块库中有很多模块组,主要有控制与测量模块、电源、元件、电力电子、电动机、测量、附加模块组等。下面简要介绍各模块组的内容。

1. 测量模块组

测量模块组主要包括傅里叶变换、平均值测量、有效值测量和畸变系数等。图 1-64 为测量模块图标,模块名称及功能如表 1-11 所示。

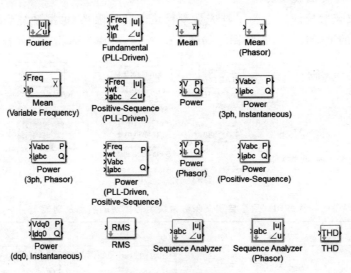

图 1-64　测量模块组

表 1-11　测量模块组各模块名称及功能

模　块　名　称	模　块　功　能	模　块　名　称	模　块　功　能
Fourier	对输入信号进行傅里叶分析	Fundamental(PLL-Driven)	锁相环驱动的基值
Mean	对输入信号进行平均值测量	Mean(Phasor)	对输入信号相位进行平均值测量
Mean(Variable Frequency)	对频率变化的输入信号进行平均值测量	Positive-Sequence(PLL-Driven)	锁相环驱动的正向序列
Power	对于输入信号进行有功功率和无功功率测量	Power(3ph,Instantaneous)	对于三相输入信号进行有功功率和无功功率测量
Power(3ph,Phasor)	根据输入的电压和电流,计算其有功功率和无功功率	Power(PLL-Driven,Positive-Sequence)	锁相环驱动正序信号的功率向量
Power(Phasor)	对输入信号相位进行有功功率和无功功率测量	Power(Positive-Sequence)	正序信号的有功功率和无功功率测量
Power(dq0,instantaneous)	对于输入的特定基频,计算其均值,基于 dq0 坐标上的有功功率和无功功率计算	RMS	对输入信号进行有效值测量
Sequence Analyzer(Phasor)	序列分析仪	THD	对输入信号进行畸变系数测量

2. 脉冲与信号发生器模块组

脉冲与信号发生器模块组主要包括 PWM 发生器、同步触发器等。图 1-65 为测量模块图标,模块名称及功能如表 1-12 所示。

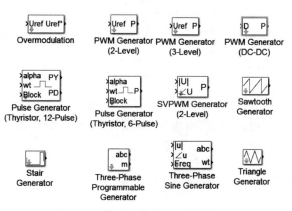

图 1-65　脉冲与信号发生器模块组

表 1-12　脉冲与信号发生器模块组各模块名称及功能

模　块　名　称	模　块　功　能	模　块　名　称	模　块　功　能
Overmodulation	过调制	PWM Generator(2-Level)	2 电平 PWM 驱动信号
PWM Generator(3-Level)	3 电平 PWM 驱动信号	PWM Generator(DC-DC)	PWM 驱动信号

续表

模 块 名 称	模 块 功 能	模 块 名 称	模 块 功 能
Pulse Generator(Thyristor, 12-Pulse)	12 脉冲同步触发器	Pulse Generator(Thyristor, 6-Pulse)	6 脉冲同步触发器
SVPWM Generator(2-Level)	2 电平空间矢量触发器	Sawtooth Generator	锯齿状信号的触发器
Stair Generator	阶梯状信号的触发器	Three-Phase Programmable Generator	三相可编程电源模型，可以调整电压、电流、相位和频率等
Three-Phase Sine Generator	三相正弦波触发器	Triangle Generator	三角形信号的触发器

3. 坐标变换模块组

坐标变换模块组主要包括三相坐标到两相坐标变换、两相坐标到三相坐标变换等。图 1-66 为坐标变换模块图标,模块名称及功能如表 1-13 所示。

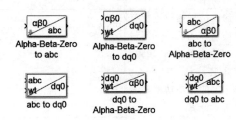

图 1-66　坐标变换模块组

表 1-13　坐标变换模块组各模块名称及功能

模 块 名 称	模 块 功 能	模 块 名 称	模 块 功 能
Alpha-Beta-Zero to abc	两相旋转坐标/三相静止坐标变换	Alpha-Beta-Zero to dq0	两相旋转坐标/两相静止坐标变换
Abc to Alpha-Beta-Zero	三相静止坐标/两相旋转坐标变换	abc to dq0	三相静止坐标/两相静止坐标变换
Dq0 to Alpha-Beta-Zero	两相静止坐标/两相旋转坐标变换	dq0 to abc	两相静止坐标/三相静止坐标变换

4. 电源模块组

电源模块组包括直流电压源、交流电压源、交流电流源、受控电压源等,各模块图标如图 1-67 所示,模块名称及功能如表 1-14 所示。

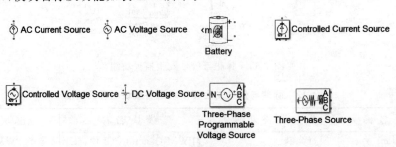

图 1-67　电源模块组

表 1-14　电源模块组各模块名称及功能

模 块 名 称	模 块 功 能	模 块 名 称	模 块 功 能
AC Current Source	交流电流源	AC Voltage Source	交流电压源
Battery	电池	Controlled Current Source	可控电流源
Controlled Voltage Source	可控电压源	DC Voltage Source	直流电压源
Three-Phase Programmable Voltage Source	三相可编程电压源	Three-Phase Source	三相电源

5. 元器件模块组

元器件模块组包括各种电阻、电容、电感元件、三相电阻、电感和电容、三相断路器及各种三相变压器等。元器件模块组中各基本模块图标如图 1-68 所示,模块名称及功能如表 1-15 所示。

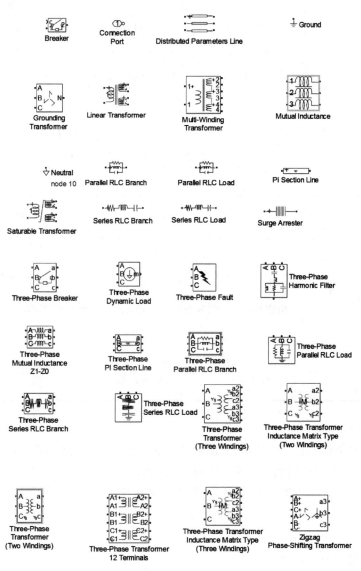

图 1-68　元器件模块组

表 1-15　元器件模块组各模块名称及功能

模 块 名 称	模 块 功 能	模 块 名 称	模 块 功 能
Breaker	断路器模型	Connection Port	连接端口
Distributed Paramete Line	有分布电容、电感的传输导线	Ground	三相互感线圈接地元件
Grounding Transformer	中性点接地三相变压器	Linear Transformer	线性变压器
Multi-Winding Transformer	多绕组变压器	Mutual inductance	互感线圈
Neutral	中性点	Parallel RLC Branch	并联 RLC 支路元件
Parallel RLC Load	并联 RLC 负载	PI Section Line	分布电容、电感为 π 型的传输导线
Saturable Transformer	具有饱和特性的变压器	Series RLC Branch	串联 RLC 支路元件
Series RLC Load	RLC 串联负载	Surge Arrester	压敏电阻
Three-Phase Breaker	三相断路器	Three-Phase Dynamic Load	三相动态负载
Three-Phase Fault	三相短路	Three-Phase Harmonic Filter	三相谐波滤波器
Three-Phase Mutual inductance Z1-Z0	三相互感线圈	Three-Phase PI Section Line	分布电容、电感为 π 型的三相传输导线
Three-Phase Parallel RLC Branch	三相并联 RLC 支路元件	Three-Phase Parallel RLC Load	三相并联 RLC 支路元件
Three-Phase Series RLC Branch	三相串联 RLC 支路元件	Three-Phase Series RLC Load	三相串联 RLC 负载
Three-Phase Transformer (Three Windings)	三相变压器(二次侧有三组相绕组)	Three-Phase Transformer inductance Matrix Type（Two Windings）	三相变压器电感矩阵类型(双绕组)
Three-Phase Transformer (Two Windings)	三相变压器(二次侧有两相组绕组)	Three-Phase Transformer 12 Terminals	有 12 端子的三相变压器
Three-Phase Transformer inductance Matrix Type (three Windings)	三相变压器电感矩阵类型(三绕组)	Zigzag Phase-Shifting Transformer	Z 字形相移变压器

6. 电动机模块组

电动机模块提供了直流电动机、交流电动机和同步电动机模型,电动机参数有标幺值单位和标准制两种,电动机模型库中有一个通用测量单元,可以测量同步电动机和异步电动机的运行参数。电动机模块如图 1-69 所示,各模块名称及功能如表 1-16 所示。

7. 测量模块组

测量模块组中的模块主要用于测量电压、电流和阻抗等。各模块图标如图 1-70 所示,模块名称及功能如表 1-17 所示。

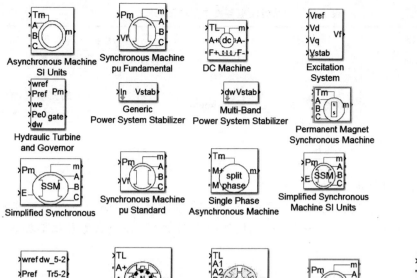

图 1-69　电动机模块组

表 1-16　电动机模块组各模块名称及功能

模　块　名　称	模　块　功　能	模　块　名　称	模　块　功　能
Asynchronous Machine SI Units	异步电动机国际单位单元模型	Asynchronous Machine pu Fundamental	异步电动机归一化基本模型
DC Machine	直流电动机模型	Excitation System	励磁系统
Hydraulic Turbine and Governor	水轮机和调速器	Generic Power System Stabilizer	电力系统稳定器
Multi-Band Power System Stabilizer	多带电力系统稳定器	Permanent Magnet Synchronous Machine	永磁同步电动机
Simplified Synchronous	简化的同步电动机	Synchronous Machine pu Standard	同步电动机归一化标准模型
Single Phase Asynchronous Machine	单相异步电动机	Simplified Synchronous Machine SI Units	简化的同步电动机国际单位单元
Steam Turbine and Governor	汽轮机和调速器	Steeper Motor	步进电动机
Switch Reluctance Motor	开关磁阻电动机	Synchronous Machine SI Fundamental	同步电动机国际单位基本模型
Synchronous Machine pu Units	同步电动机归一化单元		

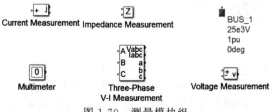

图 1-70　测量模块组

表 1-17　测量模块组各模块名称及功能

模 块 名 称	模 块 功 能	模 块 名 称	模 块 功 能
Current Measurement	测量回路电流	Impedance Measurement	测量回路阻抗
BUS_1 25e3V 1pu 0deg	负载流量总线	Multimeter	多回路测量仪,能测量电压、电流等多种信号
Three-Phase V-I Measurement	三相电压和电流测量	Voltage Measurement	测量回路电压

8. 电力电子元件模块组

电力电子元件模块组包含了常用的晶闸管、可关断晶闸管、电力场效应晶体管等模型,还有一个多功能桥模块。电力电子元件模块如图 1-71 所示,模块名称及功能如表 1-18 所示。

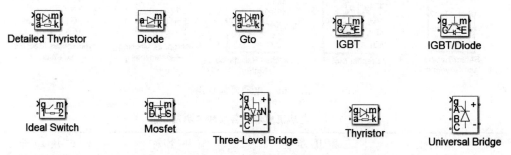

图 1-71　电力电子元件模块组

表 1-18　电力电子元件模块组各模块名称及功能

模 块 名 称	模 块 功 能	模 块 名 称	模 块 功 能
Detailed Thyristor	精细晶闸管模型	Diode	二极管模型
Gto	门极可关断的晶闸管	IGBT	绝缘栅双极性型晶闸管
IGBT/Diode	并联二极管的绝缘栅双极性型晶闸管	Ideal Switch	理想开关
Mosfet	电力场效应晶闸管	Three-Level Bridge	三电平变换桥
Thyristor	普通晶闸管模型	Universal Bridge	通用电桥,臂数、电力电子器件可设,可作整流器或逆变器

1.10　仿真算法介绍

Simulink 仿真涉及微分方程组、传递函数、状态方程等数值的计算方法,这些方法主要有欧拉法(Euler)、阿达姆斯法(Adams)、龙格-库塔法(Rung-Kutta),这些算法主要建立在泰勒级数的基础上。由于控制系统的多样性,没有哪一种算法都能适用。为此用户针对不同类型的仿真模型,按照各种算法不同特点、仿真性能与适应范围,正确地选择算法,并确定适当的仿真参数,以得到最佳仿真结果。

仿真算法分为两类:一类是可变步长类型算法;另一类是固定步长类型算法。现分别介绍两类算法及其特点。

1. Variable-step 可变步长类算法

可变步长类算法在解算模型时可以自动调整步长,并通过减小步长来提高计算的精度,可变步长类算法有以下几种。

(1) ode45 为基于显式 Rung-Kutta 和 Dormand-Prince 组合的算法,它是一种一步解法,只要知道前一时间点的解,就可以计算出当前时间点的方程解。这种算法适用于仿真线性化程度比较高的系统,此算法是仿真默认算法。

(2) ode23 为基于显式 Rung-Kutta(2,3)、Bogacki 和 Shampine 相组合的低级算法,用于解决非刚性问题,它也是一种一步算法。在允许误差方面以及在使用 stiffness mode 略带刚性问题方面比 ode45 效率高。

(3) ode23s 是一种改进的 Rosenbrock 二阶算法,在允许误差比较大的条件下,ode23s 比 ode15s 更有效。

(4) ode113 属于 Adams-Bashforth-Moulton PECE 算法,用于解决非刚性问题,在允许误差要求严格的情况下,比 ode45 算法更有效。

(5) ode15s 属于 NDFs 算法,用于解决刚性问题,它是一种多步算法。当遇到带刚性问题或使用 ode45 算法不行时,可以尝试用这种算法。

(6) ode23t 是采用自由内插值法的梯形法,适用于解决系统有适度刚性并要求无数值衰减问题。

(7) ode23tb 属于 TR-BDF2 算法,即在 Rung-Kutta 算法的第一阶段使用梯形法,第二阶段使用二级的 Backward Differentiation Formulas 算法。适合于求刚性问题,对于求解允许误差比较宽的问题效果比较好。

(8) discrete 用于处理非连续状态的系统模型。

2. Fix-step 固定步长类型算法

(1) ode5 采用 Dormand-Prince 算法,就是固定步长的 ode45 算法。

(2) ode4 属于四阶 Rung-Kutta 算法。

(3) ode3 属于 Bogacki-Shampine 算法,就是固定步长的 ode23 算法。

(4) ode2 属于 Heun's 法则,一种改进的 Euler 算法。

(5) ode1 属于 Euler 法则。

(6) discrete 为不含积分运算的固定步长方法,适用于求解非连续状态的系统模型问题。

(7) ode14X 属于插值法。

固定步长的参数设置中采样时间有三种模式。

(1) Multiasking:选择这种模式时,当 Simulink 检测到采用不同的速率的两个模块直接连接,系统会给出错误提示。处理上述错误的方法是采用 unit delay 模块和 zero-order hold 模块,对从慢速率到快速率的转换可以在慢输出端口和快输入端口插入一个单位延时模块 unit delay,对从快速率到慢速率的转换可以插入一个零阶采样保持器 zero-order hold。

（2）Singletasking：此模式不检查模块间的速率转换，在建立单任务系统模型时非常有用。

（3）Auto：选择这种模式时，Simulink 会根据模型中模块的采样速率是否一致，自动决定切换到 Multitasking 模式或 Singletasking 模式。

所谓仿真算法选择就是针对不同类型的仿真模型，根据各种算法的特点、仿真性能与适用范围，正确选择算法，以得到最佳的仿真效果。

3. 解算器 Solver 对话框参数设置

解算器对话框参数设置是仿真工作必需的步骤，如何设定参数，要根据具体问题要求而定，最基本的参数设定包括仿真的起始时间与终止时间、仿真步长大小与解算问题的算法等。

（1）Start time 栏为设置仿真时间，在 Start 和 Stop 旁的编辑框内分别输入仿真的起始时间和终止时间，单位是秒(s)。

（2）Solver option 栏为选择算法的操作，包括许多项，type 栏的下拉列表框中可选择变步长 Variable 算法或固定步长 Fix-step 算法。

（3）Max step size 栏为设定解算器运算步长的时间上限，Min step size 栏为设定解算器运算步长的时间下限。两者的默认值为 auto。Initial step size 为设定解算器第一步运算的时间，一般默认值亦为 auto，相对误差 Relative tolerance 的默认值为 1e−3，绝对误差 Absolute tolerance 的默认值为 auto。

（4）Shape preservation 模型建议保存为 Disable all。

4. Data Import/Export(数据输入和输出)选项

仿真控制参数设定对话框标签第二页为工作空间对话框。在这一对话框中设置参数后，可以从当前工作空间输入数据、初始化状态模块、把仿真结果保存到当前工作空间中。

（1）Load from workspace(从工作区载入数据)。

- Input：用来设置初始信号。如果在 Simulink 系统中选用输入模块 In1，则必须选中该选项，并填写在 MATLAB 工作空间中的输入数据的变量名称，例如[t,u]或者 TU，且向量的第一列 t 为仿真时间，如果输入模块中有 n 个，则 u 的第 1,2,…,n 列分别输入模块 In1, In2,…,Inn。

- Initial state：从 MATLAB 工作空间获得的状态初始值的变量名，填写 MATLAB 工作空间已经存在的变量，变量的次序与模块中各个状态中的次序一致，用来设置系统状态变量的初始值，初始值[xInital]可为列向量。

（2）Save to workspace(保持结构到工作空间)。

- Time：时间变量名，存储输出到 MATLAB 工作空间的时间值，默认名为 tout。

- State：状态变量名，存储输出到 MATLAB 工作空间的状态值，默认名为 xout。

- Output：输出变量名，如果模型中使用 Out 模块，那么就必须选中该选项，数据的存放方式与输入情况类似。

- Final state：最终状态值输出变量名，存储输出到 MATLAB 工作空间的最终状态值。

- Format：设置保持数据的格式，包括数组(Array)、结构数组(Structure)和带时间的结构数组(time Structure)。一般默认值都取 Array。

- Limit data points to last：保持变量的数据长度。选择框可以限定可存取的行数，其默认值为 1000，即保留 1000 组数据。当实际计算出来的数据很大超过 1000 时，在工作空间中将只保存 1000 组最新的数据，如果想消除这样的约束，则可以不选中 Limit data to last 复选框，也可把此数据取为 1 000 000。
- Decimation：保持步长间隔，默认值为 1，即对每一个仿真时间点产生值都保存，若为 n，则每隔 n−1 个仿真时刻就保持一个值。
- Signal logging：在仿真过程中时信号输出到工作空间。
- Data Store Memory：数据存储内存，选中 data Stores，则可用 dsmout。

（3）Save option（存储选项）。

- Output options：输出选项，包含 3 个可选项。
- Refine Output：细化输出，可以增加输出数据的点数，使得输出数据更加平滑，与该选项配套的参数设置是，默认值为 1，表明出差数据点的格式与防治步数相同；若细化因子为 2，则表示出差设局点加倍，本功能只在变步长模式中才能使用，并且在 ode45 效果最好。

在标签页的右下部有 4 个按钮，它们的功能分别如下。

（1）OK 按钮用于参数设置完毕，可将窗口内的参数值应用于系统仿真，并关闭对话框。

（2）Cancel 按钮用于撤销参数的修改，恢复标签页原来的参数设置，并关闭对话框。

（3）Help 按钮用于使用方法说明的帮助文件。

（4）Apply 按钮用于修改参数后的确认，即表示将目前窗口改变的参数设定应用于系统仿真，并保持对话框窗口中开启状态，以便进一步修改。

5. 其他

除了前面介绍的两个对话框外，仿真控制参数设定的对话框还有设置优化模式对话框、设置在仿真过程中出现各类错误时发出警告等级话框和设置仿真模型目标对话框等。这些内容可以参阅其他关于 MATLAB 的书籍。

1.11　S 函数的编写

S 函数是 System Function 的简称，用它来写自己的 Simulink 模块。可以用 MATLAB、C、C++、FORTRAN、Ada 等语言来写，这里只介绍怎样用 MATLAB 语言来写。

先讲讲为什么要用 S 函数，用 S 函数可以利用 MATLAB 的丰富资源，而不仅仅局限于 Simulink 提供的模块，而用 C 或 C++ 等语言写的 S 函数可以实现对硬件端口的操作，还可以操作 Windows API 等。

先介绍一下 Simulink 的仿真过程（以便理解 S 函数），Simulink 的仿真有两个阶段：一个为初始化，这个阶段主要是设置一些参数，像系统的输入输出个数、状态初值、采样时间等；第二个阶段就是运行阶段，这个阶段里要进行计算输出、更新离散状态、计算连续状态等。这个阶段需要反复运行，直至结束。

首先打开 sfuntmpl. m 文件，路径为 D:/MATLAB/toolbox/Simulink/blocks/sfuntmpl

(这是 MATLAB 自己提供的 S 函数模板),首先来具体分析 S 函数的结构。

它的第一行是这样的:

```
function [sys,x0,str,ts,simStateCompliance] = sfuntmpl(t,x,u,flag)
```

先讲输入与输出变量的含义: t 是采样时间; x 是状态变量; u 是输入(是做成 Simulink 模块的输入); flag 是仿真过程中的状态标志(以它来判断当前是初始化还是运行等); sys 输出根据 flag 的不同而不同, x0 是状态变量的初始值; str 是保留参数; ts 是一个 1×2 的向量; simStateCompliance 是当仿真完成后如何处理存储状态变量。

下面结合 sfuntmpl.m 中的代码来讲具体的结构:

```
switch flag,                 % 判断 flag,看当前处于哪个状态
case 0,
[sys,x0,str,ts] = mdlInitializeSizes;
```

flag=0 表示处于初始化状态,此时用函数 mdlInitializeSizes 进行初始化,此函数在 sfuntmpl.m 的第 149 行。在初始化状态下,sys 是一个结构体,用它来设置模块的一些参数,各个参数详细说明如下:

```
size = simsizes;                    % 用于设置模块参数的结构体由 simsizes 生成
sizes.NumContStates  = 0;           % 模块连续状态变量的个数
sizes.NumDiscStates  = 0;           % 模块离散状态变量的个数
sizes.NumOutputs     = 0;           % 模块输出变量的个数
sizes.NumInputs      = 0;           % 模块输入变量的个数
sizes.DirFeedthrough = 1;           % 模块是否存在直接贯通
sizes.NumSampleTimes = 1;           % 模块的采样时间个数,至少是一个
sys = simsizes(sizes);              % 设置完后赋给 sys 输出
```

举个例子,考虑如下模型。

dx/dt=fc(t,x,u)也可以用连续状态方程描述: $dx/dt = A * x + B * u$。

x(k+1)=fd(t,x,u)也可以用离散状态方程描述: $x(k+1) = H * x(k) + G * u(k)$。

y=fo(t,x,u)也可以用输出状态方程描述: $y = C * x + D * u$。

设上述模型连续状态变量、离散状态变量、输入变量、输出变量均为 1 个,就只需改上面那一段代码为

```
sizes.NumContStates = 1;sizes.NumDiscStates = 1;sizes.NumOutputs = 1;sizes.NumInpu
ts = 1;
```

其他的可以不变。继续在 mdlInitializeSizes 函数中往下看:

```
x0 = [ ];                    % 状态变量设置为空,表示没有状态变量,以上面的假设,可改
                             % 为 x0 = [0,0](离散和连续的状态变量都设它初值为 0)
str = [ ];                   % 这个就保留参数,置[ ]就可以
ts = [0 0];                  % 采样周期设为 0 表示是连续系统,如果是离散系统在下面的
                             % mdlGet ※ TimeOfNextVarHit 函数中具体介绍
```

在 sfuntmpl 的第 106 行:

```
case 1,
 sys = mdlDerivatives(t,x,u);
```

flag＝1 表示此时要计算连续状态的微分，即上面提到的 dx/dt＝fc(t,x,u)中的 dx/dt，找到 mdlDerivatives 函数(在第 193 行)如果设置连续状态变量个数为 0,此处只需"sys＝[ ];"就可以了(如 sfuntmpl 中一样),按上述讨论的那个模型,此处改成 sys＝fc(t,x(1),u)或 sys＝A＊x(1)＋B＊u ％,这里 x(1)是连续状态变量,而 x(2)是离散的,这里只用到连续的,此时的输出 sys 就是微分。

在 sfuntmpl 的第 112 行：

```
case 2,
   sys = mdlUpdate(t,x,u);
```

flag＝2 表示此时要计算下一个离散状态,即上面提到的 x(k＋1)＝fd(t,x,u),找到 mdlUpdate 函数(在第 206 行),此行的"sys＝[ ];"表示没有离散状态,可以改成 sys＝fd(t,x(2),u)或sys＝H＊x(2)＋G＊u％,sys 即为 x(k＋1)在 sfuntmpl 的第 118 行：

```
case 3,
   sys = mdlOutputs(t,x,u);
```

flag＝3 表示此时要计算输出,即 y＝fo(t,x,u),找到 mdlOutputs 函数(在第 218 行),如果 sys＝[ ]表示没有输出,可以改成 sys＝fo(t,x,u)或 sys＝C＊x＋D＊u ％sys 此时为输出 y。

在 sfuntmpl 的第 124 行：

```
case 4,
   sys = mdlGetTimeOfNextVarHit(t,x,u);
```

flag＝4 表示此时要计算下一次采样的时间,只在离散采样系统中有用。

连续系统中只需在 mdlGetTimeOfNextVarHit 函数中写上"sys＝[ ];",这个函数主要用于变步长的设置。

在 sfuntmpl 的第 130 行：

```
case 9,
   sys = mdlTerminate(t,x,u);
```

flag＝9 表示此时系统要结束,一般来说只需在 mdlTerminate 函数中写上"sys＝[ ];"即可。

下面具体举例来说明,已知系统的状态方程为

$$\begin{bmatrix} \dot{x}_1 \\ \dot{x}_2 \end{bmatrix} = \begin{bmatrix} 0 & 1 \\ -20 & -9 \end{bmatrix} \begin{bmatrix} x_1 \\ x_2 \end{bmatrix} + \begin{bmatrix} 0 \\ 1 \end{bmatrix} u$$

$x_1＝y,x_2＝\dot{y}$。初始条件 $x_1(0)＝y(0)＝1,x_2(0)＝\dot{x}_1(0)＝\dot{y}(0)＝2$,求系统零输入响应 $\begin{bmatrix} y(t) \\ \dot{y}(t) \end{bmatrix} = \begin{bmatrix} 1 & 0 \end{bmatrix} \begin{bmatrix} x_1 \\ x_2 \end{bmatrix}$。

在仿真平台上拖曳 S-Function 模块和 Constant 模块,把 S-Function 模块参数的 S-Function name 右边的文本框写入 sfuntmpl1 即可。其他均为默认值。建立的仿真模型如图 1-72 所示。因为是零输入响应,所以把 Constant 模块参数设置为零。

下面编制 m 文件,取名 sfuntmpl,先找到 sfuntmpl.m 文件的模板(路径为 D:

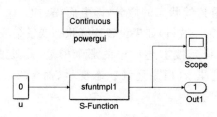

图 1-72　S 函数的仿真模型

/MATLAB/toolbox/simulink/blocks/sfuntmpl)，复制到文件夹上并取名 sfuntmpl1. m，注意 S 函数的仿真模型必须和 sfuntmpl1. m 文件在同一个文件夹中。

Sfuntmpl1. m 文件编制如下：

```
function [sys,x0,str,ts,simStateCompliance] = sfuntmpl(t,x,u,flag)
switch flag,
  case 0,
   [sys,x0,str,ts,simStateCompliance] = mdlInitializeSizes;
  case 1,
    sys = mdlDerivatives(t,x,u);
  case 2,
    sys = mdlUpdate(t,x,u);
  case 3,
    sys = mdlOutputs(t,x,u);
  case 4,
    sys = mdlGetTimeOfNextVarHit(t,x,u);
  case 9,
    sys = mdlTerminate(t,x,u);
  Otherwise
  DAStudio. error('Simulink:blocks:unhandledFlag', num2str(flag));
end
function [sys,x0,str,ts,simStateCompliance] = mdlInitializeSizes
sizes = simsizes;
sizes.NumContStates   = 2;
sizes.NumDiscStates   = 0;
sizes.NumOutputs      = 2;
sizes.NumInputs       = 1;
sizes.DirFeedthrough = 0;
sizes.NumSampleTimes = 1;
sys = simsizes(sizes);
x0   = [1,2];                  % 初始值
str = [ ];
ts  = [0 0];
simStateCompliance = 'UnknownSimState';
function sys = mdlDerivatives(t,x,u)
dx(1) = x(2);
dx(2) = - 20 * x(1) - 9 * x(2);
sys = dx;
function sys = mdlUpdate(t,x,u)
sys = [ ];
function sys = mdlOutputs(t,x,u)
```

```
sys = [x(1),x(2)];
function sys = mdlGetTimeOfNextVarHit(t,x,u)
sampleTime = 1;
sys = t + sampleTime;
function sys = mdlTerminate(t,x,u)
sys = [ ];
```

仿真算法采用 ode45，仿真时间为 2s，仿真结果如图 1-73 所示。

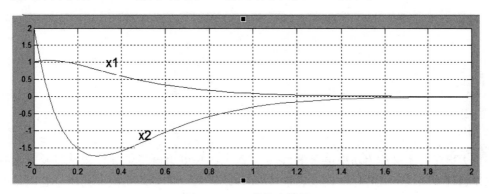

图 1-73　S 函数仿真结果

第2章

电力电子整流电路仿真

电力电子技术又称为功率电子学,它主要研究各种电力电子半导体器件以及由这些电力电子器件来构成各式各样电路或装置,以高效地完成对电能的变换和控制。它既是电子学在强电领域的一个分支,又是电工学在弱电领域的一个分支,是强弱电相结合的新领域。本章主要讨论常用的电力电子构建电路的仿真模型和结果分析。

2.1　电力电子仿真常用的测量模块简介

在电力电子仿真中,除了要正确搭建仿真模型外,还要测量一些重要的物理量,主要有电压、电流瞬时值、平均值、有效值的测量,有时候还得测量电压、电流畸变系数,功率因数、有功功率和无功功率等,下面主要介绍平均值、有效值、畸变系数、功率因数测量模块的使用方法。

1. 平均值和有效值测量模块

为了测量物理量的平均值,采用 Mean 模块,其路径为 Simscape/SimpowerSystems/Specialized Technology/Control and Measurements Library/Measurements/Mean,如图 2-1 所示。双击此模块,得到如图 2-2 所示的参数对话框,参数对话框上面是对此模块的说明和定义,下面文本框中是对基频参数的设定,其默认值为 60Hz,在具体仿真参数设置时,Fundamental frequency 根据实际的交流电源频率而设定,Initial input 为 0。为了提高测量精度,建议采样时间设定为 50e−6。

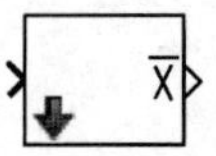

图 2-1　平均值测量模块

对于物理量有效值的测量,采用 RMS 模块,其路径为 Simscape/SimpowerSystems/Specialized Technology/Control and Measurements Library/Measurements/RMS,如图 2-3 所示。双击此模块,得到如图 2-4 所示的参数对话框,与测量平均值模块相同的是,参数对话框上面是对模块的说明和定义,下面文本框中是对基频参数的设定,其默认值为 60Hz,在具体仿真参数设置时,Fundamental frequency 根据实际的交流电源频率而设定,Initial magnitude of input 为 0,建议采样时间设定为 50e−6。

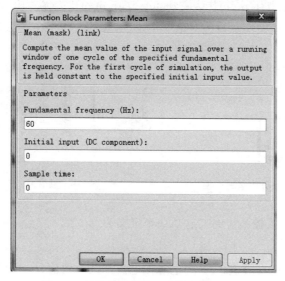

图 2-2　平均值测量模块参数设定对话框

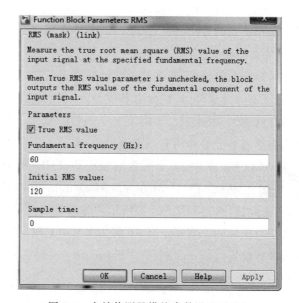

图 2-3　有效值测量模块　　　　　　图 2-4　有效值测量模块参数设置对话框

2. 有功功率和无功功率测量模块

在 MATLAB 库中,有功功率和无功功率测量模块 Power(路径为 Simscape/SimpowerSystems/Specialized Technology/Control and Measurements Library/Measurements/Power) 如图 2-5 所示。

从图 2-5 可以看出,此模块有两个输入端口,有两个输出端口,输入端口是要测量电路有功功率和无功功率所对应的电压和电流,输出端口分别是有功功率 P 和无功功率 Q,如果需要测量视在功率 S,采用模块 Mux,其路径为 Simulink/Signal Routing/mux,并采用模块 Fcn,其路径为 Simulink/User-Defined Functions/Fcn,模块参数文本框中设定为

sqrt(u(1)^2+u(2)^2),其中,u(1)代表有功功率数值,u(2)代表无功功率数值,按照如图2-6所示方式连接。在 Power 模块参数的对话框中,把基频的文本框中参数设定成实际值即可。

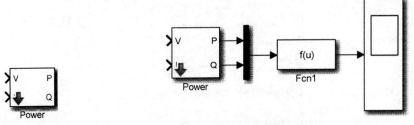

图 2-5　有功功率、无功功率测量模块　　　　图 2-6　视在功率的测量方法

在电力电子中,把可控整流时的有功功率定义为

$$P = U_2 I_{21} \cos\varphi_2 \tag{2-1}$$

其中:U_2 为电源侧电压有效值;I_{21} 为电源侧电流基波有效值;φ_2 为基波电流 I_{21} 与 U_2 相位差。在进行有功功率和无功功率测量时,把 V 端口直接连接在电源侧两端,I 端口直接测量电流,不需要进行有效值模块进行转换,这是因为 Power 模块内部已经自动进行了基波有效值和相位差的检测并进行了计算,具体应用后面章节将详细叙述。

3. 畸变系数测量模块

在可控整流电路中,送到整流电路的是正弦交流电压波,但流过的交流电流却不是正弦波,它除了基波分量外,还包含有各次谐波,当电流含有谐波分量时,它的有效值就要比基波分量的有效值大,因此定义了电流畸变系数的概念。即 I_1/I,其中,I_1 为电流的基波分量,而 I 为包括基波分量和所有谐波分量。

在 MATLAB 库中,畸变系数测量模块 THD(提取路径为 Simscape/SimpowerSystems/Specialized Technology/Control and Measurements Library/Measurements/THD)如图2-7所示,双击此模块,得到如图2-8所示的参数对话框,与测量平均值模块相同的是,参数对话框上面是对模块的说明和定义,下面文本框中是对基频参数的设定,其默认值为60 Hz,在具体仿真参数设置时,Fundamental Frequency 根据实际的交流电源频率而设定,建议采样时间设定为 50e−6。

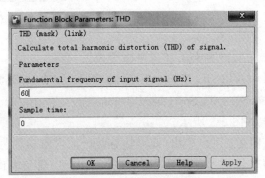

图 2-7　畸变系数测量模块　　　　图 2-8　畸变系数测量模块参数设置对话框

前面已经说过,由于此模块的数学模型和实际理论有差别,所以在应用此模块时,必须对这模块进行修改,修改后的封装模型如图 1-40 所示,输入端接电流或电压,输出端就是相对应的畸变系数。具体应用后面章节将详细叙述。

4. 谐波分析模块

在 MATLAB 库中,谐波分析模块 Fourier(提取路径为 Simscape/SimpowerSystems/Specialized Technology/Control and Measurements Library/Measurements/Fourier)如图 2-9 所示,双击此模块,得到如图 2-10 所示的参数对话框,参数对话框上面是对模块的说明和定义,下面文本框是对基频参数的设定,其默认值为 60Hz,在具体仿真参数设置时,Fundamental Frequency 根据实际的交流电源频率而设定。下面的文本框是所要测量波的类型,如果要检测直流分量,则在 Harmonic n 的文本框输入 0;若要测量基波分量,则输入 1,以此类推,可以测量任意谐波分量。输入端是被测信号,输出端是被测信号的幅值与相位,建议采样时间设定为 50e-6。

图 2-9 谐波分析模块 　　　 图 2-10 谐波分析模块参数设置对话框

对谐波的分析有一个更方便的模块——Powergui(提取路径为 Simscape/SimpowerSystems/Specialized Technology/Powergui),后面会详细介绍该模块的使用方法。

2.2 单相桥式整流电路仿真

整流电路就是将交流电变换成直流电的转换电路。二极管元件可以实现这种转换过程,但是它的输出量仅与电路形式以及输入交流电压有关,输出量不可调,晶闸管元件具有单向导电及可控特性,可把交流电变成输出量可调的直流电,这就是可控整流。可控整流的输出量受晶闸管门极信号的控制。

可控整流在直流电动机控制、可变直流电源、高压直流输电、充电机等方面得到广泛的应用,下面介绍最常用的单相及三相可控整流电路。

2.2.1　单相全控桥式整流电路的仿真

在单相桥式可控整流电路中,整流元件全部用晶闸管的电路称为单相全控桥式整流电路,它提高了电源变压器的利用率,输出电压或电流的脉动较小。

单相桥式整流电路的仿真模型如图 2-11 所示。

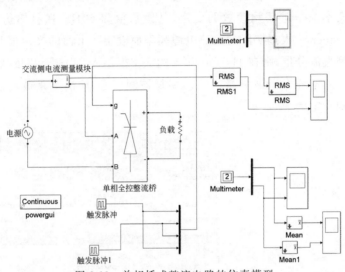

图 2-11　单相桥式整流电路的仿真模型

1. 主电路建模和参数设置

主电路主要有交流电源、桥式整流电路和电阻组成,交流电源的路径为 Simscape/SimpowerSystems/Specialized Technology/Electrical Sources/AC voltage Source,参数设置为:峰值电压为 220V,相位为 0°,频率为 50Hz。整流桥模块的路径为 Simscape/SimpowerSystems/Specialized Technology/Power Electronics/Universal Bridge,参数设置如图 2-12 所示。

从图 2-12 可以看出,桥臂为 2,电力电子元器件为晶闸管,其他参数为默认值。为了测量晶闸管的电压和电流,在测量文本框中选取 All voltage and currents,当然在多路测量仪 Multimeter 里,可以选择相应的测量物理量。

电阻模块路径为 Simscape/SimpowerSystems/Specialized Technology/Elements/Series RLC Branch,电阻为 100Ω。为了测量交流电源电流的有效值,采用了 RMS 模块。按照图 2-11 连接,得到单相桥式整流电路主电路的仿真模型。

2. 单相桥式整流电路控制电路的仿真模型

单相桥式整流电路控制电路的仿真模型主要有两个脉冲触发器组成(其路径为 Simulink/Sources/Pulse Generator),分别通向 VT1、VT4 和 VT2、VT3 两组晶闸管,一个脉冲触发器参数设置为:峰值为 1,周期为 0.02s(和电源频率对应),脉冲宽度为 10,相位延迟时间为 0.001 67,这是因为本次仿真时,把延迟角设定为 30°,由于脉冲发生器对话框中延迟单位为时间(s),必须通过 $t = T \times \alpha/360$ 进行转换,另一个触发脉冲器的参数,延迟角和前一个脉冲触发器相差 180°，即为 0.011 67，其他参数设置和前者相同。由于两个脉冲通向 4 个晶闸管，采用 Mux 模块（路径为 Simulink/Signal/Routing/Mux）把 4 个触发脉冲信号合成，Mux 模块参数设置为 4，表明输入端有 4 路信号。值得注意的是，在仿真模型 MATLAB 模块库中 Universal Bridge，对于电力电子元件为晶闸管的顺序是，上臂桥从左到右是 VT1、VT2，下桥臂从左到右依次是 VT3、VT4，所以触发脉冲必须正确连接。

通向 VT1 的触发脉冲（Pulse Generator）的参数设置如图 2-13 所示。

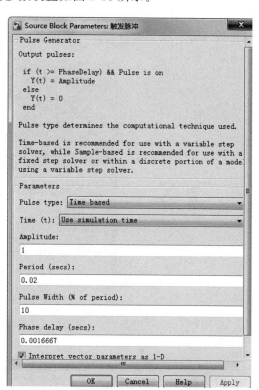

图 2-12　整流桥仿真模型的参数设置　　　　　图 2-13　VT1 触发脉冲的参数设置

为了仿真方便，特把单相桥式整流电路常用的延迟角和触发脉冲参数延迟时间对应关系做成表格，如表 2-1 所示。

表 2-1　单相桥式整流电路常用的延迟角和触发脉冲参数延迟时间的对应关系

触发延迟角 $\alpha/°$	触发 VT1 脉冲相位延迟时间/s	触发 VT2 脉冲相位延迟时间/s
0	0	0.01
30	0.001 666 7	0.011 66
45	0.0025	0.0125
60	0.003 33	0.013 33
90	0.005	0.015
150	0.008 33	0.018 33

3. 测量模块的选择

为了测量物理量的平均值，采用 Mean 模块，由于交流电源频率为 50Hz，所以本次仿真在参数设置时把 Fundamental Frequency 设为 50,Initial input 设为 0。对于物理量有效值的测量,采用 RMS 模块,在参数设置时把 Fundamental Frequency 设为 50,与电源频率一致。Initial magnitude of input 设为 0。采样时间均设定为 50e－6。

从仿真模型可以看出,本次仿真主要测量交流电源电流有效值、负载电压平均值、有效值以及流过晶闸管 VT1 的电流有效值。

其他物理量的测量,采用多路测量仪 Multimeter 模块,本次仿真中只选择电阻两端电压、晶闸管 1 两端电压、流过晶闸管 1 的电流和流过负载的电流,平均值测量模块的参数如图 2-14 所示。多路测量仪的参数如图 2-15 所示。

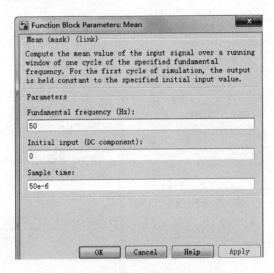

图 2-14　平均值测量模块的参数设定

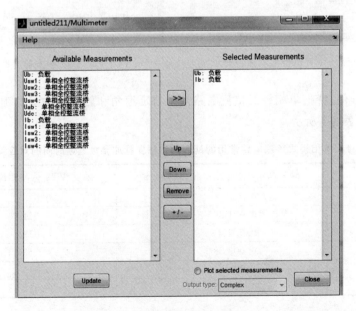

图 2-15　多路测量仪的参数设定

由于只测量 4 个信号,采用 Demux 模块,路径为 Simulink/Signal Routing/Demux,参数设置为输出端口为 4,其输出就变成 4 个端口,分别对应示波器测量端口即可。

仿真算法采用 ode15s,仿真时间为 1s。在这里需要说明的是,有时候如果发现波形不理想或仿真结果不正确,可以减小仿真算法的步长,在 Max step size 右边的文本框设定为 1e-4 即可。

仿真结果如图 2-16 所示。

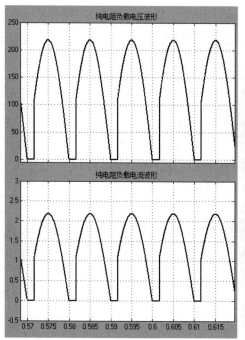
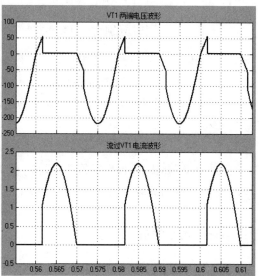
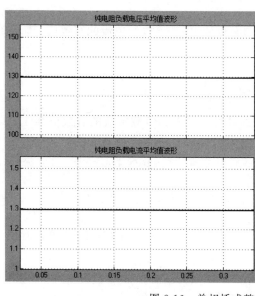
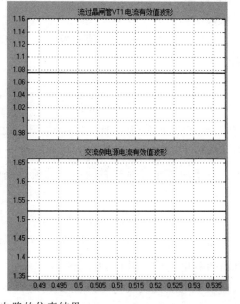

图 2-16　单相桥式整流电路的仿真结果

从仿真结果可以看出,经过自然换流点后在触发延迟角到来之前,晶闸管均不导通,电阻两端电压为零。到了延迟角 α 为 30°后,由于加了触发电压,则在正电压作用下,晶闸管 VT1 和 VT4 导通,负载端电压 $u_d = u_2$,直到 $\omega t = \pi$ 后,由于电源电压 u_2 进入负半周,使得晶闸管 VT1、VT4 承受反压而关断,所以在 ωt 为 $\frac{\pi}{6} \sim \pi$ 区间,VT1、VT4 导通,而 VT2、VT3 承受反压。

在 ωt 为 $\frac{\pi}{6} \sim \frac{7}{6}\pi$ 区间,VT1、VT4 已被关断,VT2、VT3 尚未有触发电压,所以 4 个晶闸管均处于阻断状态,负载电压 $u_d = 0$。这期间,晶闸管 VT1、VT4 和 VT2、VT3 分别串联分担电源电压 u_2,设 4 个晶闸管漏阻抗相同,则每个晶闸管各承担 $u_2/2$ 电压。

在 $\omega t = \frac{7}{6}\pi$ 时,同时分别对 VT2、VT3 门极加触发电压,则 VT2、VT3 导通,负载电压 $u_d = u_2$,尽管电源电压已进入负半周,但由于桥路的作用,负载电压 u_d 的极性未改变,负载电流 i_d 的方向也未改变,这个过程直至 $\omega t = 2\pi$ 时结束,以后又继续循环。

对于单相全控桥式整流电路的负载平均电压,其计算公式为

$$U_d = \frac{1}{2\pi}\int_0^{2\pi} u_d \, d\omega t = \frac{0.9U_2(1+\cos\alpha)}{2} \tag{2-2}$$

式中,U_2 是有效值,由于电源峰值为 220V,其有效值 U_2 为 $220/\sqrt{2}$,延迟角 α 为 30°,代入式(2-2)可计算得到负载平均电压值为 130.65V,而从图 2-16 可以看出,负载平均电压为 130.58V。

负载电流的平均值公式为

$$I_d = \frac{U_d}{R} = \frac{0.9U_2(1+\cos\alpha)}{2R} \tag{2-3}$$

将电阻 $R = 100\Omega$ 代入式(2-3)可得负载电流的平均值为 1.3A,而从图 2-16 可以看出,负载电流的平均值为 1.3A。

对于单相全控桥式整流电路的负载电路的有效值,即交流电源电流的有效值,其计算公式为

$$I_2 = \sqrt{\frac{1}{\pi}\int_\alpha^\pi \left(\frac{\sqrt{2}U_2}{R}\sin\omega t\right)^2 d\omega t} = \frac{U_2}{R}\sqrt{\frac{1}{2\pi}\sin2\alpha + \frac{\pi-\alpha}{\pi}} \tag{2-4}$$

将 $U_2 = 155.587V, R = 100\Omega, \alpha = 30°$ 代入式(2-4)可计算得到负载电流的有效值为 1.53A,而从图 2-16 可以看出,负载电流有效值为 1.53A。

对于单相全控桥式整流电路的流过晶闸管的有效值,其计算公式为

$$I_{VT} = \sqrt{\frac{1}{2\pi}\int_\alpha^\pi \left(\frac{\sqrt{2}U_2}{R}\sin\omega t\right)^2 d\omega t} = \frac{U_2}{\sqrt{2}R}\sqrt{\frac{1}{2\pi}\sin2\alpha + \frac{\pi-\alpha}{\pi}} \tag{2-5}$$

将 $U_2 = 155.587V, R = 100\Omega, \alpha = 30°$ 代入式(2-5)得 $I_{VT} = 1.08A$,而从图 2-16 可以看出,流过晶闸管电流的有效值为 1.085A。

现把电阻负载改为阻感性负载,$\alpha = 30°$,在 Series RLC Branch 参数设置中,电阻仍为 100Ω,而电感设置为 1H,不设置电感电流初始值。仿真算法采用 ode15s,仿真时间为 1s。

仿真结果如图 2-17 所示。

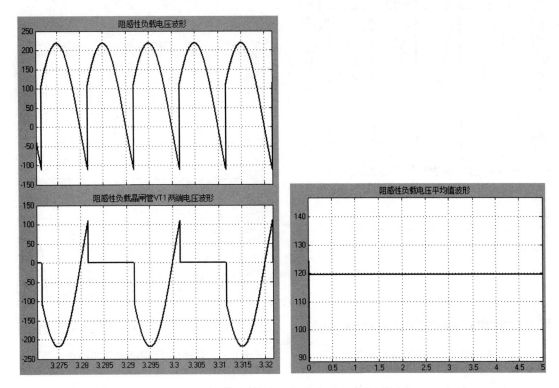

图 2-17 阻感性负载单相桥式整流电路仿真结果

从仿真的结果可以看出,在 $\omega t = \dfrac{\pi}{6}$ 时,晶闸管 VT1、VT4 门极有触发电压,则它们导通工作与电阻负载一样,但当 $\omega t = \pi$ 以后,由于电感中能量的存在,电流将继续,VT1、VT4 继续导通,负载电压出现负半周,当 $\omega t = \dfrac{7}{6}\pi$ 时,晶闸管 VT2、VT3 正向偏置,若门极施加触发脉冲,则 VT2、VT3 触发导通,由于 VT2、VT3 的导通,使得 VT1、VT4 承受反压而关断,负载电流从 VT1、VT4 移到 VT2、VT3,这个过程称为晶闸管换流。

对于单相桥式整流电路,阻感性负载电压平均值可由式(2-6)计算

$$U_d = \frac{1}{\pi} \int_a^{\pi+a} \sqrt{2} U_2 \sin\omega t \,\mathrm{d}\omega t = \frac{2\sqrt{2}}{\pi} U_2 \cos\alpha = 0.9 U_2 \cos\alpha \tag{2-6}$$

将 $U_2 = 155.587\text{V}$,$\alpha = 30°$ 代入式(2-6),得阻感性负载的平均电压为 121.2V,而从图 2-17 可以看出,其平均值为 120V。

现把阻感性负载参数改为电阻 10Ω,电感为 10H,满足条件 $\omega L \gg R$ 时,延迟角改为 90°,仿真算法采用 ode15s,仿真时间为 1s。仿真结果如图 2-18 所示。

从仿真结果可以看出,对于阻感性负载,当延迟角改为 90°,满足条件 $\omega L \gg R$ 时,电压正半周等于负半周,平均电压为 0V。所以对电感负载,移相范围最大为 90°。

现把阻感性负载参数设置为电阻 100Ω,电感为 0.1H,延迟角改为 90°,得到仿真结果如图 2-19 所示。

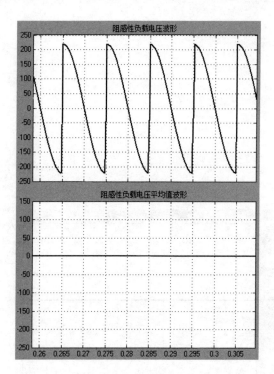

图 2-18　阻感性负载单相整流电路仿真结果

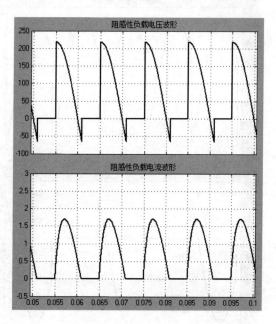

图 2-19　阻感性负载单相整流电路仿真结果

从仿真结果可以看出,当负载电感 L 较小时,而触发延迟角 α 又较大时,由于电感中储存的能量较少,当 VT1、VT4 导通后,在 VT2、VT3 导通前负载电流 i_d 就已经下降为零,VT1、VT4 随之关断,出现了晶闸管元件导通角 $\theta < \pi$、电流断续情况。

当 $\alpha > \psi$ 时,对于电流断续负载端电压平均值计算公式为

$$U_d = \frac{1}{\pi} \int_{\alpha}^{\pi+\alpha} \sqrt{2} U_2 \sin\omega t\, \mathrm{d}\omega t = \frac{\sqrt{2}}{\pi} U_2 [\cos\alpha - \cos(\alpha + \theta)] \tag{2-7}$$

其中,θ 为导通角,其计算公式为

$$\sin(\theta + \alpha - \psi) - \sin(\alpha - \psi)\exp\left(-\frac{R}{\omega L}\theta\right) = 0 \tag{2-8}$$

其中,ψ 为负载阻抗角,其计算公式为

$$\psi = \arctan\frac{\omega L}{R} \tag{2-9}$$

可以看出计算相当复杂,在仿真中,直接加入平均电压测量模块 Discrete Mean Value,就可以看出电流断续的负载端电压平均值的大小(注意要把平均电压测量模块的基频参数改为 50H),直接得到电流断续负载电压平均值为 65.6V,如图 2-20 所示,从这可以看出仿真的优势。

前面只考虑了电阻负载和电感性负载,这些都属于无源负载,实际上,除了无源负载,还有有源负载,例如晶闸管充电机、晶闸管直流电动机调速等均属于有源负载。在上述有源负载中,被充电的蓄电池及调速电动机的反电动势均有阻止负载电流的作用,所以又称为反电动势负载。下面介绍单相桥式整流电路反电动势负载的工作情况。

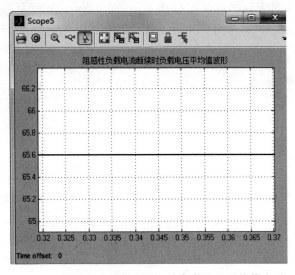

图 2-20　电流断续单相整流电路负载电压平均值波形

单相桥式整流电路接反电动势负载的仿真模型如图 2-21 所示，与图 2-11 相比，只不过在负载电路上加一个电动势，在本次仿真中采用了直流电源模块来模拟电动势，路径为 Simscape/SimpowerSystems/Specialized Technology/Electrical Sources/DC Voltage Sources，参数设定为 100V，注意电源极性是上正下负。电阻取 100Ω，由于要测量包括电动势在内的回路电压，不宜采用 Multimeter 模块，而是采用 Voltage Measurement 模块连接即可。

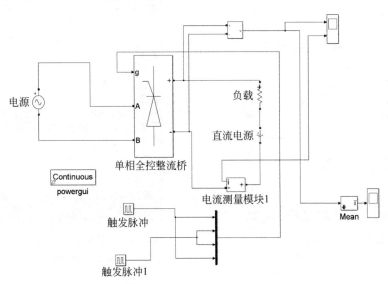

图 2-21　单相桥式整流电路接反电动势负载的仿真模型

现把延迟角设定为 60°，仿真算法采用 ode15s，仿真时间为 5s。

负载两端电压波形和负载电流波形如图 2-22 所示。

可见由于负载存在反电动势，电路工作情况发生变化，即只有电源电压 u_2 大于反电动势 E（100V）时才有可能触发导通，在电源电压 u_2 小于反电动势 E 时，即使有触发脉冲，晶闸管也不会导通,这相当于自然换流点后移 δ 角,而导通的终止却提前了 δ 角, δ 角由反电动势 E 所决定。两者之间的关系为

$$\delta = \arcsin \frac{E}{\sqrt{2}\,U_2} \qquad (2\text{-}10)$$

由于停止导通角 δ 存在,使得晶闸管的导通角和移相范围大大缩小,电流更容易断续。当晶闸管导通时,输出端电压是 $u_d = u_2$,而当电流断续,晶闸管阻断时,输出端电压 $u_d = E$,即为反电动势电压 E,因此输出平均电压比电阻负载高。其平均电压的公式为

$$U_d = E + \frac{1}{\pi} \int_{\alpha}^{\pi-\delta} (\sqrt{2}\,U_2 \sin\omega t - E)\,\mathrm{d}\omega t \quad (2\text{-}11)$$

其中

$$\delta = \arcsin \frac{E}{\sqrt{2}\,U_2}$$

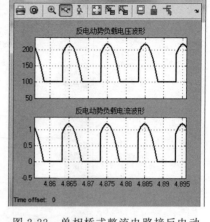

图 2-22　单相桥式整流电路接反电动势负载的仿真结果

把 $E = 100\text{V}$, $U_2 = 155.587\text{V}$ 代入式(2-11)得 $U_d = 145.8\text{V}$,而仿真结果如图 2-23 所示,为 $U_d = 144.9\text{V}$,可以看出两者基本一致。

现把阻感性负载参数设置为电阻 $100\,\Omega$,电感为 1H,延迟角改为 $60°$,仿真算法采用 ode15s,仿真时间为 5s。仿真结果如图 2-24 所示。

图 2-23　单相桥式整流电路接反电动势负载平均电压的仿真结果

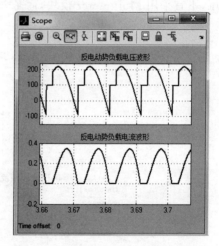

图 2-24　单相桥式整流电路阻感性负载接反电动势仿真结果

从仿真结果可以看出,晶闸管触发导通情况和无电感时相同,但终止导通却不一样。当电源电压 u_2 大于反电动势 $E(100\text{V})$ 触发导通后,电路形成电流,电感开始存储能量,当电源电压 u_2 小于反电动势 E 后,由于电感中存储的能量释放,将维持其继续导通,当电流为零时,导通终止,输出电压 $u_d = E$,等待下一个触发脉冲的到来。可见,电感的存在使得导通角 θ 增加,但输出电流电压将要降低,反电动势 E 越小,导通角 θ 越大,当 $\theta = \pi$ 时电流将连续;反之,反电动势越大,导通角 θ 越小。

从上面分析可知,反电动势负载有如下特点。

(1) 当晶闸管全部阻断时,输出平均电压为反电动势 E。

(2) 反电动势负载能使得电路导通角减小,反电动势越大,导通角越小,电流出现断续现象越严重。

(3) 相同 α 时,同一电路,电流断续时的输出平均电压要比电流连续时的输出平均电压大。

(4) 在反电动势负载中加入电感,可以增大导通角。

2.2.2 单相半控桥式整流电路的仿真

所谓半控整流电路是指电路的整流元件有晶闸管和二极管两大类,一般情况下,上臂桥是晶闸管,下臂桥是二极管。由于晶闸管可控,而二极管不可控,所以成为单相半控桥式整流。下面搭建单相半控桥式整流电路的仿真模型。

按照第 1 章建立子系统和封装的方法(见图 1-35),得到如图 2-25 所示的单相半控整流电路的仿真模型。和图 1-35 的区别只是在封装时保留了晶闸管 1 和二极管 VD2 的测量端口。

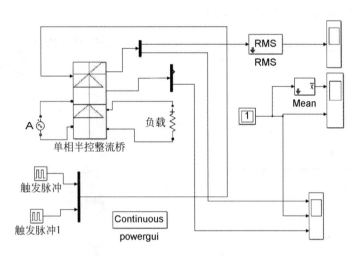

图 2-25 单相半控整流电路仿真模型

电源电压参数如下:峰值电压为 220V,相位为 0°,频率为 50Hz;电阻参数为 10Ω,测量晶闸管 VT1、二极管 VD2 和电阻两端电压,触发脉冲参数设置和单相全控整流电路相同,即峰值为 1,周期为 0.02,脉冲宽度为 10。仿真算法采用 ode23tb,仿真时间为 1s。

α 取为 30°时,即一个触发脉冲的延迟时间为 0.001 67s 通向 VT1,另一个触发脉冲的延迟时间为 0.011 67s 通向 VT2,得到仿真结果如图 2-26 所示。

从仿真结果可以看出,当 $\omega t = \dfrac{\pi}{6}$ 时,触发 VT1 导通,则负载电流 i_d 从 VT1、R、VD2 流过,当 $\omega t = \pi$ 时,由于电源过零为负,VT1 关断,故波形 u_d 与单相全控桥式电阻负载电路相同,但 VT1 关断后,由于 VT2 ωt 为在 $\pi \sim \dfrac{7}{6}\pi$ 区间尚未触发导通,u_d 为零,$u_2 = u_{VD1} +$

u_{VD2}，VD2 反偏，VD1 正偏，这时 VD2 承受电压，而 VD1 不承受电压，由于 u_d、u_{VD1} 均为零，则 u_{AK1} 变为零，所以 VD1、VT1 端不承受电压，电源只加在 VT2、VD2 上，因此，晶闸管端电压与单相全控桥式负载电路不同。此外，二极管 VD1、VD2 在承受正向电压时导通，承受反向电压时关断。

单相半控整流电路负载电压平均值公式为

$$U_d = 0.9U_2 \frac{1 + \cos\alpha}{2} \tag{2-12}$$

将 $U_2 = 155.587\text{V}$，$\alpha = 30°$代入式(2-12)得 $U_d = 130.6\text{V}$，仿真结果如图 2-27 所示，$U_d = 129.3\text{V}$。

流过晶闸管的电流有效值公式为

$$I_{VT} = \frac{U_2}{\sqrt{2}R}\sqrt{\frac{1}{2\pi}\sin 2\alpha + \frac{\pi - \alpha}{\pi}} \tag{2-13}$$

将 $U_2 = 155.587\text{V}$，$\alpha = 30°$，$R = 10\Omega$ 代入式(2-13) 得 $I_{VT} = 10.74\text{A}$，仿真结果如图 2-28 所示，$I_{VT} = 10.744\text{A}$。

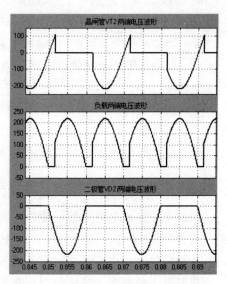

图 2-26 单相半控整流电路仿真结果(1)

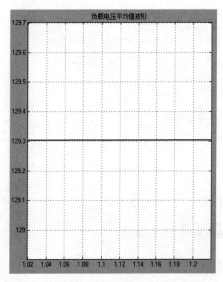

图 2-27 单相半控整流电路负载两端
电压仿真结果(2)

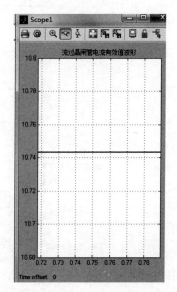

图 2-28 单相半控整流电路负载两端
电压仿真结果(3)

现把电阻负载改为阻感性负载，电阻为 10Ω，电感为 1H，测量晶闸管 VT2、二极管 VD2 和阻感性负载两端电压和电流波形，α 取为 30°时，仿真算法采用 ode23tb，仿真时间为 5s，得到仿真结果如图 2-29 所示。

从仿真结果可以看出，当电源 u_2 正半波时，在 $\omega t = 30°$时触发 VT1 后，VT1、VD2 导通，电流经过 VT1、阻感性负载，VD2 回路，当 $\omega t = \pi$ 时，电源电压 u_2 经零变负，但由于电感作用，电路电流不能突变，电流仍将继续，电感通过阻感性负载、VD1、VT1 回路放电，在

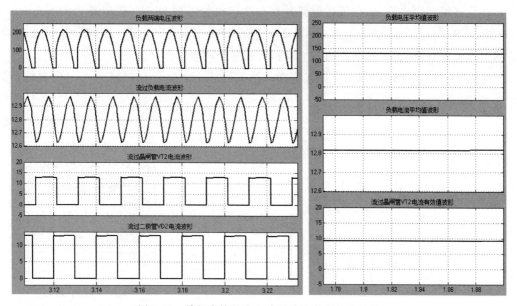

图 2-29 单相半控整流电路阻感性负载仿真结果

$\omega t = \pi$ 处,二极管 VD2 换流给 VD1,i_{VD2} 电流及 i_2 终止,在 ωt 为 $\pi \sim \dfrac{7}{6}\pi$ 区间电流由电感释放电能提供。

当 $\omega t = \dfrac{7}{6}\pi$ 时触发 VT2 导通,由于 VT2 的导通才能使得 VT1 承受反压而关断,其后的工作过程与前半周相似。可见,VT1 触发后,需 VT2 的触发导通才能关断,因此流过晶闸管的电流在一周期内各占一半,其换流时刻由门极触发脉冲决定,而二极管 VD1、VD2 的导通和关断仅由电源电压的正负半波决定,在 $\omega t = n\pi$(n 为整数)处换流,所以单相半控桥式整流电路电感负载时各元件导通角均为 $180°$,电源在 α 期间内停止对负载供电。

对于单相半控桥式电路,当无续流二极管时,负载电压平均值为

$$U_{\mathrm{d}} = 0.9U_2 \frac{1 + \cos\alpha}{2} \tag{2-14}$$

$$I_{\mathrm{d}} = \frac{U_{\mathrm{d}}}{R} \tag{2-15}$$

将 $\alpha = 30°$,$U_2 = 155.587\mathrm{V}$,$R = 10\Omega$ 代入式(2-14)、式(2-15)得 $U_{\mathrm{d}} = 130.64\mathrm{V}$,$I_{\mathrm{d}} = 13\mathrm{A}$,而仿真结果为 $U_{\mathrm{d}} = 128.2\mathrm{V}$,$I_{\mathrm{d}} = 12.82\mathrm{A}$。

晶闸管电流有效值公式为

$$I_{\mathrm{VT}} = \frac{I_{\mathrm{d}}}{\sqrt{2}} \tag{2-16}$$

将 $I_{\mathrm{d}} = 13\mathrm{A}$ 代入式(2-16)得 $I_{\mathrm{VT}} = 9.2\mathrm{A}$,仿真结果 $I_{\mathrm{VT1}} = 9.12\mathrm{A}$。可以看出两者数值基本相同。

现在负载电路加上续流二极管,仿真模型如图 2-30 所示。

从仿真模型可以看出,在负载电路并联一个二极管模型 Diode(提取路径为 Simscape/SimpowerSystems/Specialized Technology/Power Electronics/Diode),参数为默认值,检测晶闸管电流的有效值、负载电流的平均值和负载电压平均值。

电阻为 10Ω,电感为 1H,$\alpha = 30°$,仿真算法采用 ode23tb,仿真时间为 1s。仿真结果如图 2-31 所示。

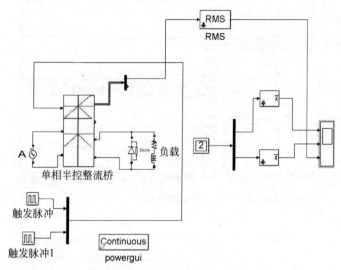

图 2-30　单相半控整流电路阻感性负载并联续流管仿真模型

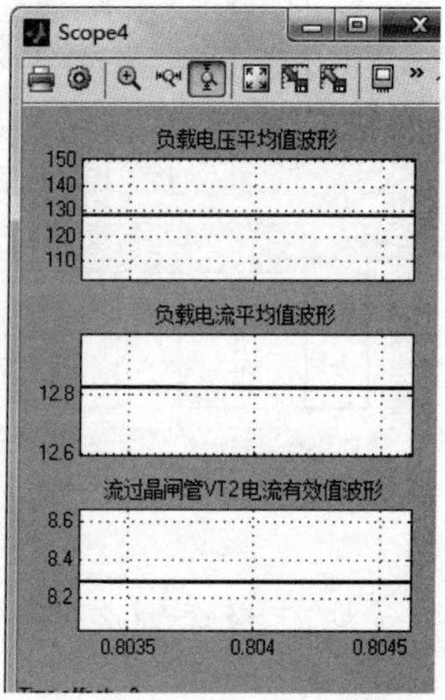

图 2-31　单相半控整流电路阻感性负载并联续流管仿真结果

在负载电路增加了一个续流二极管后,负载电压平均值为

$$U_d = 0.9 U_2 \frac{1 + \cos\alpha}{2} \tag{2-17}$$

$$I_d = \frac{U_d}{R} \tag{2-18}$$

将 $\alpha = 30°$,$U_2 = 155.587\text{V}$,$R = 10Ω$ 代入式(2-17)、式(2-18)得 $U_d = 130.64\text{V}$,$I_d = 13\text{A}$。仿真结果为 $U_d = 129.2\text{V}$,$I_d = 12.82\text{A}$。

流过晶闸管电流的有效值 I_{VT} 和负载电流的平均值 I_d 的关系为

$$I_{VT} = \sqrt{\frac{\pi - \alpha}{2\pi}} I_d \tag{2-19}$$

把 $I_d = 13\text{A}$,$\alpha = \pi/6$ 代入式(2-19)得 $I_{VT} = 8.39\text{A}$,而仿真结果 $I_{VT} = 8.33\text{A}$。从仿真结果可以看出,二者结果相同。

2.3　三相半波可控整流电路仿真

三相整流的输出要比单相整流输出的脉动小,对电源三相负荷也较均匀,因此,在大、中容量均用三相整流。三相半波可控整流在三相整流电路中最为简单。根据负载的性质不同,三相半波可控整流电路接有纯电阻负载、阻感性负载和电动势负载,下面分别介绍不同负载的仿真。

2.3.1 三相半波可控整流电路接阻感性负载仿真

三相半波可控整流电路的仿真模型主要由 3 个独立电源、3 个晶闸管、电阻以及触发脉冲组成,仿真模型如图 2-32 所示。

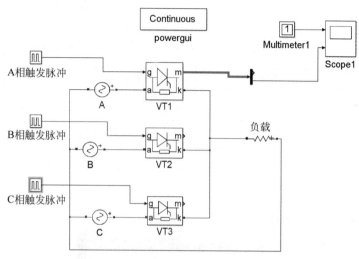

图 2-32 三相半波可控整流电路的仿真模型

1. 主电路建模和参数设置

主电路主要由三相交流电源、晶闸管和电阻组成,三相交流电源参数中 A 相电源设置峰值电压为 220V,相位为 0°,频率为 50Hz。B、C 相电源设置和 A 相相同,只不过相位相差 120°。注意,B 相相位为 240°,C 相相位为 120°。电阻模块为 Series RLC Branch,参数设置电阻为 10Ω。

单个晶闸管的路径为 Simscape/SimpowerSystems/Specialized Technology/Power Electronics/Thyristor,参数设置为默认值。从图 2-32 可以看出,A 相晶闸管有个端口 m,是为了测量晶闸管的电流和电压,本次仿真时,采用 Demux 模块,分别测量单个晶闸管的电流和电压。如果 B 相和 C 相的晶闸管不需要测量其电流和电压,在其对应晶闸管参数对话框中把 show measurement port 右边的方框中"√"去掉即可。

2. 三相半波可控桥式整流电路控制电路的仿真模型

三相半波可控整流电路控制电路的仿真模型主要由 3 个脉冲触发器 Pulse Generator 组成,分别通向 3 个晶闸管。需要注意的是,三相半波可控整流电路延迟角和单相整流电路延迟角不同之处,单相整流电路的延迟角是以 X 轴的 0°为起始的,而三相半波可控整流电路的延迟角是以 30°为起始的。所以在相位延迟要进行转换,比如,延迟角设定为 30°时,在参数框中相位延迟就必须再加个 30°,现设定延迟角为 29°。A 相脉冲触发器参数设置峰值为 1,周期为 0.02s,脉冲宽度为 10,本书关于三相半波可控整流电路仿真如没有特别说明,触发器的峰值、周期和脉冲宽度都保持不变。相位延迟时间为 0.003 277,B 相、C 相触发脉冲器延迟角和 A 相分别相差 120°和 240°。因此延迟角分别为 0.009 94、0.016 611,其他参数设置和 A 相相同。

为了仿真的方便,将三相半波可控桥式整流电路触发延迟角和触发脉冲模块参数的相位延迟时间对应关系制成表格,如表 2-2 所示。

表 2-2 三相半波可控桥式整流电路触发延迟角和触发脉冲模块参数的相位延迟时间关系

触发延迟角 α/°	A 相脉冲相位延迟时间/s	B 相脉冲相位延迟时间/s	C 相脉冲相位延迟时间/s
0	0.001 66	0.008 333	0.015
30	0.003 33	0.01	0.016 66
50	0.004 44	0.0111	0.017 77
60	0.005	0.011 667	0.018 33
90	0.007 222	0.013 888	0.020 555
120	0.008 33	0.015	0.021 66
150	0.01	0.016 67	0.0233
180	0.011 66	0.018 33	0.025
190	0.0122	0.018 88	0.025 55

采用多路测量仪 Multimeter 模块测量电阻两端电压。仿真算法采用 ode15s,仿真时间为 5s,仿真结果如图 2-33 所示。

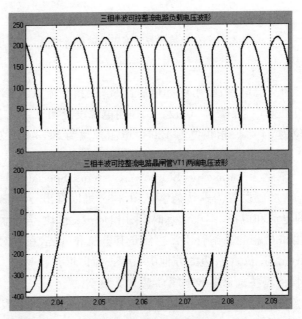

图 2-33 三相半波可控整流电路纯电阻仿真结果(1)

从仿真结果可以看出,当 $\alpha=29°$,即 $\omega t=59°$ 时,A 相电压最高,且有触发脉冲加到 VT1 门极,所以 VT1 导通,输出电压 $u_d=u_A$,VT1 两端电压为零,当 $\omega t=149°$ 后。虽然 $u_B>u_A$,但由于 VT2 门极触发电压脉冲尚未到达,VT2 仍处于关断状态,而 VT1 仍正向偏置,因此 VT1 继续导通,当 $\omega t=179°$ 时,VT2 门极触发脉冲到达,这时 u_B 最高,则转为 VT2 导通,VT2 导通后,输出电压 $u_d=u_B$,VT1 承受反压 u_{AB} 而关断,当门极触发电压加到 VT3 时,则 VT2 换流给 VT3,输出 $u_d = u_C$,VT1 转而承受反压 u_{AC}。

现把延迟角改为 31°,为了看清电阻两端电压是断续的,特把 X 轴放大,仿真结果如图 2-34 所示。

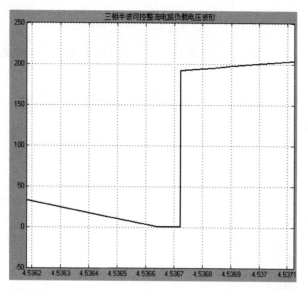

图 2-34 三相半波可控整流电路纯电阻仿真结果(2)

可以看到,当延迟角大于 30°时,电阻两端电压 u_d 断续,所以三相半波电阻负载可控整流电路是以延迟角 30°为分界线的,即当 $\alpha < 30°$输出 u_d 连续;当 $\alpha \geqslant 30°$输出 u_d 断续。这是因为当 A 相晶闸管 VT1 导通后,当 u_d 过零变负时,VT1 自动关断,而 B 相触发脉冲尚未到达,VT2 仍处于关断状态,各相均不导通,输出 $u_d = 0$,直到 VT2 门极触发电压到达,输出 $u_d = u_B$,以后过程与 A 相类似,输出 u_d 在一周期内出现三次间断。

现把延迟角 α 分别改为 120°和 150°,仿真结果如图 2-35 所示。

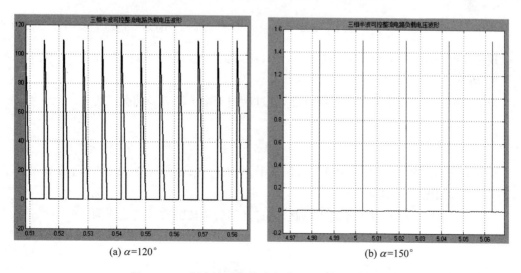

(a) $\alpha = 120°$

(b) $\alpha = 150°$

图 2-35 三相半波可控整流电路纯电阻仿真结果(3)

从不同触发延迟角可以看出,随着 α 的增加,输出电压 u_d 则减小。当 $\alpha=150°$ 时,可以看出电阻两端电压基本为零。因此对于三相半波电阻负载移相范围为 $150°$。

对于三相半波电阻负载可控整流电路,当 $\alpha<30°$ 时,输出电压 U_d 的平均值计算公式为

$$U_d = \frac{3}{2\pi}\int_{\frac{\pi}{6}+\alpha}^{5\frac{\pi}{6}+\alpha} \sqrt{2}U_2 \sin\omega t\, \mathrm{d}\omega t = 1.17U_2\cos\alpha \tag{2-20}$$

现把 $\alpha=20°$,$U_2=155.587\text{V}$ 代入式(2-20)得到 U_d 为 171.06,而仿真结果为 171V,如图 2-36 所示。

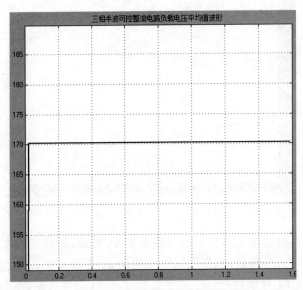

图 2-36   三相半波可控整流电路纯电阻仿真结果(4)

对于三相半波电阻负载可控整流电路,当 $\alpha>30°$ 时,输出电压 U_d 的平均值计算公式为

$$U_d = \frac{3}{2\pi}\int_{\frac{\pi}{6}+\alpha}^{\pi} \sqrt{2}U_2 \sin\omega t\, \mathrm{d}\omega t = 0.675U_2[1+\cos(30°+\alpha)] \tag{2-21}$$

现把 $\alpha=50°$,$U_2=155.587\text{V}$ 代入式(2-21)得到 U_d 为 123V,而仿真结果为 122.7V,如图 2-37 所示。

当 $\alpha\leqslant30°$ 时,三相半波可控整流电路,流过晶闸管电流的有效值公式为

$$I_{\mathrm{VT}} = \frac{U_2}{R}\sqrt{\frac{1}{\pi}\left(\frac{\pi}{3}+\frac{\sqrt{3}}{4}\cos2\alpha\right)} \tag{2-22}$$

现把 $\alpha=30°$,$R=10\Omega$,$U_2=155.587\text{V}$ 代入式(2-22)得 $I_{\mathrm{VT}}=9.8\text{A}$,而仿真结果为 $I_{\mathrm{VT}}=9.84\text{A}$,如图 2-38 所示。

当 $\alpha>30°$ 时,三相半波可控整流电路,流过晶闸管电流的有效值公式为

$$I_{\mathrm{VT}} = \frac{U_2}{R}\sqrt{\frac{1}{2\pi}\left[\frac{5\pi}{6}-\alpha+\frac{1}{2}\sin\left(\frac{\pi}{3}+2\alpha\right)\right]} \tag{2-23}$$

现把 $\alpha=50°$,$R=10\Omega$,$U_2=155.587\text{V}$ 代入式(2-23)得 $I_{\mathrm{VT}}=8.59\text{A}$,而仿真结果为 $I_{\mathrm{VT}}=8.57\text{A}$,如图 2-39 所示。

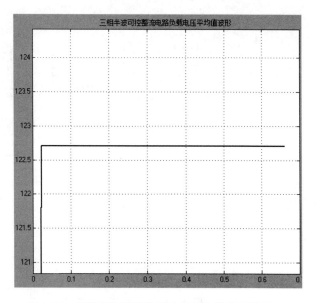

图 2-37 三相半波可控整流电路纯电阻仿真结果(5)

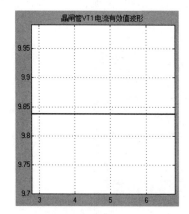

图 2-38 三相半波可控整流电路纯
电阻仿真结果(6)

图 2-39 三相半波可控整流电路纯
电阻仿真结果(7)

上面仿真是采用分立元器件晶闸管,下面也可以用现成的模块 Universal Bridge(路径为 Simscape/SimpowerSystems/Specialized Technology/PowerElectronics/Universal Bridge)进行三相半波可控整流电路仿真。仿真模型如图 2-40 所示。

在三相半波可控整流电路中,主电路由三相对称交流电压源、晶闸管整流桥、负载等组成。由于同步触发器与晶闸管是不可分割的两个环节,通常作为一个整体来讨论,所以将触发器归到主电路进行建模。

3. 主电路仿真模型的建立

(1)三相对称电压源建模和参数设置和上节相同,不再赘述。

(2)晶闸管整流桥的建模和主要参数设置。取晶闸管整流桥 Universal Bridge,然后双击模块图标,打开整流桥参数设置对话框。当采用三相整流桥时,桥臂数取 3,电力电子元

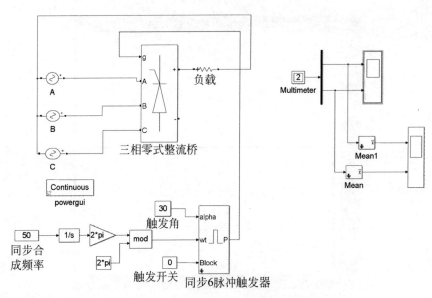

图 2-40　三相半波可控整流电路仿真模型

件选择晶闸管,为了和采用分离式触发脉冲的晶闸管参数相同,整流桥的参数设置如图 2-41
所示。

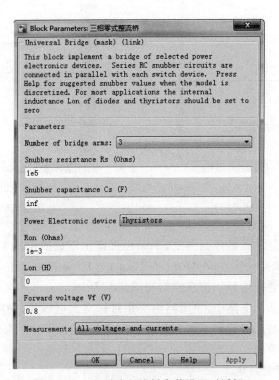

图 2-41　三相零式整流桥参数设置对话框

（3）同步脉冲触发器的建模和参数设置。同步 6 脉冲触发器 Pulse Generator（Thyristor
6-Pulse）提取路径为 Simscape/SimpowerSystems/Specialized Technology/Pulse & Signal

Generators/Pulse Generator(Thyristor 6-Pulse)，其有 3 个端口，同 alpha-deg 连接的端口为触发延迟角，同 Block 连接的端口是触发器开关信号，当开关信号为"0"时，开放触发器；当开关信号为"1"时，封锁触发器，故取模块 Constant（提取路径为 Simulink/Sources/Constant）同 Block 端口连接，把参数改为"0"，使得开放触发器，同步 6 脉冲触发器参数设置如图 2-42 所示，把脉冲宽度改为 10。同 wt 连接的端口为同步合成频率，依次取 Constant（此模块即为设定的同步合成频率）、Integrator（提取路径为 Simulink/Continuous/Integrator）、Gain（提取路径为 Simulink/Math Operations/Gain，参数设定 2 * pi）、Math Function（提取路径为 Simulink/Math Operations/Math Function，参数设置 Function 选择 mod）、Constant（参数设置 2 * pi）进行如图 2-40 所示的连接即可。

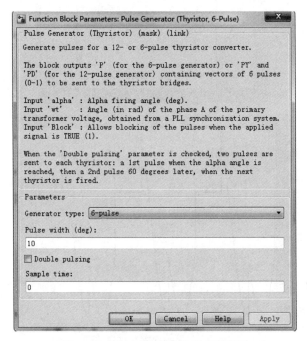

图 2-42　同步 6 脉冲触发器参数设置

4. 控制电路的建模与仿真

取模块 Constant，双击此模块图标，打开参数设置对话框，将参数设置某个值，即为触发延迟角。

将主电路和控制电路的仿真模型按照如图 2-40 所示进行连接，即得三相桥式整流电路仿真模型。仿真算法采用 ode15s，仿真时间为 5s。

（1）$\alpha=30°$，纯电阻负载，阻值为 10Ω 时仿真结果如图 2-43 所示。

（2）$\alpha=60°$，纯电阻负载，阻值为 10Ω 时仿真结果如图 2-44 所示。

可以看出仿真结果和前面相同，但此仿真模型的优势在于触发延迟角可调，在直流电动机调速时非常有用。

把电阻改为电阻和电感串联，参数设置为电阻 10Ω，电感为 1H。仿真算法采用 ode15s，仿真时间为 1s。$\alpha=30°$ 和 $\alpha=60°$ 时仿真结果如图 2-45 所示。

从仿真结果可以看出，当 $\alpha\leqslant30°$ 时，整流输出电压与电阻负载完全相同。

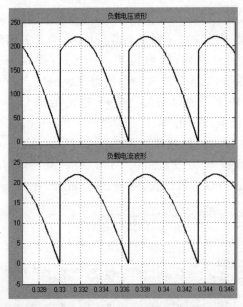

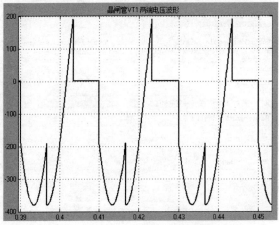

图 2-43 三相半波可控整流电路仿真结果(1)

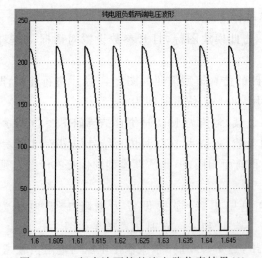

图 2-44 三相半波可控整流电路仿真结果(2)

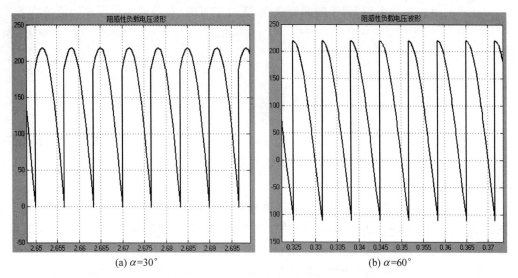

(a) $\alpha = 30°$ (b) $\alpha = 60°$

图 2-45 三相半波可控整流电路接阻感性负载仿真结果(1)

当 $\alpha > 30°$ 时,假如 A 相 VT1 导通,输出 $u_d = u_A$,当 u_A 过零变负后,由于负载中有足够大的电感存在,因此 VT1 将继续导通,只是它由电源 A 相转而由负载电感提供电流,直到 VT2 导通,输出 $u_d = u_B$,由于 VT2 的导通,将 VT1 关断,VT1 的电流终止,负载电流由电感提供转为 B 相提供,晶闸管 VT2 开始流过电流,其后的过程与 A 相相似。所以 $\alpha > 30°$ 时,由于电感的存在,输出电压有一段时间出现负值,当 $\alpha = 90°$ 时,u_d 正、负面积相同,输出电压平均值为零,但输出波形仍连续。

如果导通角过大,而电感有比较小,这 u_d 就可能存在断续,现把 $\alpha = 120°$,仿真结果如图 2-46 所示。

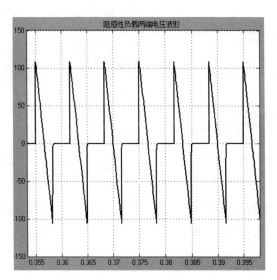

图 2-46 三相半波可控整流电路接阻感性负载仿真结果(2)

从仿真结果可以看出,当 $\alpha = 120°$,电感较小时,就不能维持输出电压连续,而其输出电压平均值总为零,因此三相半波可控整流电路电感负载的移相范围为 $90°$。

三相半波可控整流电路,对于阻感性负载,无续流管时,负载两端电压平均值公式为

$$U_d = 1.17U_2\cos\alpha \tag{2-24}$$

$$I_d = \frac{U_d}{R} \tag{2-25}$$

$$I_{VT} = \frac{I_d}{\sqrt{3}} \tag{2-26}$$

现把 $\alpha = 29°, L = 1H, R = 10\Omega, U_2 = 155.587V$ 代入式(2-24)～式(2-26)得 $U_d = 159.2V, I_d = 15.92A, I_{VT} = 9.19A$,而仿真结果为 $U_d = 158.2V, I_d = 15.82A, I_{VT} = 9.12A$,如图 2-47 所示。

实际上 MATLAB R2014a 版本依然保留有旧版本的同步 6 脉冲仿真模块,按照第 1 章查找旧版本的仿真模块方法,找到同步 6 脉冲模块,其有 5 个端口,同 alpha-deg 连接的端口为触发延迟角,同 Block 连接的端口是触发器开关信号,当开关信号为"0"时,开放触发器;当开关信号为"1"时,封锁触发器,故取模块 Constant(提取路径为 Simulink/Sources/Constant)同 Block 端口连接,把参数改为"0",使得开放触发器,同步 6 脉冲触发器参数设置如图 2-48 所示,把同步频率改为 50Hz。由于旧版本的同步 6 脉冲触发器需要三相线电压,故取电压测量模块 Voltage Measurement(提取路径为 Simscape/SimpowerSystems/Specialized Technology/Measurements/Voltage Measurement)进行如图 2-49 所示的连接即可。

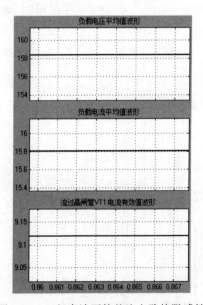

图 2-47　三相半波可控整流电路接阻感性
　　　　　负载仿真结果(3)

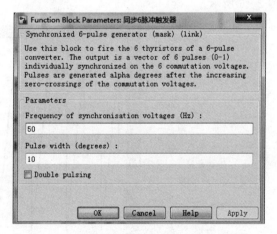

图 2-48　旧版本同步 6 脉冲触发器参数设置

如果读者使用 MATLAB R2014a 以前版本,采用同步 6 脉冲触发器仿真模块时,参照上述方法进行即可。

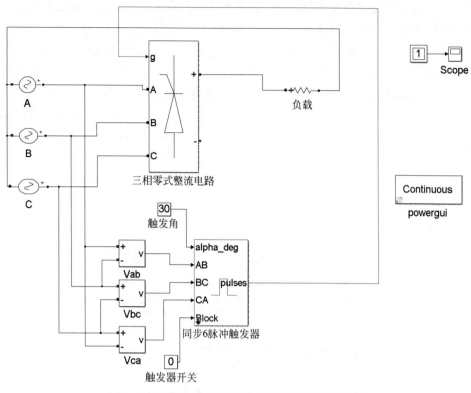

图 2-49　旧版本的三相半波可控整流电路仿真模型

2.3.2　三相半波可控整流电路接反电动势负载仿真

三相半波可控整流电路接反电动势负载时,为了更好地模拟反电动势负载情况,在负载电路加一个直流电动机模型,仿真模型如图 2-50 所示。

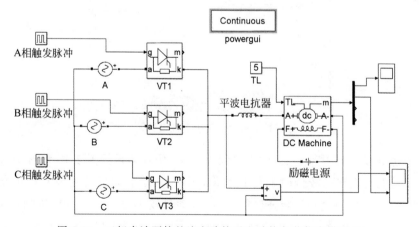

图 2-50　三相半波可控整流电路接反电动势负载仿真模型(1)

从图 2-50 可以看出,三相半控可控整流电路接反电动势负载仿真模型与图 2-32 差别不大,只不过在负载加了一个直流电动机模型。

（1）平波电抗器地建模和参数设置。提取电抗器元件 RLC Branch，通过参数设置成为纯电感元件，其电抗为 $1\mathrm{e}-3$，即电抗值为 $0.001\mathrm{H}$。

（2）直流电动机的建模与参数设置。提取直流电动机模块 DC Machine（路径为 Simscape/SimpowerSystems/Specialized Technology/Machines/DC Machine），直流电动机励磁绕组接直流电源 DC Voltage Source，打开参数设置框，电压参数设置为 220V。电枢绕组经平波电抗器同三相整流桥连接。电动机参数设置如图 2-51 所示。电动机 TL 端口接负载转矩 5。直流电动机输出 m 口有 4 个合成信号，用模块 Demux（路径为 Simulink/Signal Routing/Demux）把这 4 个信号进行分开。双击此模块，把参数设置为 4，表明有 4 个输出，从上到下依次是电动机的角速度 ω、电枢电流 I_d、励磁电流 I_f 和电磁转矩 T_e 数值。仿真结果通过示波器显示。从仿真模型可以看出，本次仿真只显示电动机转速、负载两端电压和负载电流。

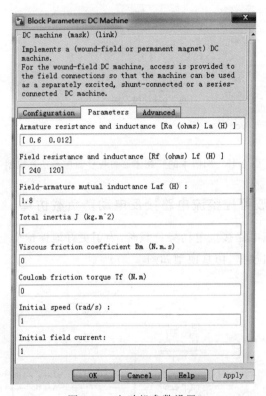

图 2-51　电动机参数设置

$\alpha = 60°$，仿真算法采用 ode15s，仿真时间为 10s。仿真结果如图 2-52 和图 2-53 所示。

图 2-52 是电动机转速较低时的仿真结果，图 2-53 是电动机转速较高时的仿真结果。从仿真结果可以看出，当电动机转速较低时，反电动势较小（$E = C_\mathrm{e}n$），到达触发角时，电源电压 u_a 大于 E，VT1 导通，同时电动机绕组和电感开始存储能量，电流连续，等到 VT2 门极有触发电压时，VT1 换流给 VT2；当随着时间的增加，电动机转速增大，反电动势较大，VT2 门极有触发电压时，u_b 小于 E，VT2 不导通，直到 u_b 大于 E 才导通，则晶闸管的导通角度变小，电流出现断续。

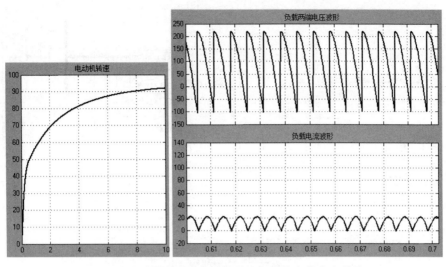

图 2-52 三相半波可控整流电路接反电动势负载仿真结果(1)

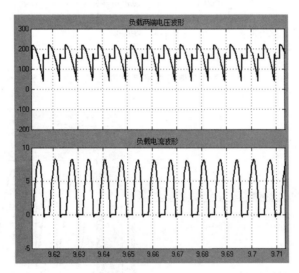

图 2-53 三相半波可控整流电路接反电动势负载仿真结果(2)

再仔细观测图 2-53,换流时,负载电压波形不是一个平直的直线,这是因为换流时,电动机转速波动,引起感应电动势 E 减小,当电源电压 $u>E$ 时,VT2 导通,但电动机转速很快上升,E 增大,使得电源电压 $u<E$,所以 VT2 又截止,直到电源电压 u 恒大于 E 时,VT2 才真正导通。

用现成的模块 Universal Bridge 进行三相半波可控整流电路接反电动势负载仿真。仿真模型如图 2-54 所示。

整流桥的参数和图 2-41 相同,仿真模型的其他参数设置和前面相同,不再赘述。仿真结果如图 2-55 和图 2-56 所示。

从图 2-55 和图 2-56 中,可以看出仿真结果和前面相同。

上面分析忽略了交流供电电源阻抗的影响,认为换流是瞬时进行的,实际上交流供电电

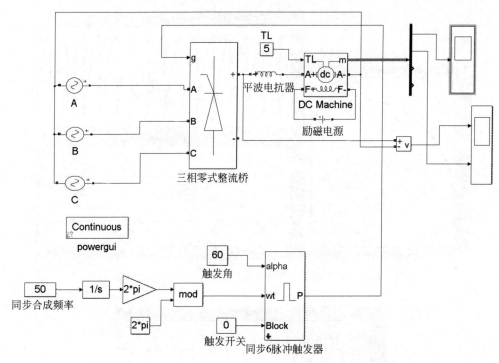

图 2-54   三相半波可控整流电路接反电动势负载仿真模型(2)

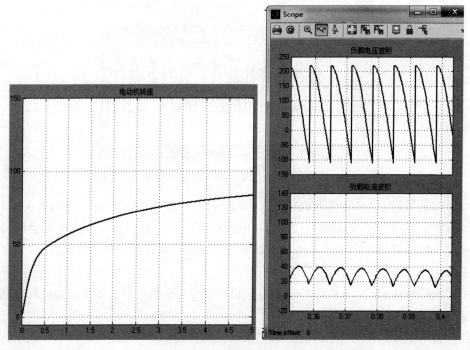

图 2-55   三相半波可控整流电路接反电动势负载仿真结果(1)

源总存在电源阻抗,如电源变压器的漏电感、为了限制短路电流加上交流进线电抗等。当交流侧存在电抗时,在电源相线中电流就不可能突变,换流时原导通相电流衰减到零需要一段

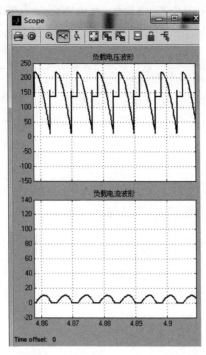

图 2-56　三相半波可控整流电路接反电动势负载仿真结果(2)

时间,而导通相电流的上升也需要时间,即电路的换流不是瞬时完成,而是有一段换流时间。
下面就考虑交流电源存在电感三相整流电路的仿真。

2.3.3　考虑交流电源存在电感三相不可控整流电路仿真

考虑交流电源存在电感三相不可控整流电路的仿真模型如图 2-57 所示。

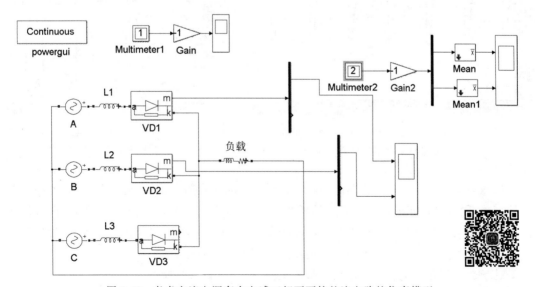

图 2-57　考虑交流电源存在电感三相不可控整流电路的仿真模型

从仿真模型可以看出,和图 2-32 相比较,在电源侧加了电感,取值为 0.001H。而电力电子元件为二极管,路径为 Simscape/SimpowerSystems/Specialized Technology/Power Electronics/Diode,参数设定为默认值。阻感性负载电阻为 10Ω,电感为 0.01H。测量阻感性负载的电压和电流以及电流的平均值。

也许有读者很奇怪,为什么多重测量仪后面连接−1 的模块,而有的不需要连接,这是因为 RLC 仿真模块标有极性,当 RLC 的正极性(有个红色"＋"标志)连接电源正端时,仿真就不需要乘以−1,而 RLC 的负极性连接电源正端时,仿真就需要乘以−1,否则波形是相反方向。

仿真算法采用 ode15s,仿真时间为 5s,仿真结果如图 2-58 所示。

从图 2-58 可以看出,在换流期间,整流输出电压既不是 u_a 的一部分,也不是 u_b 的一部分,而是换流的两相电压平均值 $u_d = \dfrac{1}{2}(u_a + u_b)$。这是因为过了自然换向点后,由于电源侧存在电感,原先导通的二极管电流不能突变,仍然存在电流,只不过电流逐渐减小,而导通的二极管电流从零开始上升,这段时间两个二极管同时导通,负载电流是这两相电流之和。流过 VD1 和 VD2 的电流波形如图 2-59 所示。

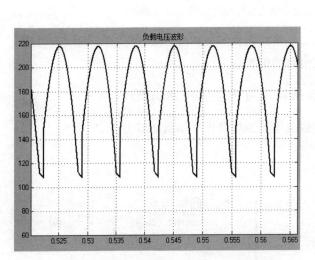

图 2-58　考虑交流电源存在电感三相不可控整流电路负载电压仿真结果(1)

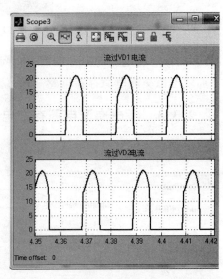

图 2-59　考虑交流电源存在电感三相不可控整流电路仿真结果(2)

从图 2-59 可以看出,换流期间,换流开始于要断流的那一相,且电流从负载电流值 I_d 开始衰减,同时导通相的电流有零开始增大,结束于要断流的相,电流衰减到零,同时导通相的电流增长至负载电流 I_d,这种由于电源电感引起的换流时间所对应的电角度称为换流重叠角 γ。换流重叠角 γ 是换流开始到换流过程结束所占的电角度。

对于交流侧存在电感三相不可控整流电路,换流重叠角的计算公式为

$$\cos\gamma = 1 - \frac{2x_2 I_d}{\sqrt{6}U_2} \tag{2-27}$$

通过示波器可以看出,负载电流的平均值为 17.8A,而电源侧漏感为 0.001H,即感抗为 $x_2=\omega L=2\pi fL=0.314\Omega$,$U_2=155.587$V,把图 2-58 的 X 轴放大,可以看到换流重叠角 $\lambda=0.0007$s,把重叠角 $\gamma=0.0007$s 通过 $360\gamma/0.02$ 转换为 12.6°代入式(2-27),可以看出满足上式。

为了比较电源侧有电感和无电感,即是否存在重叠角时,阻抗性负载两端电压平均值的区别,特把两者仿真结果做比较,图 2-60 是电源侧无电感的阻抗性负载电压的平均值(把图 2-59 中电源侧电感 L1、L2、L3 删掉再进行仿真即可)。图 2-61 是电源侧有电感阻抗性负载的电压平均值。

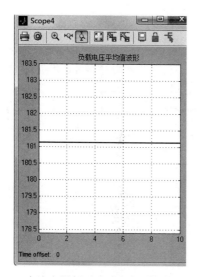

图 2-60　交流电源侧无电感三相不可控整流电路阻感性负载电压平均值仿真结果

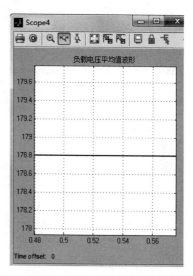

图 2-61　交流电源有电感三相不可控整流电路阻感性负载电压平均值仿真结果

不考虑换流重叠角时,其输出平均值公式为

$$U_d=\frac{3\sqrt{6}}{2\pi}U_2 \tag{2-28}$$

把 $U_2=155.57$V 代入式(2-28)得 $U_d=182$V。

而考虑换流重叠角时,其输出平均值公式为

$$U_d=\frac{3\sqrt{6}}{4\pi}U_2(1+\cos\gamma) \tag{2-29}$$

把 $U_2=155.57$V,$\gamma=12.6°$代入式(2-29)得 $U_d=179.87$V。

从仿真结果看,考虑电源侧电感时,阻抗性负载平均电压为 178.8V,而不考虑电源侧电感时,阻抗性负载平均电压为 181.2V,这是由于换流重叠角的影响,其平均电压降低。两者电压差为

$$\Delta U=\frac{3x_2 I_d}{2\pi} \tag{2-30}$$

把 $x_2=\omega L=2\pi fL=0.314\Omega$,$I_d=17.8$A 代入式(2-30)得 $\Delta U=2.67$V,而仿真结果的 $\Delta U=181.2-178.8=2.4$V。

从前面分析可以看出,建立正确的仿真模型后,把实际参数写入,通过示波器就可以知道所要物理量的数值,从而把复杂的计算交给软件去做,这也是仿真的优点之一。

2.3.4 考虑交流电源侧存在电感的三相半波可控整流电路仿真

考虑交流电源侧存在电感的三相半波可控整流电路仿真模型如图 2-62 所示,和图 2-32 比较,在电源侧只加了 3 个电感,电感取值为 0.001H。负载电路仍是电阻 $R=10\Omega$,电感为 1H。

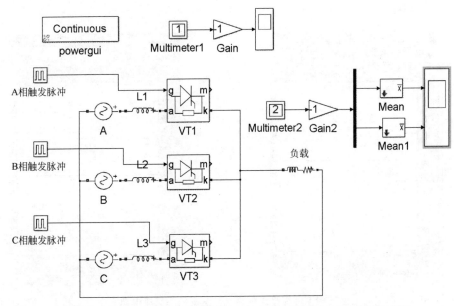

图 2-62   考虑交流电源侧存在电感的三相半波可控整流电路仿真模型(1)

仿真算法采用 ode15s,仿真时间为 5s,$\alpha=29°$,仿真结果如图 2-63 所示。

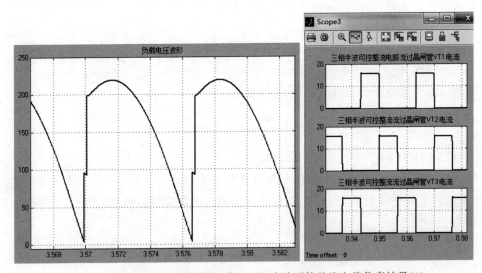

图 2-63   考虑交流电源侧存在电感的三相半波可控整流电路仿真结果(1)

从仿真结果可以看出,由于交流电源侧存在电感,使得负载电压波形和电流波形出现换流重叠角,这都是由交流电源电感引起的。

当考虑交流电源侧存在电感时,三相半波可控整流电路负载两端平均电压公式为

$$U_{d\gamma} = \frac{3\sqrt{6}}{4\pi} U_2 \left[\cos\alpha + \cos(\alpha + \gamma)\right] \quad (2\text{-}31)$$

把图 2-63 的 X 轴放大,可以看出换流重叠角为 $\gamma = 0.0002s$,转换为角度 $\gamma = 3.6°$,将 $\alpha = 29°$,$U_2 = 155.587V$ 代入式(2-31)得 $U_{d\gamma} = 156.3V$,而仿真结果为 $U_{d\gamma} = 156V$,如图 2-64 所示。

从图 2-64 可以看出,负载电流的平均值为 15.6A。在不考虑电源侧电感时,$U_d = 158.4V$,两者之差为

$$\Delta U = U_d - U_{d\gamma} = 158.4 - 156 = 2.4(V)$$

将 $I_d = 15.6A$,$x_2 = \omega L = 2\pi f L = 0.314\Omega$ 代入式(2-3)

图 2-64 考虑交流电源侧存在电感的三相半波可控整流电路仿真结果(2)

$$\Delta U = \frac{3x_2 I_d}{2\pi} \quad (2\text{-}32)$$

得 $\Delta U = 2.34V$。

可以看出两者基本相同,说明电路的换流压降与延迟角无关,只决定于负载电流及电源交流侧阻抗。

用现成的模块 Universal Bridge 进行三相半波可控整流电路接阻感性负载仿真,仿真模型如图 2-65 所示。

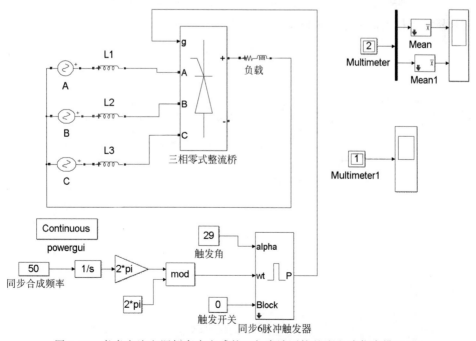

图 2-65 考虑交流电源侧存在电感的三相半波可控整流电路仿真模型(2)

参数设置和图 2-62 相同,整流桥参数与图 2-41 相同。

$\alpha = 29°$时的仿真结果如图 2-66 所示。

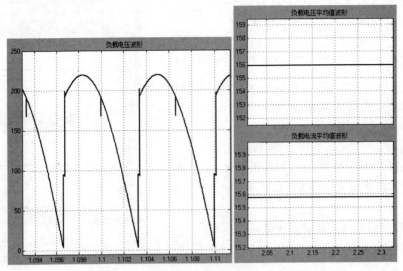

图 2-66　考虑交流电源侧存在电感的三相半波可控整流电路仿真结果(3)

可见仿真结果和分立元件搭建的仿真模型结果相同。

2.4　三相桥式全控整流电路仿真

三相半波整流电路比单相整流电路波形平直,而且三相负荷均衡,得到广泛的应用,但每相只有 1/3 周期导通,电源利用率较低,所以在大功率常用三相桥式整流电路。

三相桥式全控整流电路仿真模型如图 2-67 所示。

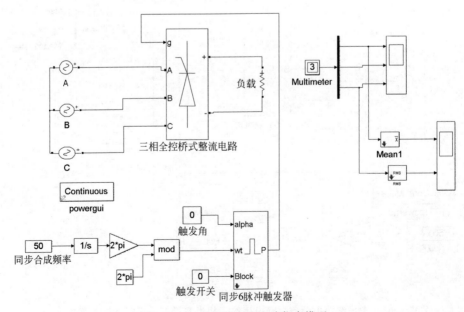

图 2-67　三相桥式整流电路仿真模型

在三相桥式整流电路中,主电路由三相对称交流电压源、晶闸管整流桥、负载等组成。由于同步触发器与晶闸管是不可分割的两个环节,通常作为一个整体来讨论,所以将触发器归到主电路进行建模。

1. 主电路的建模

(1) 三相对称电压源建模和参数设置。提取交流电压源模块 AC Voltage Source,再用复制的方法得到三相电源的另两个电压源模块,并把模块标签分别改为 A、B、C,按图 2-67 左边主电路图进行连接。三相对称电压源参数设置和三相半波可控整流电路相同。

(2) 晶闸管整流桥的建模和主要参数设置。取晶闸管整流桥 Universal Bridge,并将模块标签改为"三相全控桥式整流电路"。然后双击模块图标,打开整流桥参数设置对话框,参数设置如图 2-68 所示。当采用三相整流桥时,桥臂数取 3,电力电子元件选择晶闸管,其他参数设置为默认值。在这里应该提出,MATLAB 的整流桥模块,不同的电子元件排列序号是不同的,对于电力电子是晶闸管或二极管,其上臂桥从左到右排列的序号是 1、3、5。下臂桥从左到右排列的序号是 4、6、2。而如果电力电子是 MOSFET 或 MOSS 管,其上臂桥从左到右排列的序号是 1、3、5。下臂桥从左到右排列的序号是 2、4、6。在设置触发脉冲时必须正确连接。

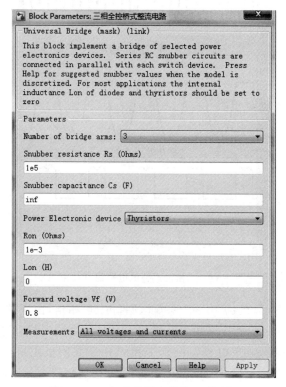

图 2-68 三相整流桥参数设置对话框

(3) 负载建模和参数设置。提取电抗器元件 RLC Branch,通过参数设置成为纯电阻,阻值为 100Ω,并将模块标签改为"电阻负载"。

(4) 同步脉冲触发器的建模和参数设置的方法和图 2-42 相同。注意同步脉冲触发器采用的是双脉冲。在 Double pulsing 前面的方框中打"√"即可。

2. 控制电路的建模

取模块 Constant,标签改为"触发延迟角"。双击此模块图标,打开参数设置对话框,将参数设置某个值,此处设置为 0,即触发延迟角为 0°。

实际上,由于在 MATLAB 中同步触发器的输入信号为导通角 α,整流桥输出电压 U_{d0} 与导通角 α 的关系为

$$U_{d0} \propto U_{d0(\max)} \cos\alpha \tag{2-33}$$

当 $\alpha \leqslant 90°$时,整流桥处于整流状态,为 $\alpha = 0°$时,整流桥输出电压为最大值 $U_{d0} = U_{d0(\max)}$,为 $\alpha = 90°$时,整流桥输出电压为零;当 $\alpha > 90°$时,整流桥才成为逆变的条件之一。

将主电路和控制电路的仿真模型按照图 2-67 进行连接,即得三相桥式整流电路仿真模型。

仿真算法采用 ode15s,仿真时间为 5s,$\alpha = 0°$时仿真结果如图 2-69 所示。

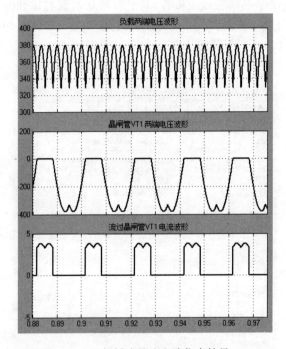

图 2-69　三相桥式整流电路仿真结果(1)

从仿真结果可以看出,在 ωt 为 30°~90°区间,占 60°相角,由于共阴极组和共阳极组串联,总有共阴极组的一只晶闸管与共阳极组的一只晶闸管同时导通才能形成电流回路,设 $\omega t = 30°$时将门极脉冲触发电压送至晶闸管 1 和 6,由于共阴极正组这时 A 相电位最高,共阳极负载组这时 B 相电位最低,因此,共阴极正组 A 相晶闸管 1 导通,共阳极负组 B 相晶闸管 6 导通,A 相电流经晶闸管 1、负载、晶闸管 6、B 相形成回路,输出电压 $u_d = u_{AB}$。晶闸管 1 的端电压 $u_{AK1} = 0$。

当 $\omega t = 90°$时,共阴极 A 相电压仍是正,晶闸管 1 仍保持导通,但公共阳极组电位最负的不是 B 相,而转为 C 相,这时对相晶闸管 2 触发,则 C 相晶闸管 2 导通,电流从 B 相换流到 C 相,由于 C 相晶闸管 2 的导通将 B 相晶闸管 6 关断,这时电流通路为 A 相、晶闸管 1、负载、晶闸管 2、C 相,输出电压 $u_d = u_{AC}$,晶闸管 1 端电压仍为零。

在自然换流点,即 $\omega t = 150°$,共阴极组 B 相电位最高,对 B 相晶闸管 3 触发后,晶闸管 3 导通,由于晶闸管 3 的导通使得晶闸管 1 关断,晶闸管 1 承受反压 u_{AB},A 相电流中断,电流从 A 相换流到 B 相,这时共阳极负组电位仍是 C 相最低,C 相晶闸管 2 继续导通,因此输出电压 $u_d = u_{BC}$,电流回路为 B 相、晶闸管 3、负载、晶闸管 2、C 相。

以此类推,在每一 60°区间,一组继续导通,另一组开始换流,重复上述过程。

从仿真结果还可以看出,当晶闸管 VT1 导通时,其两端电压为零,流过的电流是 u_{AB}、u_{AC} 两相产生的电流,当晶闸管 VT1 截止时,其两端承受的最高电压为线电压 u_{AB}、u_{AC},即 380V。

从仿真结果可以看出三相桥式全控整流电路具有如下特点。

(1) 共阴极正组每只晶闸管门极触发脉冲相位差为 120°,共阳极组每只晶闸管门极触发脉冲为 120°,接在同一绕组上的两只晶闸管门极触发脉冲为 180°,门极触发脉冲的顺序是 123456,同步 6 脉冲触发器与其对应,相邻顺序门极触发脉冲相位差 60°。

(2) 电流连续时每一只晶闸管在一周期内导通 120°,阻断 240°。

(3) 变压器二次侧相电流不存在直流分量,克服了三相半波电路的缺点。

(4) 每一只晶闸管承受的最大电压为变压器二次侧线电压峰值,如果电路直接由电网供电,这就是供电电源线的电压峰值。

(5) 三相全控桥式整流电路负载电压的获得必须有两只晶闸管同时导通,其中一只晶闸管在共阴极正组,另一只晶闸管在共阳极正组,而且这两只导通的晶闸管不在同一相内,因此负载上的电压是两相电压之差,即线电压,输出电压脉动平率是电源频率的 6 倍,即一周期内有 6 次脉动。图 2-70 为 $\alpha = 60°$ 和 $\alpha = 90°$ 的仿真结果。

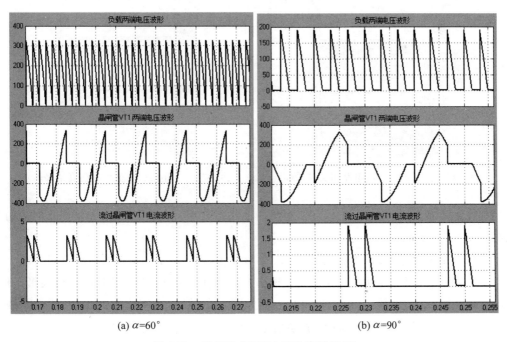

(a) $\alpha = 60°$ (b) $\alpha = 90°$

图 2-70 三相桥式整流电路仿真结果(2)

电阻负载时数量计算：现在只计算负载平均电压和流过晶闸管 VT1 电流有效值。

$$U_d = \frac{3}{\pi} \int_{\frac{\pi}{3}+\alpha}^{\frac{2\pi}{3}+\alpha} \sqrt{6} U_2 \sin\omega t \, d\omega t = \frac{3\sqrt{6}}{\pi} U_2 \cos\alpha = 2.34 U_2 \cos\alpha \, (0° \leqslant \alpha \leqslant 60°) \quad (2\text{-}34)$$

$$I_{VT} = \sqrt{\frac{1}{\pi} \int_{\frac{\pi}{3}+\alpha}^{\frac{2\pi}{3}+\alpha} \left(\frac{\sqrt{6} U_2}{R} \sin\omega t\right)^2 d\omega t} = \frac{U_2}{R} \sqrt{1 + \frac{3\sqrt{3}}{2\pi} \cos2\alpha} \quad (2\text{-}35)$$

现将 $\alpha = 30°, R = 100\Omega, U_2 = 155.587\text{V}$ 代入式(2-34)和式(2-35)得 $U_d = 315.3\text{V}, I_{VT} = 1.85\text{A}$，而仿真结果为 $U_d = 313\text{V}, I_{VT} = 1.85\text{A}$，如图 2-71 所示。

当 $60° < \alpha \leqslant 120°$ 时

$$U_d = \frac{3}{\pi} \int_{\frac{\pi}{3}+\alpha}^{\alpha} \sqrt{6} U_2 \sin\omega t \, d\omega t = \frac{3\sqrt{6}}{\pi} U_2 \left[1 + \cos\left(\frac{\pi}{3} + \alpha\right)\right] = 2.34 U_2 \left[1 + \cos\left(\frac{\pi}{3} + \alpha\right)\right]$$

$$(2\text{-}36)$$

$$I_{VT} = \frac{U_2}{R} \sqrt{2 - \frac{3\alpha}{\pi} + \frac{3}{2\pi} \sin\left(\frac{2\pi}{3} + 2\alpha\right)} \quad (2\text{-}37)$$

现 $\alpha = 80°, R = 100\Omega, U_2 = 155.587\text{V}$ 代入式(2-36)和式(2-37)得 $U_d = 85.2\text{V}, I_{VT} = 0.689\text{A}$，而仿真结果为 $U_d = 84.5\text{V}, I_{VT} = 0.685\text{A}$，如图 2-72 所示。

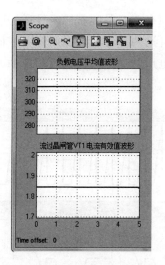

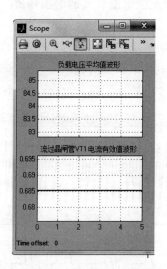

图 2-71　三相桥式整流电路仿真结果(3)　　　图 2-72　三相桥式整流电路仿真结果(4)

现在把负载参数改为阻感性负载，电阻为 100Ω，电感为 10H，$\alpha = 30°$ 和 $\alpha = 90°$ 时的仿真结果如图 2-73 所示。

从仿真结果可以看出，当 $\alpha \leqslant 60°$ 时，u_d 波形连续，电路的工作情况与带纯电阻负载十分相似。区别在于负载不同时，同样的整流输出电压加在负载上，得到的负载电流波形不同，纯电阻负载时，i_d 波形和 u_d 的波形一样。而阻感性负载时，由于电感的作用，使得负载电流 i_d 波形变得平直，当电感足够大时，负载电流的波形可以近似为一条水平线。

当 $\alpha > 60°$ 时，阻感性负载的工作情况与纯电阻负载时不同。电阻负载时波形不会出现负的部分，而阻感性负载时，电感中感应电动势存在，当线电压进入负半波后，电感中的能量

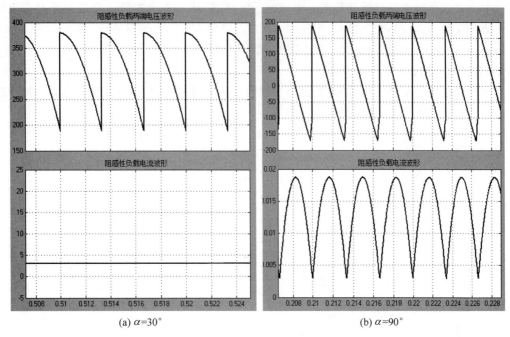

(a) $\alpha=30°$ 　　　　　　　(b) $\alpha=90°$

图 2-73　三相桥式整流电路仿真结果(5)

维持电流流通,晶闸管继续导通,直至下一个晶闸管的导通才使前一个晶闸管关断。这样,当 $\alpha>60°$ 时,电流仍将联系,当 $\alpha=90°$ 时,整流电压的正负半波相同,输出电压基本为零,因此电感性负载移相范围是 $90°$。

对于无续流管的阻感性负载,三相桥式整流电路输出电压的平均值公式为

$$U_{\mathrm{d}} = \frac{3}{\pi}\int_{\frac{\pi}{3}+\alpha}^{\frac{2\pi}{3}+\alpha}\sqrt{6}\,U_2\sin\omega t\,\mathrm{d}\omega t = 2.34U_2\cos\alpha \quad (2\text{-}38)$$

$$I_{\mathrm{VT}} = \frac{I_{\mathrm{d}}}{\sqrt{3}} \qquad\qquad\qquad\qquad (2\text{-}39)$$

现将 $\alpha=60°$,$R=100\Omega$,$L=10\mathrm{H}$,$U_2=155.587\mathrm{V}$ 代入式(2-38)和式(2-39)得 $U_{\mathrm{d}}=182\mathrm{V}$,$I_{\mathrm{VT}}=1.05\mathrm{A}$,而仿真结果为 $U_{\mathrm{d}}=180\mathrm{V}$,$I_{\mathrm{VT}}=1.04\mathrm{A}$,如图 2-74 所示。

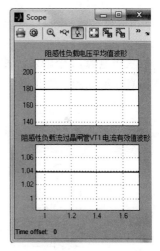

图 2-74　三相桥式整流电路仿真结果(6)

2.5　三相半控桥式整流电路仿真

将三相全控桥式整流电路中下臂桥的晶闸管用 3 只二极管代替,就构成了三相半控桥式整流电路。三相半控桥式整流电路只要控制三个晶闸管,因此控制方式比较简单。三相半控桥式整流电路在直流电源设备中用得较多,与单相半控桥式整流电路一样,一组整流用的二极管在电感负载时兼有续流二极管的作用。

由于仿真模型中整流桥都是同一电力电子元件,搭建三相半控桥式整流电路时必须用分立元件,取 3 个晶闸管模型 Thyristor(在 VT2、VT3 晶闸管参数设置时把 show measurement port 左边方框中"√"的去掉,其作用是为了隐藏测量端口)、3 个二极管模型 Diode 和模块,进行如图 2-75 所示的连接。

现在把这几个元件进行封装,按照第 1 章的方法对封装模型进行处理后,得到三相半控桥式整流电路仿真模型,如图 2-76 所示。

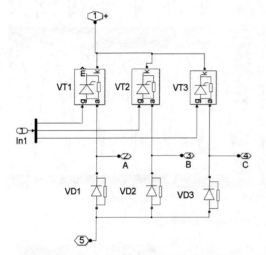

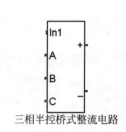

三相半控桥式整流电路

图 2-75　分立元件搭建半控桥式整流电路　　　　图 2-76　三相半控桥式整流电路封装模型

取三相电源,3 个触发脉冲器,参数设置和三相半波可控整流电路相同,负载取 100Ω,搭建仿真模型如图 2-77 所示。

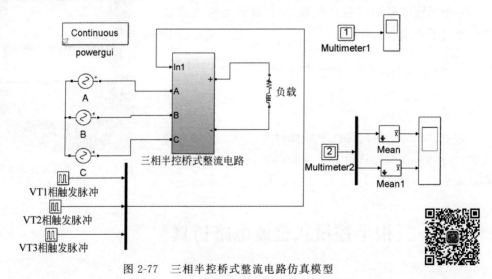

图 2-77　三相半控桥式整流电路仿真模型

仿真算法采用 ode15s,仿真时间为 10s,仿真结果如图 2-78 所示。

由于三相半控桥式整流电路,一组晶闸管组成的共阴极正组可控,而另一组二极管组成的共阳极负组不可控,它总是在自然换流点换流。从仿真结果可以看出,三相半控整流电路

(a) 触发延迟角为30°时的负载两端电压波形

(b) 触发延迟角为60°时的负载两端电压波形

(c) 触发延迟角为150°时的负载两端电压波形

(d) 触发延迟角为180°时的负载两端电压波形

图 2-78　三相半控桥式整流电路仿真结果(1)

负载波形和三相全控整流电路波形负载是有区别的,当 $\alpha=30°$ 时,A 相晶闸管导通时,AB 两相电压差最大,电流回路是通过 VT1、负载、VD2 流过,负载端电压为 AB 相,当过了自然换流点后,AC 两相电压差最大,VD2 换流给 VD3,电流回路是通过 VT1、负载、VD3 流过,负载端电压为 AC 相。直到 B 相触发脉冲到来,VT1 受到反压而关断,VT2 导通,分析方法一致。这样一个周期内就有 6 个波形。

当 $\alpha=60°$,A 相晶闸管导通时,二极管正好过了自然换流点,AC 两相电压差最大,电流回路是通过 VT1、负载、VD3 流过,负载端电压为 AC 相,直到 B 相触发脉冲到来,VT1 受到反压而关断,VT2 导通,BA 两相电压差最大,电流回路是通过 VT2、负载、VD1 流过,负载端电压为 BA 相。直到 B 相触发脉冲到来,VT1 受到反压而关断,VT2 导通,分析方法一致。由于,这样一个周期内就有 3 个波形。

当 $\alpha=150°$,A 相晶闸管导通时,AC 两相有电压差,电流回路是通过 VT1、负载,VD3 流过,负载端电压为 AC 相,当过了自然换流点后,CA 两相有电压差,VT1 受反压而截止,负载电流为零,负载端电压也为零。直到 B 相触发脉冲到来,VT2 导通,分析方法一致。

从仿真结果可以看出,三相半控桥式整流电路具有如下特点。

(1) 3 只晶闸管的触发脉冲相位各差 120°。

(2) $\alpha=60°$ 是输出电压连续和断续的分界,当 $\alpha\geqslant60°$ 时,整流电压的脉动一周内只有 3 次。

(3) 当 $\alpha=180°$ 时,输出电压 $u_d=0$,因此移相范围为 180°。

现把负载改为阻感性负载,电阻 $R=100\Omega$,电感为 1H,给定不同的触发延迟角,得到的仿真结果如图 2-79 所示。

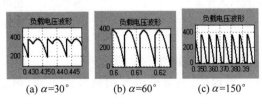
(a) $\alpha=30°$　　　　(b) $\alpha=60°$　　　　(c) $\alpha=150°$

图 2-79　三相半控桥式整流电路仿真结果(2)

从仿真结果可以看出,当接有阻感性负载时,负载两端电压波形和无电感相同,这是因为当负载接有电感时,就会有电感的储存和释放能量问题。这时当线电压由零变负后,由于负载电感能量的释放使得导通的晶闸管不能关断,负载电流由导通晶闸管与同一相上的整流二极管形成闭合回路,而不像全控桥那样经过电源,即半控电路本身就有续流作用。与单相半控桥式整流电路一样,电感中储能的释放通过自身电路而不经过电源变压器,因此在输出电压连续时,电感负载与电阻负载时输出电压相同。在输出电压断续时,负载电压没有负半波出现,电感负载与电阻负载时的输出电压也相同。

现在阻感性负载并联一个续流二极管,检测负载电压平均值和负载电流平均值,$\alpha=30°$时的仿真结果如图 2-80 所示。

对于三相半控桥式电路,阻感性负载并联二极管后,负载两端平均电压的公式为

$$U_d = 1.17U_2(1+\cos\alpha) \tag{2-40}$$

$$I_d = \frac{U_d}{R} \tag{2-41}$$

现把 $\alpha=30°$,$U_2=155.587\text{V}$ 代入式(2-40)和式(2-41)得 $U_d=339.7\text{V}$,$I_d=3.4\text{A}$,而仿真结果为 $U_d=337.7\text{V}$,$I_d=3.38\text{A}$。

流过晶闸管电流的有效值公式为

$$I_{VT} = \frac{I_d}{\sqrt{3}} \tag{2-42}$$

现把 $I_d=3.4\text{A}$ 代入式(2-42)得 $I_{VT}=1.96\text{A}$,而仿真结果为 $I_{VT}=1.956\text{A}$,如图 2-81 所示。

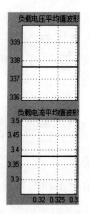

图 2-80　三相半控桥式整流
电路仿真结果(3)

图 2-81　三相半控桥式整流
电路仿真结果(4)

现把 $\alpha=60°$进行仿真,得到结果如图 2-82 所示。

而 $\alpha\geqslant60°$时,负载电压平均值、负载电流平均值公式不变,但流过晶闸管有效值电流变为

$$I_{VT} = \sqrt{\frac{\pi-\alpha}{2\pi}}\,I_d \tag{2-43}$$

现把 $\alpha=60°$,$U_2=155.587\text{V}$ 代入式(2-40)、式(2-41)和式(2-43)得 $U_d=273\text{V}$,$I_d=$

2.73A,$I_{VT}=1.57$A,而仿真结果为$U_d=270.9$V,$I_d=2.7$A,$I_{VT}=1.564$A,得到的结果如图 2-83 所示。

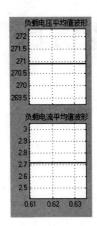

图 2-82　三相半控桥式整流
电路仿真结果(5)

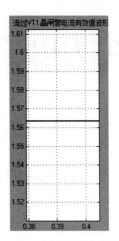

图 2-83　三相半控桥式整流
电路仿真结果(6)

第3章

电力电子有源逆变仿真

在电力电子技术中,把交流电变换成直流电称为整流,而把直流电变换成交流电称为逆变。逆变又分为有源逆变和无源逆变两类,所谓有源逆变,交流侧是供电电源,就是该交流电与交流电网相连,将直流电逆变成与交流电网同频率的交流电输送给电网,例如可控整流电路供给直流电动机负载时,当电动机处于制动或发电状态,则这种逆变称为有源逆变。而无源逆变是指交流侧是具体的用电设备,逆变输出的交流电与电网无联系,交流电仅供给具体用电设备,这种逆变称为无源逆变。全控整流电路既能工作在整流方式,又能工作在有源逆变方式,即电路在一定条件下,电能从 AC→DC,在另外条件下,电能又可以从 DC→AC,现在讨论有源逆变的仿真。

由于晶闸管只能单向导电,无论变流器运行在整流状态还是工作在逆变状态,其电路的电流方向是不可能改变的,要使负载侧反过来通过变流器向交流电源供电而且电流流向保持不变,则在负载侧必须存在一个直流电源,这个电源可以是电池,也可以是直流发电机或直流电动机工作在发电机状态或制动状态,这个电源的极性与整流电压极性相反,这样,欲使负载中直流电源的能量返回到交流电源中,则要求变流器能产生一个与原整流电压极性相反的电压,称为逆变电压,且

$$U_{d\beta} < E \tag{3-1}$$

式中,$U_{d\beta}$ 为逆变电压的平均值。由于希望在能量交换中能量损失尽可能地小,因此回路的电阻 R 均较小,这样 $U_{d\beta}$ 较接近于 E。

通过以上分析可知,有源逆变产生的条件是负载存在一个直流电源 E,由它提供能量,其电动势与变流器的整流电压相反,对晶闸管为正向偏置电压;变流器在其直流侧输出应有一个与原整流电压极性相反的逆变电压 $U_{d\beta}$,其平均值 $U_{d\beta} < E$,以吸收能量,并将其能量返回给交流电源。

3.1 半波可控整流电路接电动势性负载仿真

半波可控整流电路接电动势性负载的仿真模型如图 3-1 所示。

1. 主电路建模和参数设置

主电路主要有交流电源、3 个单独晶闸管、阻感性负载和直流电源组成,交流电源 A 的

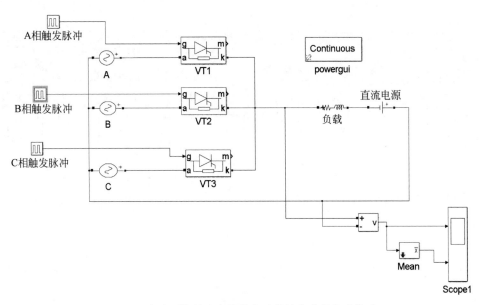

图 3-1 半波可控整流电路接电动势性负载的仿真模型

参数设置：峰值电压为 220V，相位为 0°，频率为 50Hz；其他两相 B、C 除了相位相差 120° 外，其余参数设置与 A 相相同；单个晶闸管的参数为默认值。

阻感性负载参数设置：电阻为 10Ω，电感为 1H，直流电源模块为 DC Voltage Source，其参数为 200V，注意其电源极性是左负右正。

2. 单相桥式整流电路控制电路的仿真模型

单相桥式整流电路控制电路的仿真模型主要有 3 个脉冲触发器组成，Pulse Generator 分别通向 VT1、VT2、VT3 3 个晶闸管，参数设置为：峰值为 1，周期为 0.02s，脉冲宽度为 10，相位延迟时间由触发延迟角决定，如表 2-1 所示。

仿真算法采用 ode15s，仿真时间为 1s，仿真结果如图 3-2 所示。

从仿真结果可以看出，当触发延迟角为 $\alpha=30°$ 时，晶闸管输出电压与式（2-24）相同，其平均电压值为 157.64V，整流电路输出电压公式为

$$U_{\mathrm{d}}=U_{\mathrm{d0}}\cos\alpha=E+I_{\mathrm{d}}R \tag{3-2}$$

U_{d0} 为 $\alpha=0°$ 时电路的最大输出平均值。为了求出 U_{d0}，把 $\alpha=0°$ 进行仿真，得到 $U_{\mathrm{d0}}=181$V，又 $\alpha=30°$，根据式（3-2）得到 $U_{\mathrm{d}}=156$V，与图 3-2 仿真结果相同。

当触发延迟角为 $\alpha=120°$，$\alpha=150°$ 时，晶闸管输出电压为电源负半周，由于存在一个与原来整流电压极性相反的电源 E，逆变将产生，平均电压值公式为

$$U_{\mathrm{d\beta}}=U_{\mathrm{d0}}\cos\alpha, \quad 90°<\alpha<180° \tag{3-3}$$

将 $U_{\mathrm{d0}}=181$V，$\alpha=120°$，$\alpha=150°$ 代入式（3-3）得 $U_{\mathrm{d\beta}}=-90.5$V，$U_{\mathrm{d\beta}}=-156.75$V。而从仿真结果（见图 3-2）可以看出，当 $\alpha=120°$，$\alpha=150°$ 时，逆变平均电压为 -91.8V，-158.1V。

事实上，对于三相半波可控整流电路，如果 $\alpha>90°$，且负载端不存在与其整流电压极性相反的电源，则输出平均电压恒为零，而且输出波形不可能连续，见图 2-46。

上面仿真是采用分立式脉冲，下面也可以用现成的模块 Universal Bridge 进行三相半波可控整流电路有源逆变仿真，仿真模型如图 3-3 所示。

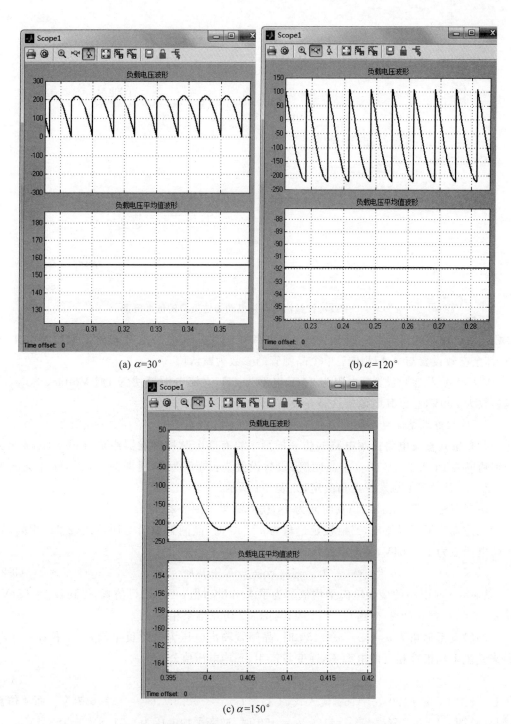

(a) $\alpha=30°$　　　　　　　　　　　　(b) $\alpha=120°$

(c) $\alpha=150°$

图 3-2　半波可控整流电路接电动势性负载的仿真结果

负载参数保持不变,整流桥参数为默认值,仿真结果如图 3-4 所示。

可以看出仿真结果和前面相同。

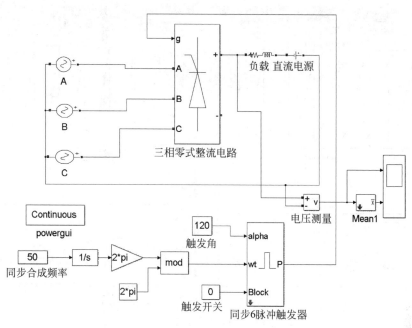

图 3-3　三相半波可控整流电路有源逆变仿真模型

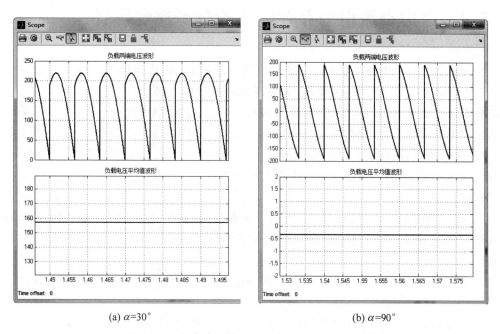

(a) $\alpha=30°$　　　　　　　　　　　　(b) $\alpha=90°$

图 3-4　三相半波可控整流电路有源逆变仿真结果

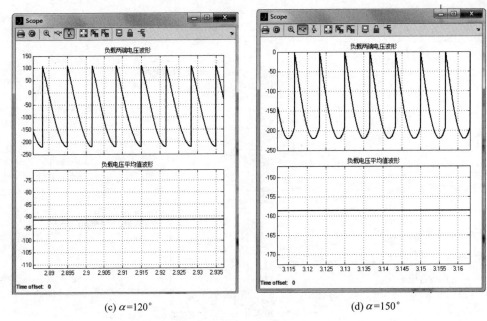

(c) $\alpha = 120°$ (d) $\alpha = 150°$

图 3-4 （续）

3.2　考虑交流电源存在电感的有源逆变仿真

在前面分析整流电路时,没有考虑电源侧电感的影响,认为换相是瞬时完成的。实际的交流供电电源,总存在电源阻抗,如电源变压器的漏电感、导线铜电阻以及为了限制短路电流加上交流进线电抗等,当存在电抗时,在电源相线中的电流不可能突变,换流时原来导通相电流衰减到零需要一段时间,而导通电流相电流的上升时间也需要一段时间,即电路的换流有一段换流时间。由于交流侧的感抗比它的电阻大很多,为了突出感抗的影响,把电阻忽略。考虑交流电源存在电感时三相半波可控整流电路逆变仿真模型如图 3-5 所示。

从图 3-5 可以看出,其仿真模型与图 3-1 基本相同,只不过在电源侧加了电感,电感取值为 0.01H,电阻为 10Ω,电感为 1H,$\alpha = 120°$,仿真算法采用 ode15s,仿真时间为 1s,仿真结果如图 3-6 所示。

从图 3-6 可以看出,当考虑电源侧存在电感时,其输出的瞬时电压存在换流重叠角现象。

现把 X 轴放大,可以看出换流重叠角为 $\lambda = 0.000\,32$s,转换为 $\gamma = 5.76°$,将 $\alpha = 120°$ 也即 $\beta = 60°$ 代入式(3-4),即

$$U_{\mathrm{d}\beta\gamma} = \frac{-3\sqrt{6}}{4\pi}U_2\left[\cos\beta + \cos(\beta - \gamma)\right] \tag{3-4}$$

得 $U_{\mathrm{d}\beta\gamma} = -98.7\mathrm{V}$,而仿真结果为 $U_{\mathrm{d}\beta\gamma} = -99.2\mathrm{V}$。

用现成的模块 Universal Bridge 进行三相半波可控整流电路逆变仿真模型仿真,仿真

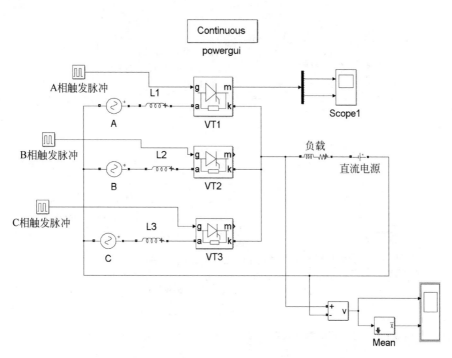

图 3-5 考虑交流电源存在电感时三相半波可控整流电路有源逆变仿真模型

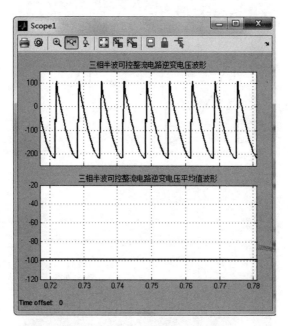

图 3-6 考虑交流电源存在电感时三相半波可控整流电路有源逆变仿真结果

模型如图 3-7 所示,整流桥参数为默认值,其他参数保持不变。

仿真结果如图 3-8 所示。

为了进一步观测考虑交流电源存在电感时三相半波可控整流电路逆变仿真情况,现把负载换成直流电动机,观测晶闸管逆变的负载两端波形,电源侧电感为 0.01H,平波电抗器

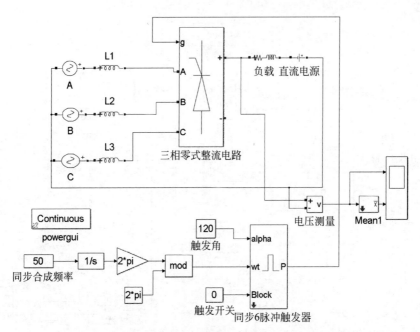

图 3-7　考虑交流电源存在电感时三相半波可控整流电路有源逆变仿真模型

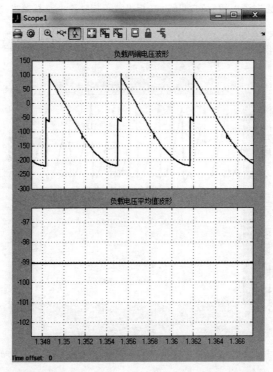

图 3-8　考虑交流电源存在电感时三相半波可控整流电路有源逆变仿真结果

为 0.001H,仿真模型如图 3-9 所示。

　　在 $\alpha = 120°$ 时,为了模拟电动机处于制动状态,把电动机参数中 Initial speed 下面的文本框的参数改为 -90,其他参数见图 3-10,励磁直流电源为 220V。仿真算法采用 ode15s,

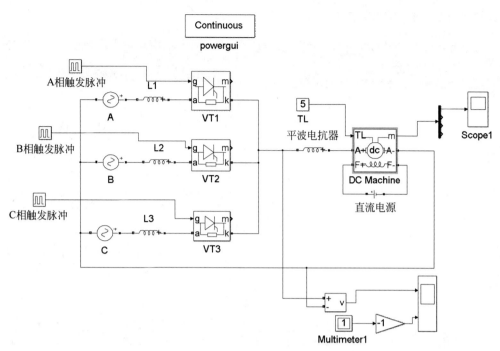

图 3-9　考虑交流电源存在电感时三相半波可控整流电路带电动机逆变仿真模型

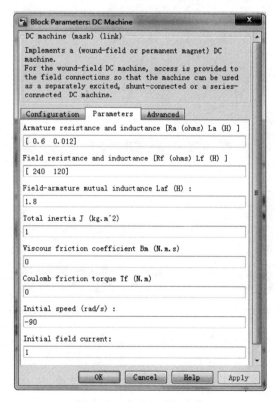

图 3-10　直流电动机参数

仿真时间为 5s,仿真结果如图 3-11 所示。

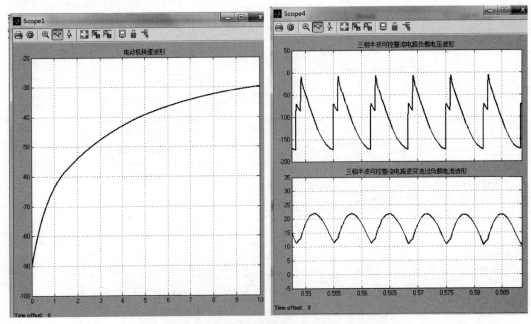

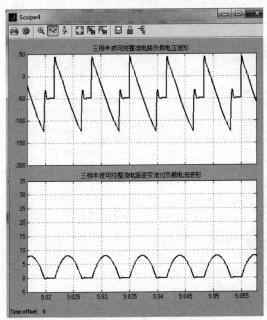

图 3-11　考虑交流电源存在电感时三相半波可控整流电路带电动机逆变仿真结果

从仿真结果可以看出,当电动机处于制动状态时,电动机的转速由 -90 下降,电动机的感应电动势 E 较大,而且电源侧存在电感,有换流重叠现象,所以电流连续;当转速较低时,感应电动势较小,只有在 E 大于电源电压时晶闸管才能导通,从而电流断续。

3.3　三相全控桥式电路有源逆变工作状态仿真

前面已经讲过,三相全控桥式整流电路,对于阻感性负载,当触发延迟角 $\alpha > 90°$ 时,如果外接有感应电动势,整流电路就处于逆变状态,图 3-12 为三相全控桥式电路逆变工作状态的仿真模型。

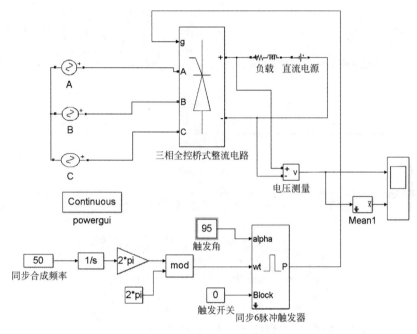

图 3-12　三相全控桥式电路逆变工作状态的仿真模型

阻感性负载参数为: $R = 10\Omega, L = 1H$,电动势为 500V,注意电动势电源极性左负右正。同步 6 脉冲触发器采用双脉冲,合成频率为 50Hz,仿真结果如图 3-13 所示。

由于三相桥式电路是两个三相半波电路的组合,当触发延迟角大于 90°,且电动机从高速向低速制动状态(或者直流电动机处于发电状态),就会产生有源逆变。从仿真结果可以看出,这时,共阴极组导通在负半波,共阳极组导通在正半波,这是因为共阳极组在整流工作时在交流电压的负半波工作,整流输出的平均电压为负,这样当它逆变时,应产生一个与原整流电压极性相反的逆变电压,故它的逆变电压应是正值。另外,由于共阳极负组在换流时最负相晶闸管导通,所以它在正半波换流时由高电位向低电位换流。

对于三全控桥式电路,工作在逆变状态,不考虑电源侧存在漏感的情况下,逆变平均电压的公式为

$$U_{d\beta} = \frac{-3\sqrt{6}}{\pi}U_2\cos\beta \qquad (3-5)$$

现把 $\alpha = 95°, \alpha = 105°, \alpha = 140°, U_2 = 155.587V$ 代入公式(3-5)分别得 $U_d = -31.7V$, $U_d = -94.2V, U_d = -278.92V$。而仿真结果为 $U_d = -33.1V, U_d = -95V, U_d = -280V$。

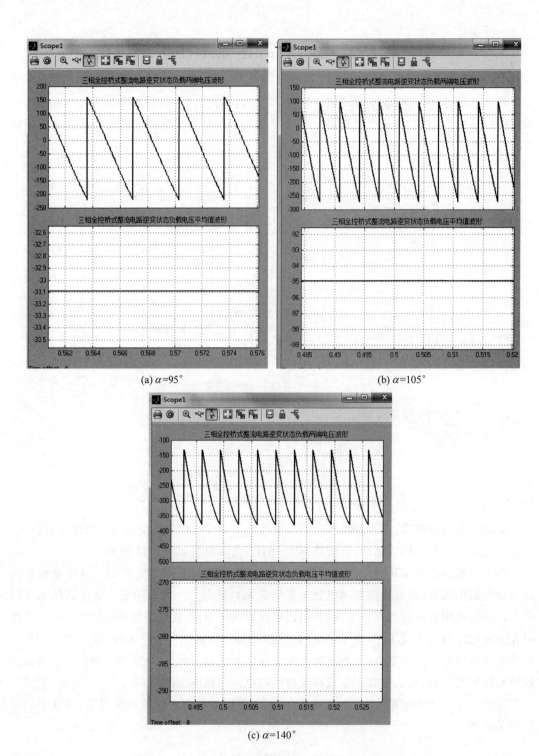

(a) $\alpha=95°$

(b) $\alpha=105°$

(c) $\alpha=140°$

图 3-13 三相全控桥式电路逆变工作状态的仿真结果

当 $\alpha > 180°$ 以后,从有源逆变电路看,超前角为负值,电路就不能换流,这就意味着交流电源将继续导通而进入正半波整流状态,交流电源与负载侧直流电源同时提供电能,相当于两个电源短路情况,这种现象称为逆变颠覆。

现取 $\alpha = 200°$,负载参数保持不变,仿真结果如图 3-14 所示。

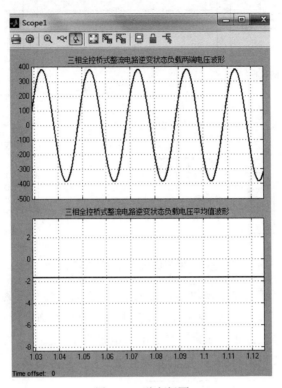

图 3-14　逆变颠覆

从仿真结果可以看出,当 $\alpha > 180°$ 时,负载两端电压出现正值,负载平均电压接近为零,相当于两个电源短路,这是有源逆变状态的一种危险故障。

3.4　整流电路的电流畸变系数和有功功率测量的仿真

在可控整流电路中,送到整流电路的是正弦波交流电压,但流过的交流电流却不是正弦波,而且触发延迟角还影响其电流相对于电压的相位,因此在可控整流电路中,电流相对于电压的相位差,不仅与负载的性质有关,还与触发延迟角有关,而且电流波形不是正弦波。它除了基波分量外,还包含各次谐波,而有功功率只能由与电源电压同频率的正弦电流,即基波电流来产生,电流的高次谐波与电压不产生有功功率。当电流中含有谐波分量时,它的有效值就要比基波分量的有效值大,因此,在计算功率因数时,不能用含有谐波分量的电流有效值,必须用它的基波分量有效值。

电流的畸变系数与电流波形有关,而可控整流电路的电流波形又与负载的性质有关,现在以单相全控桥式整流电路来说明电流畸变系数和有功功率的仿真方法,仿真模型如图 3-15 所示。

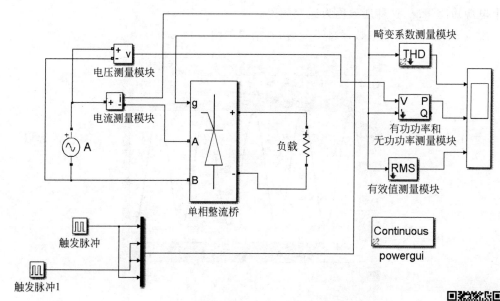

图 3-15   单相桥式整流电路仿真模型

本次仿真采用电流畸变系数模块是经过改造的,前面已经详细讨论了畸变系数模块的改变的原因和方法,见图 1-40,有功功率的功率测量模块、畸变系数测量模块和有效值测量模块的参数设置:基频均为 $50\,Hz$,电阻为 $100\,\Omega$。

对于单相全控桥式电阻负载,i_2 电流基波分量 i_{21} 的表达式为

$$i_{21}(\omega t) = \sqrt{\left(\frac{\sin^2\alpha}{\pi}\right)^2 + \left(\frac{2\pi - 2\alpha + \sin2\alpha}{2\pi}\right)^2} \cdot I_\mathrm{m}\sin\left(\omega t + \arctan\frac{-2\sin^2\alpha}{2\pi - 2\alpha + \sin2\alpha}\right)$$

$$(3\text{-}6)$$

i_2 电流的有效值为

$$I_2 = \frac{I_\mathrm{m}}{\sqrt{2}}\sqrt{\frac{\sin2\alpha}{2\pi} + \frac{\pi - \alpha}{\pi}}$$

$$(3\text{-}7)$$

有功功率 P 为

$$P = U_2 I_{21}\cos\varphi_2 = S\lambda = U_2 I_2\lambda = U_2 I_2\frac{I_{21}}{I_2}\cos\varphi_2$$

$$(3\text{-}8)$$

其中 $\dfrac{I_{21}}{I_2}$ 称为电流畸变系数。

利用式(3-6)和式(3-7),可以计算出 $\alpha = 45°$、$\alpha = 90°$ 和 $\alpha = 150°$ 时的电流畸变系数 $\dfrac{I_{21}}{I_2}$ 分别为 0.97、0.84 和 0.50,基波电流 i_{21} 滞后电源电压 u_2 的相位 φ_2 相应为 9.9°、32.5° 和 70°。

根据式(2-4)可计算出对应的交流侧电流有效值 I_2 的大小分别为 1.47A、1.1A 和 0.264A。则对应的有功功率为

$$0.97 \times \cos9.9 \times 155.587 \times I_2 = 218(\mathrm{W})$$

$$0.84 \times \cos32.5 \times 155.587 \times I_2 = 121(\text{W})$$

$$0.5 \times \cos70 \times 155.587 \times I_2 = 7(\text{W})$$

而仿真结果如图 3-16 所示,可以看出仿真的正确性。

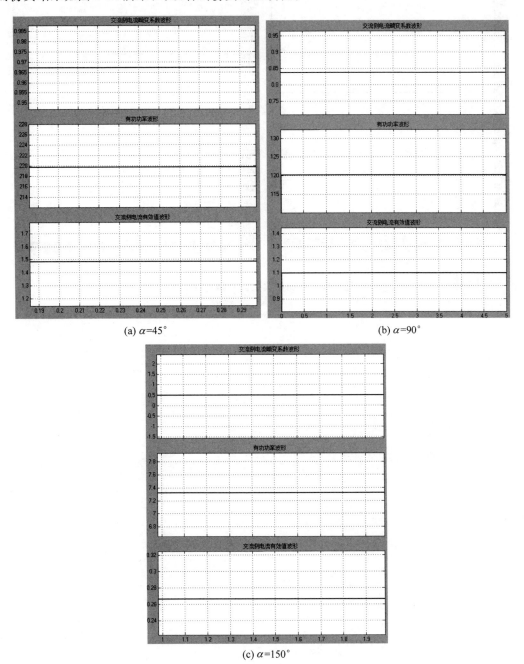

(a) $\alpha=45°$

(b) $\alpha=90°$

(c) $\alpha=150°$

图 3-16 单相桥式整流电路仿真结果

现把电阻负载改为阻感性负载,$R=10\Omega$,$L=10\text{H}$,表现为大电感负载,$\alpha=30°$、$\alpha=45°$ 仿真时得到电流畸变系数的仿真结果均为 0.9,如图 3-17 所示。

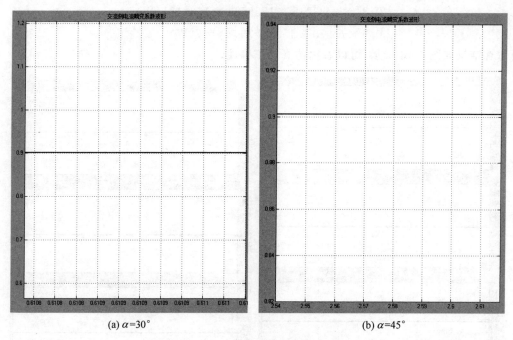

(a) $\alpha=30°$　　　　　　　　　　　　　(b) $\alpha=45°$

图 3-17　单相桥式整流电路仿真结果

第4章

电力电子无源逆变仿真

第 3 章讨论了有源逆变仿真,本章讨论无源逆变仿真。如果逆变输出的交流电与电网无联系,或者说交流电仅供给具体用电电路,则这种逆变称为无源逆变。

在用普通晶闸管组成的逆变和变频电路中,一个重要问题就是换流。由于有源逆变与交流电网相连,可以利用电网换流,而无源逆变则必须用负载换流或强迫换流。下面介绍负载换流或强迫换流的逆变电路电力电子仿真。

4.1 负载换流逆变器仿真

负载换流是利用负载电流相位超前电压或有超前功率因数的特性来实现晶闸管的换流,而不是采用专门的换流电路。本节主要介绍串联谐振逆变器和并联谐振逆变器的仿真方法。

4.1.1 RLC 串联谐振逆变器仿真

对功率因数很低的感性负载,如串联电容进行补偿,则可构成负载换流的串联谐振逆变器,这种逆变器的单相桥式主电路的仿真如图 4-1 所示,其中 R、L 为负载的等效阻抗,C 为补偿电容。为了使得串联谐振在一个周期内持续进行,这里加了二极管(Diode)与晶闸管(Thyristor)反向并联构成的谐振通路。

主电路是由 4 个二极管和晶闸管组成,参数为默认值,阻感性负载参数为 $R = 1\Omega$,$L = 0.003H$,电感初始电流设置为 1A,$C = 0.0003F$,电容初始电压设置为 10V,直流电源参数为 100V。

控制电路的触发脉冲 1 的参数为:峰值为 1,周期 0.016,脉冲宽度 15,相位延迟 0。触发脉冲 2 的参数相位延迟为 0.008,其他与触发脉冲 1 相同。仿真算法采用 ode23tb,仿真时间为 1s,最大步长设置为 1e−5。示波器只保留后面 5000 个数据。

仿真结果如图 4-2 所示。

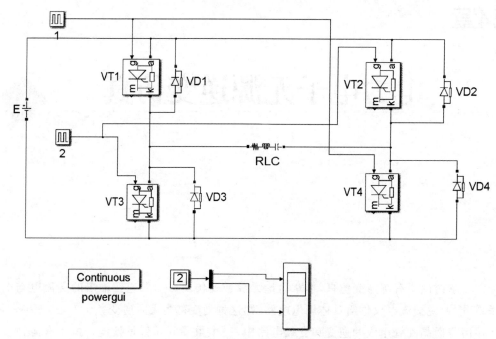

图 4-1　*RLC* 串联谐振逆变器仿真模型

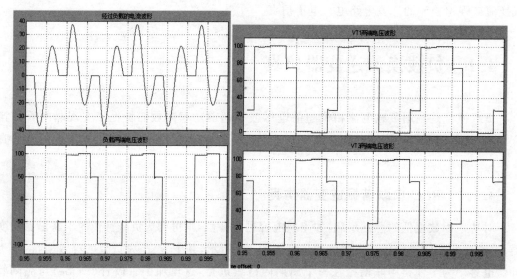

图 4-2　*RLC* 串联谐振逆变器仿真结果(1)

由文献[2]可知,如果满足 $R<2\sqrt{L/C}$ 的参数条件,则 *RLC* 串联电路便形成谐振过程,当串联谐振逆变器中 VT1、VT4 触发导通后,一个振荡周期的电流就是正弦波。

由于 $L=0.003\text{H}$,$C=0.0003\text{F}$,$R=1\Omega$,满足 $R<2\sqrt{L/C}$ 的条件,*RLC* 串联电路便形成谐振过程,该电路的无阻尼振荡周期 $T_0=2\pi\sqrt{LC}=0.005\,957\,73\text{s}$,而触发脉冲的周期 $T_G=0.016/2=0.008\text{s}$,即 T_G 谐振周期大于电路无阻尼振荡周期 T_0,谐振过程断续。从仿真结果可以看出,当负载电流经过 VT1、VT4 流通,谐振过零进入负半周后,通过 VD1、

VD4 流通,是衰减的正弦波,由于 VT1 与 VD1、VT4 与 VD4 是反并联的,所以 VT1、VT4 承受反压而关断,然后 VT1～VT4 全不导通,负载电流断续,当触发 VT2、VT3,重复另一个周期的振荡过程,电流方向与上述相反。

晶闸管及负载两端电压,在 VT1、VT4 导通期间,其上的电压仅为管压降,负载两端电压 E 为直流电压与两个管压降之差($U_{AB} < E - U_{VT1} - U_{VT4}$),此电压同样加在截止的 VT2、VT3 上,在 VD1、VD4 流通期间,VT1、VT4 上承受反压,负载两端则为直流电压 E 与此反压之和($U_{AB} < E + U_{VD1} + U_{VD4}$),此电压也加在截止的 VT2、VT3 上,然后所有晶闸管和二极管均截止,VT1～VT4 上的电压由各元件的漏电流及装置的绝缘电阻决定。它是大于零小于 E 的某一值,U_{AB} 则由电容器 C 上原有的电压所决定,在另一振荡周期,VT2、VT3 导通,其上电压为管压降,VT1、VT4 两端电压略低于 E,其差便是 VT2、VT3 的管压降,此电压也就是负载两端反极性的电压。在 VD2、VD3 流通期间,VT2、VT3 承受反压,VT1、VT4 两端略高于 E,两者之差为 VD2、VD3 的正向压降,此电压同样加在负载两端,然后所有管子两端电压又复为某一浮动值。从仿真结果可以看出,VT1、VT3 两端的电压波形与波形相差 180°,在逆变器输出的一个周期内,正负半周波形对称。如果近似地将 U_{AB} 看作理想的矩形波,其正弦波基波便与矩形波同相位。

逆变器的输出功率,只有在负载电流和电压同向期间内,能量从电源送至负载,而在负载电流和电压反向期间内,负载将能量返回电源,在电流截止期间,电源和负载无能量传输,在一个周期内,电源向负载传输的能量为三部分的代数和。

现修改控制电路的参数,控制电路的触发脉冲 1 的参数为:峰值为 1,周期 0.0124,脉冲宽度 15,相位延迟 0。触发脉冲 2 的参数相位延迟为 0.0062,其他与触发脉冲 1 相同,仿真结果如图 4-3 所示。

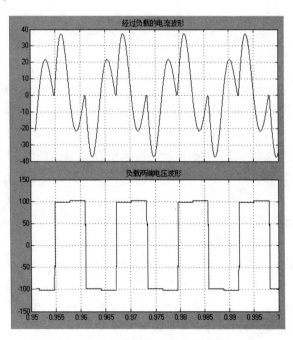

图 4-3 *RLC* 串联谐振逆变器仿真结果(2)

该电路的无阻尼振荡周期仍为 $T_0 = 0.005\,957\,73$s,而触发脉冲的周期 $T_G = 0.0124/2 = 0.0062$s,即 T_G 谐振周期近似等于阻尼振荡周期 T_0,则两周期谐振过程正好衔接,这是电流由断续到连续的临界情况。虽然这时每一周期的输出功率并没有增加,但由于输出频率较前增加了,使得总的输出功率有所增加。

现修改控制电路的参数,控制电路的触发脉冲 1 的参数:峰值为 1,周期 0.0062,脉冲宽度 15,相位延迟 0。触发脉冲 2 的参数相位延迟为 0.0031,其他与触发脉冲 1 相同,仿真结果如图 4-4 所示。

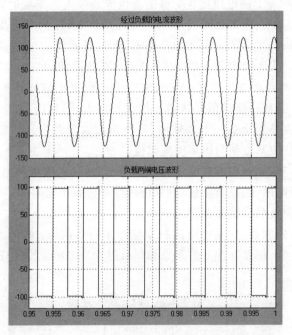

图 4-4　RLC 串联谐振逆变器仿真结果(3)

该电路的无阻尼振荡周期仍为 $T_0 = 0.005\,957\,73$s,而触发脉冲的周期 $T_G = 0.0062/2 = 0.0031$s,即 T_G 谐振周期小于阻尼振荡周期 T_0,前一谐振周期尚未结束,后一谐振周期就已经开始,VD1、VD4 仍在流通,在 VT2、VT3 被触发导通时,将 VD1、VD4 的电流换流到 VT2、VT3,这时电流就连续了,流过各管子和输入回路的电流波形、电流连续时,由于从负载把能量送回直流电源的时间减小了,每一周期内负载得到的能量将增加,逆变器输出功率和电流都会很快上升。

由上可以看出,随着 ω_G 增加,逆变器的输出功率也在增加,因此,可以用改变逆变器触发脉冲频率的办法来调节输出功率。

需要强调的是,虽然触发频率可以大于负载谐振频率,但是逆变器的输出频率必须低于谐振频率(逆变器输出频率 ω 是触发频率 ω_G 的一半,即 $\omega = \omega_G/2$),负载才能呈容性,才能具备换流条件,因为串联复数阻抗 $Z = R + \mathrm{j}(\omega L - 1/\omega C)$,只有 $\omega L - 1/\omega C < 0$,即 $\omega^2 < 1/LC = \omega_0^2$,串联负载才呈容性,串联逆变器的补偿电容实质上起换流电容的作用。

现在以仿真来说明,现把触发脉冲 1 模块参数的周期改为 0.0031,峰值为 1,脉冲宽度 10,相位延迟 0。触发脉冲 2 的参数相位延迟为 0.001 55,其他与触发脉冲 1 相同,则

$T_{\text{G}}=0.0031/2=0.001\,55\,\text{s}<T_0/2=0.005\,957\,73/2=0.002\,978\,865\,\text{s}$，仿真结果如图 4-5 所示。

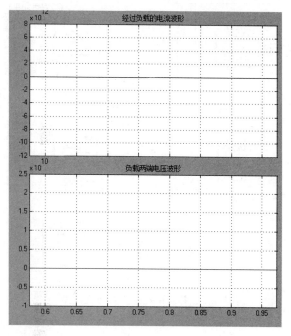

图 4-5　RLC 串联谐振逆变器仿真结果(4)

可以看出负载电压和电流均为零，说明理论正确。

4.1.2　并联谐振逆变器仿真

把补偿电容与电感性负载并联，可构成并联谐振逆变器，由于负载自成谐振回路，所以不需要反馈二极管。

负载并联谐振时阻抗最大，如果用电压源供电，则在谐振附近电流较小。因此，并联谐振逆变器需用电流源供电，即直流侧不用大电容滤波，而是用大电感滤波，所以并联谐振逆变电路属于电流型，其流过晶闸管的电流近似为矩形波，负载电流也为交替的矩形波。

由于逆变器工作在近于谐振状态，负载并联谐振回路对于负载电流中接近负载谐振频率的基波呈现高阻抗，而对谐波呈现低阻抗，谐波分量电压都被衰减，所以负载两端电压接近正弦波。并联谐振逆变器仿真模型如图 4-6 所示。

从仿真模型可以看出，直流电源 100V，串了一个电感 L_1，其值为 10H，电感初始电流设置为 1A，4 个晶闸管组成单相桥式电路，晶闸管参数为默认值。电容并联阻感性负载，电阻为 1Ω，电感为 0.003H，电感初始电流设置为 1A，电容为 0.000 28F，电容初始电压设置为 10V。触发脉冲 1 的参数为：峰值为 1，周期 0.005，脉冲宽度 1，相位延迟 0。触发脉冲 2 的参数相位延迟为 0.0025，其他与触发脉冲 1 相同。

仿真算法采用 ode23tb，仿真时间为 5s，仿真结果如图 4-7 所示。

从仿真结果可以看出，在晶闸管 VT1、VT4 稳定导通阶段，负载电流(流过 VT1、VT4 的电流)为恒值。而流过感性负载的电流为正弦波，感性负载两端电压建立了左正右负的电

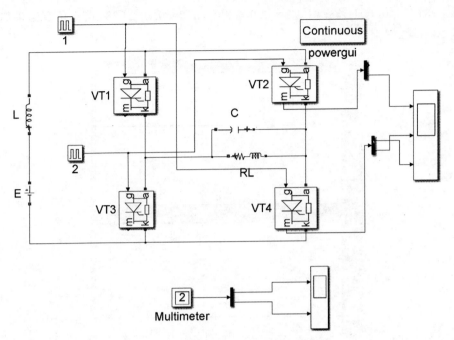

图 4-6　并联谐振逆变器仿真模型

压,波形接近正弦波。

当触发 VT2、VT3 后,由于之前的 VT2、VT3 阳极电压等于负载电压,为正值,故 VT2、VT3 导通,开始进入换流阶段,4 个晶闸管全部导通,负载电容电压经两个并联放电回路放电(一条回路是 C 正极、VT1、VT2、C 负极,另一条回路是 C 正极、VT3、VT4、C 负极)。有些读者会奇怪,晶闸管单向导通,电流为何还能逆向晶闸管? 以 VT1 为例,原先 VT1 流过的是从阳极通往阴极的电流,电容 C 放电,使得 VT1 电流减小而已,实际上 VT1 电流没有反向,只不过使得电流数值减小),这个过程中,VT1、VT4 电流逐步减小,VT2、VT3 电流逐渐变大,当 VT1、VT4 电流减少到零而关断,直流侧电流全部从 VT1、VT4 换流到 VT2、VT3,换流阶段结束。

仿真中还给出了晶闸管承受的电压波形,要负载呈容性,必须 $\omega L > 1/\omega C$,即 $\omega > 1/\sqrt{LC} = \omega_0$,所以与串联谐振逆变器相反,并联谐振逆变器换流的必要条件是逆变器工作频率必须高于负载谐振频率。本次仿真中 $\omega_0 = 1/\sqrt{LC} = 1/\sqrt{0.003 \times 0.000\,28} = 1091.1\text{Hz}$,由于逆变器工作频率为 $\omega = \dfrac{\omega_G}{2}$,而 $\omega_G = \dfrac{2\pi}{T_G} = \dfrac{6.28}{0.005/2} = 2512\text{Hz}$,则 $\omega = \dfrac{\omega_G}{2} = \dfrac{2512}{2} = 1256\text{Hz}$,满足 $\omega > \omega_0$ 的要求,能够产生逆变。

现在把触发脉冲模块的周期设定为 0.01,脉冲 2 的相位延迟为 0.005,脉冲参数其他保持不变,仿真结果如图 4-8 所示。

从仿真结果可以看出,逆变器不能产生正弦的交流电压和电流,这是因为 $\omega = \dfrac{\pi}{T_G} = \dfrac{3.14}{0.01/2} = 628\text{Hz}$,使得 $\omega < \omega_0 = 1091.1\text{Hz}$,负载不呈现容性。

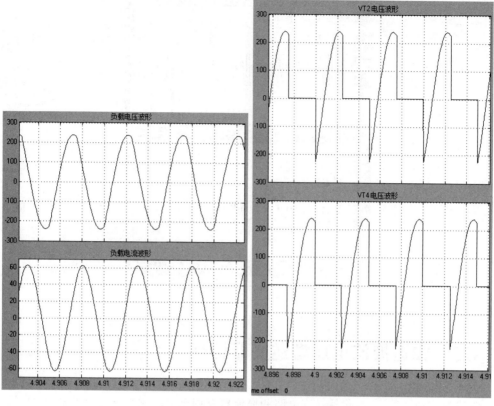

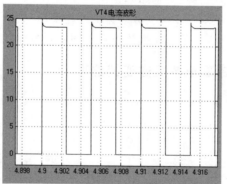

图 4-7　并联谐振逆变器仿真结果(1)

对于并联谐振逆变器,逆变频率提高,负载电流和电压有效值均增大,因而负载输出功率也增大,同时电路提供给晶闸管的关断时间增大,对换流有利。但是,随着逆变变频提高,偏离负载谐振频率就越多,负载功率因数较低,逆变器输出到负载的导向上由于无功电流引起的功率损耗就增大,而且晶闸管两端承受的电压峰值迅速增大,同时负载电容也要承受较高的电压峰值,因此,一般不用改变逆变器频率的方法来调节输出功率,而是用改变电源电压来调节逆变器的输出功率。

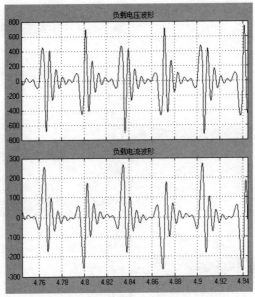

图 4-8 并联谐振逆变器仿真结果(2)

4.2 强迫换流电压型逆变器仿真

强迫换流逆变器,一般包括逆变电路和换流电路两部分。由普通晶闸管构成的逆变器中,换流电流是关键部分,它对逆变或变频装置的性能指标、工作可靠性以及装置的造价、体积等方面起着决定的作用,也正是由于换流电路不同而有多种形式的逆变器。

4.2.1 单相桥式串联电感式逆变器仿真

单相桥式串联电感式逆变器主电路如图 4-9 所示。

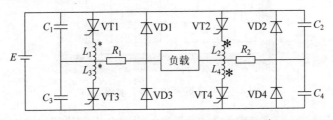

图 4-9 单相桥式串联电感式逆变器主电路

工作过程如下:晶闸管 VT1、VT4 和 VT2、VT3 各为一对桥臂,两桥臂轮流通断,便能在负载两端获得交流电压。晶闸管 VT1 和 VT3、VT2 和 VT4 之间分别串接电感 L_1、L_3 和 L_2、L_4,其中 L_1 和 L_3、L_4 和 L_2 是紧耦合,它们和电容 $C_1 \sim C_4$ 组成强迫环流环节,VD1~VD4 为反馈二极管,R_1、R_2 用作消耗换流能量。

设原来是 VT1、VT4 导通,当触发 VT3、VT2 时,必须 VT1 换流给 VT2,VT4 换流给 VT3。即 VT1 和 VT3、VT2 和 VT4 中只能一个导通,另一个关断,否则就造成直流短路。下面分析 VT1 与 VT3 之间的换流过程,其他同臂之间的换流与之相同,并且把它分成 6 个阶段。

（1）稳定导通。VT1 导通，VT3 关断，电流自电源 E 正端经 VT1 到负载；电容 C_1 被 VT1 短接，其上电压为零；C_3 上的电压被充至 E。

（2）关断过程。触发 VT3，C_3 立即经 L_3 和 VT3 放电并开始 LC 谐振过程。初瞬，L_3 上电势与 C_3 上电压 E 相等，又因 L_1 与 L_3 是紧耦合，故在 L_1 上也有感应电势 E，它对 VT1 形成反压；这个反压使 VT1 中电流迅速减小，至零而关断。

（3）换流阶段。VT1 关断后，电源 E 对 C_1 开始充电，该电流一路维持负载电流，一路经 VT3；在 C_1 充电过程中，C_3 继续放电，e_{C_3} 和 e_{L_3} 很快减小，e_{C_1} 很快增加；由于 VT1 上的反压 $u_{VT1}=e_{L_1}-e_{C_1}$，而 $e_{L_1}=e_{L_3}=e_{C_3}$，所以 $u_{VT1}=e_{C_3}-e_{C_1}$，它是随 C_3 的放电和 C_1 的充电而变化的，到 $e_{C_3}=e_{C_1}=E/2$ 时，$u_{VT1}=0$。因此，为了保证 VT1 可靠关断，一定要使 C_1 充电到 $E/2$ 的时间大于晶闸管的关断时间。到 $e_{C_3}=0$，$e_{C_1}=E$ 时（也即 C_3、L_3 谐振回路经历 1/4 周期），L_3 中的电流达到最大值，C_1 充电结束。由于逆变器一般供应感性负载，换流时间又短，因此可认为换流期间负载电流几乎不变。

（4）环流阶段。L_3 中电流达最大值后要开始下降，其电势 e_{L_3} 变成上负下正，通过 VT3、VD3 和 R_1 形成环流，将换流过程积蓄在 L_3 中的能量消耗在 R_1 上；同时感性负载电流在一段时间内仍按原方向流动，此滞后电流经 VD2，电源 E 和 VD3 形成续流通路。

（5）反馈阶段。L_3 中电流衰减为零后，负载中滞后电流仍继续流通，即负载中的无功能量被回馈到电源 E 中。如果负载的功率因素较低，这个阶段中 VT3 上由于受到 VD3 正向导通的压降承受反压而被阻断。反馈二极管除为无功能量反馈到直流电源提供通路外，并使负载的交流电压不超过输入的直流电压。

（6）电流反向。负载滞后电流降为零后，因 VT2、VT3 已有触发脉冲而导通，负载电流开始反向。

由上述分析可以看出，为了换流，储蓄在电容 C 的电能，在换流过程中通过转换成 L 的磁能后都消耗在电阻 R 上。一般这种逆变器中，换流能量的损耗占一半以上。

下面介绍单相串联电感式逆变器仿真。

单相串联电感式逆变器仿真模型如图 4-10 所示。

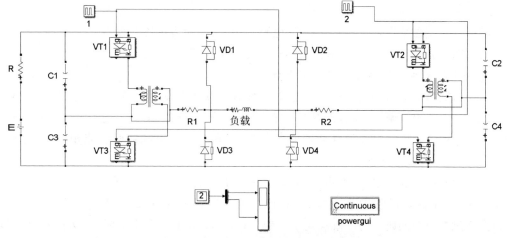

图 4-10 单相串联电感式逆变器仿真模型

1. 主电路建模和参数设置

主电路主要由直流电源、桥式电路和电阻组成,直流电源参数设置为100V。互感模块取 Linear Transformer,其提取路径为 Simcape/SimpowerSystems/Specialized Technology/Elements/Linear Transformer,参数设置如图 4-11 所示。

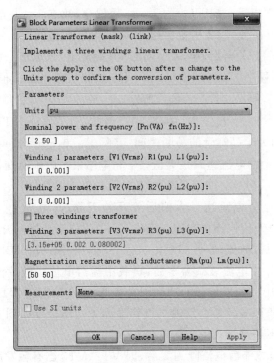

图 4-11 互感参数设置

之所以选择 Linear Transformer 模块,而不是直接选用 Series RLC Branch 模块,这是因为 L_1 和 L_3、L_2 和 L_4 是紧耦合,而模块串联 Series RLC Branch 不能反映瞬时电感感应电动势高低情况。值得注意的是,Linear Transformer 模块频率的设定一定要与触发脉冲器中周期设置一致。电容 C_1~C_4 的值是1e−5F,电容初始电压设置为10V。R_1 和 R_2 为 0.1Ω。

阻感性模块参数设置:电阻为 10Ω,电感为10H,不设置电感初始电流。

按照图 4-10 连接得到单相串联电感式逆变器仿真模型。

2. 单相桥式整流电路控制的仿真模型

单相桥式整流电路控制的仿真模型主要有两个脉冲触发器组成,分别通向 VT1、VT4 和 VT2、VT3 两组晶闸管,参数设置为:峰值为1,周期为0.02s,脉冲宽度为10,相位延迟时间为0.001 11s,另一个触发脉冲器的参数,延迟角和前一个脉冲触发器相差180°,即为0.0111,其他参数设置和前者相同。

由于回路中并联了电容,如果把直流电源和电容直接并联,仿真就会出错,这是因为 MATLAB 中电源是理想电源,当立即仿真时,通过电容短路,这也是 MATLAB 中关于电容仿真常见的一个问题。为了解决这个问题,可以在电源串一个小电阻,本次仿真,电阻取值为 $0.000\,01\Omega$,仿真算法采用 ode23tb,仿真时间为10s,仿真结果如图 4-12 所示。

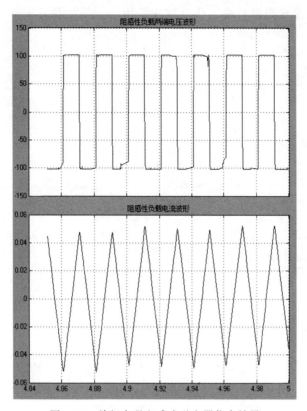

图 4-12　单相串联电感式逆变器仿真结果

从仿真结果可以看出,负载两端是方波交流电,幅值为 100V,而负载的电流为三角波形。

4.2.2　三相串联电感式逆变电路仿真

三相串联电感式逆变电路仿真模型如图 4-13 所示,其中它的换流和换流过程与单相电路是一样的。按逆变输出电压周期 60°的间隔,依次给 6 只晶闸管触发脉冲,同一相的上下两只晶闸管互相自动换流,所以每只晶闸管一个周期内导通 180°,任何瞬时有 3 只晶闸管同时导通。如果将 6 只晶闸管分成共阳极组和共阴极组,则任何瞬间有 3 只晶闸管同时导通。这不外乎两种情况,两只共阳极组和另一只共阴极组或两只共阴极组和另一只共阳极组晶闸管同时导通,设三相负载是平衡,由于这种逆变器每只晶闸管一个周期内导电 180°,所以也称为 180°导电型逆变器。

从仿真模型可知,它是由主电路和控制电路组成,电源为 50V,电阻 R 为 0.000 01Ω,6 个脉冲触发器组成分别通向 VT1 到 VT6 晶闸管,参数设置:峰值为 1,周期为 0.02s,脉冲宽度为 50,因为每只晶闸管每隔 60°导通,按照 $t = T\alpha/360$ 进行转换,相位延迟时间分别 0、0.003 33、0.006 667、0.01、0.013 33 和 0.016 667。阻感性负载:电阻 $R = 10$Ω,电感 $L = 10$H,不设置电感初始电流。其中把电容、晶闸管、二极管等分立元件封装成一个子系统,如图 4-14 所示。其中电阻为 0.1Ω,电容为 1e−5F,电容初始电压设置为 10V。Linear Transformer 模块参数除了励磁电阻和励磁电感均改为 5 外,其他和单相串联式逆变器相同,晶闸管、二极管参数为默认值。仿真算法采用 ode23tb,仿真时间为 10s,仿真结果如图 4-15 所示。

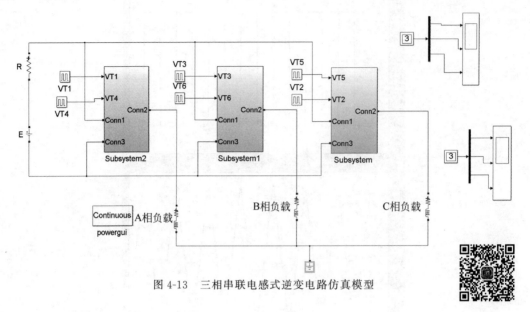

图 4-13　三相串联电感式逆变电路仿真模型

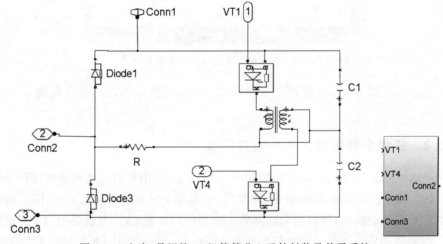

图 4-14　电容、晶闸管、二极管等分立元件封装及其子系统

从仿真结果可以看出,对于三相平衡负载,即有 $0°\sim60°$ 区间和 $60°\sim120°$ 区间两种情况。

(1) 在 $0°\sim60°$ 区间,晶闸管忽略其管压降,各相的相电压(以 N 点位参考)

$$U_{AN}=U_{CN}=E\frac{\dfrac{Z_AZ_C}{Z_A+Z_C}}{Z_B+\dfrac{Z_AZ_C}{Z_A+Z_C}}=E\frac{\dfrac{Z}{2}}{Z+\dfrac{Z}{2}}=\frac{E}{3}=16.7\text{V} \tag{4-1}$$

$$U_{BN}=-E\frac{Z_B}{Z_B+\dfrac{Z_AZ_C}{Z_A+Z_C}}=-\frac{2E}{3}=-33.3\text{V} \tag{4-2}$$

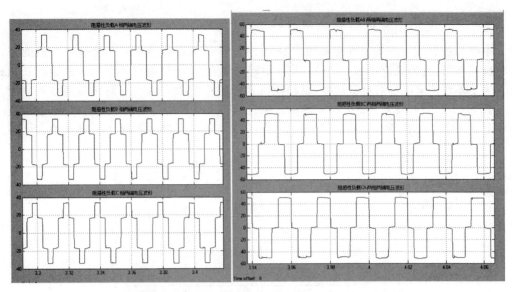

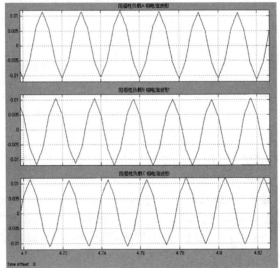

图 4-15 三相串联电感式逆变电路仿真结果

（2）在 $60°\sim120°$ 区间，各相的相电压为

$$U_{AN} = \frac{2E}{3} = 33.3V \tag{4-3}$$

$$U_{BN} = U_{CN} = -\frac{E}{3} = -16.7V \tag{4-4}$$

其输出线电压可有三种电平，例如当 A 相极性为＋，B 相极性为－，C 相极性为＋，$U_{AB} = E = 50V$，$U_{BC} = -E = -50V$，$U_{CA} = 0V$。

从仿真结果还可以看出，三相输出相电压和线电压分别是阶梯波和 $120°$ 宽的方波，且三相是对称的，每相互差 $120°$，输出电流波形和相位则决定于负载的功率因数，有较大的谐波分量，电流接近正弦波。

4.2.3　串联二极管式逆变器仿真

串联二极管式逆变器主电路如图 4-16 所示。它是电压型串联二极管式逆变器的一种三相桥式电路,它的换流电容 $C_1 \sim C_6$ 并在桥臂之间,且共阳极组和共阴极组的换流互相独立。为了不使换流电容对负载放电(这样便可选择较小的电容),以及防止与负载回路引起 RLC 谐振的可能性,在主回路中串入隔离二极管 $VD1' \sim VD6'$,将换流电容与负载隔离,使电容器上保持稳定电压,保证了换流能力。$VD1 \sim VD6$ 为 6 个反馈二极管,L_1、L_2 为换流电感。

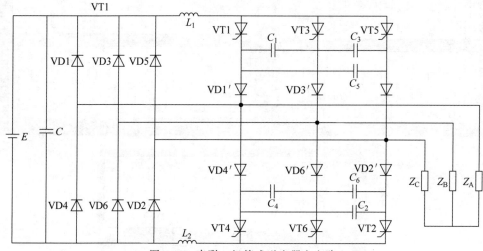

图 4-16　串联二极管式逆变器主电路

每隔 60°依次给 VT1～VT6 发触发脉冲,由于是依靠相邻相的跨接电容来换流,所以每一晶闸管只导通 120°,或者说,任一瞬时只有两只晶闸管(共阳极组和共阴极组各一只)导通,这种逆变器又称为 120°导电型逆变器。

设 VT1、VT2 导通区间,在其前一区间(即 VT6、VT1 导通区间)C_1 上已充有电压,其极性为左正右负,当触发 VT3 时,则 C_1 对 VT1 施加了反压,迫使其电流下降至零。此后 C_1 继续通过 $VD1' - VD1 - L_1 - VT3$ 谐振回路放电,使 VT1 继续承受反压而可靠关断(如不加 L_1 引起 LC 谐振,则单纯 C_1 放电过程很快,反压时间很短)。在 VT1、VT2 导通区间,同时延 $VT1 - VD1' - VD4' - VT2$ 回路给 C_2 充上电压,极性左正右负,为下面 VT2 与 VT4 之间的换流做好准备。

串联二极管式逆变器仿真模型如图 4-17 所示。$VD1 \sim VD6$ 为 6 个反馈二极管,将这 6 个二极管封装成子系统。

从仿真模型可知,它由主电路和控制电路组成,主电路参数设置:电源为 100V,电感 L_1 和 L_2 的取值为 10H。6 个晶闸管模块和二极管的参数为默认值。电容 $C_1 \sim C_6$ 取值均为 1e-6F。

控制电路由 6 个脉冲触发器组成,分别通向 VT1～VT6 晶闸管,每隔 60°依次给 VT1～VT6 发触发脉冲,是依靠相邻相的跨接电容来换流,所以每一晶闸管只导通 120°,或者说,任一瞬时只有两只晶闸管(共阳极组和共阴极组各一只)导通。这种逆变器又称为 120°导电型逆变器。参数设置:峰值为 1,周期 T 为 0.02s,脉冲宽度为 33.3,之所以把脉冲宽度定为 33.3,是因为每个晶闸管导通 120°,占每个周期 360°的 1/3,又因为每只晶闸管每隔 60°导通,按照 $t = T\alpha/360$ 进行转换,相位延迟时间分别为 0s、0.003 33s、0.006 667s、0.01、0.013 33s、0.016 667s。6 个二极管分立元件封装成一个子系统,参数为默认值,如图 4-18 所示。

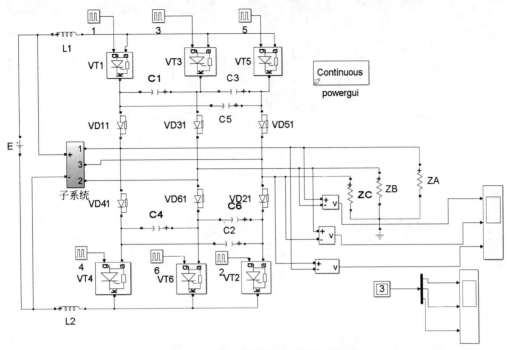

图 4-17 串联二极管式逆变器仿真模型

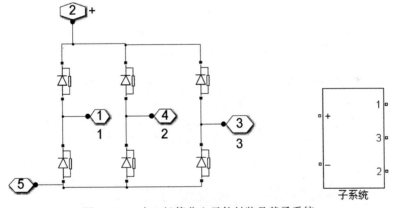

图 4-18 6 个二极管分立元件封装及其子系统

最大步长为 1e−4，相对步长为 1e−3，仿真算法采用 ode23tb，仿真时间为 10s。纯电阻负载，当电阻 $R=10\Omega$ 时仿真结果如图 4-19 所示。

从仿真结果可以看出，对于纯电阻负载，在 VT1、VT2 导通区间，在其前一区间（即 VT6、VT1 导通区间）C_1 上已充有电压，其极性为左正右负，当触发 VT3 时，则 C_1 对 VT1 施加了反压，迫使其电流下降至零。此后 C_1 继续通过 VD11—VD1—L_1—VT3 谐振回路放电，使 VT1 继续承受反压而可靠关断（如不加 L_1 引起 LC 谐振，则单纯 C_1 放电过程很快，反压时间很短）。在 VT1、VT2 导通区间，同时延 VT1—VD11—VD41—VT2 回路给 C_2 充上电压，极性为左正右负，为下面 VT2 与 VT4 之间的换流做好准备。

由于任一瞬间只有两只晶闸管导通，因此在输出交流电压一个周期的各 1/6 周期内导通的是相邻的两只晶闸管。三相对称电阻负载时第 1 个 1/6 周期（即 0°～60°区间）内，以 N 点为

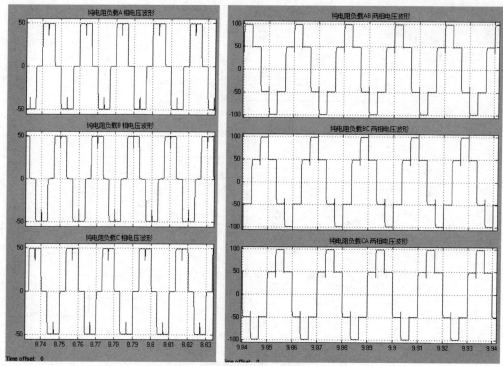

图 4-19　串联二极管式逆变器仿真结果(1)

参考电位,不难看出,这里 $U_{AN}=E/2=50V$, $U_{BN}=0$, $U_{CN}=-E/2=-50V$。随后各 1/6 周期内均可以看出 U_{AN}、U_{BN}、U_{CN} 电压的数值,而线电压的幅值为 $U_{AB}=E=100V$,相位相差 120°。

阻感性负载,当电阻 $R=10\Omega$, $L=200H$ 时,仿真结果如图 4-20 所示。

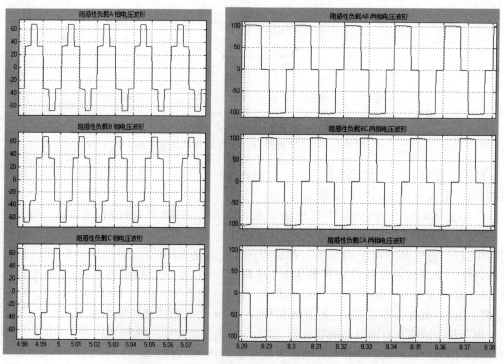

图 4-20　串联二极管式逆变器仿真结果(2)

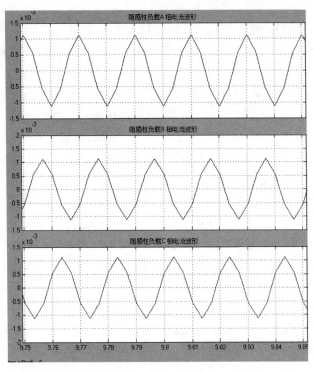

图 4-20　（续）

从仿真结果可以看出，对于大电感的电感性负载时，在第 1 个 1/6 周期的 0°～60°区间，除 VT1、VT2 导通外，这时因 VT6 关断后负载滞后电流经 VD3 仍在续流，使得 $U_{AN}=E/3=33.3\text{V}$，$U_{BN}=E/3=33.3\text{V}$，$U_{CN}=-2E/3=-66.7\text{V}$。线电压由相应相电压的电位差求得，即 $U_{AB}=U_{AN}-U_{BN}$，$U_{BC}=U_{BN}-U_{CN}$，$U_{CA}=U_{CN}-U_{AN}$。幅值均为 100V。流过感性负载的电流接近正弦波。由仿真可见，这种逆变器的输出电压波形随负载性质而变化，与负载功率有关。

4.2.4　具有辅助换流晶闸管逆变器仿真

前两种电路都是通过通断晶闸管之间的互相换流，换流能力与电容上的电压也即直流电源电压有关；换流时有环流存在，损耗较大。带辅助晶闸管电路则是专设晶闸管来进行换流。典型的单相桥式具有辅助换流晶闸管逆变器电路如图 4-21 所示（它也称 MC Murray 电路）。

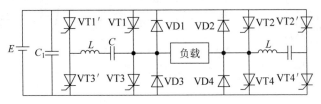

图 4-21　单相桥式具有辅助换流晶闸管逆变器电路

该逆变器的换流过程也可分为几个阶段，以 VT1 换流给 VT4 加以说明。

（1）在稳态导通阶段：VT1、VT2 触发导通，负载流过电流 I_0；电容 C 在其前以充好电,极性左负右正。

（2）在开始换流阶段：触发 VT1′导通，C 沿 VT1—VT1′—L 谐振回路放电，电容电流 i_C 逐渐增大，流过 VT1 的电流(I_0-i_C)逐渐减小，当 $i_C \geqslant I_0$ 时，VT1 关断（假定在换流期间，负载电流 I_0 不变）。

（3）在换流谐振阶段。C 继续放电，i_C 不断增大，所选取的参数 L 和 C 在谐振过程中使 i_C 的峰值 I_m 比 I_0 大，则流经反馈二极管 VD1 的电流 $i_{VD1}=i_C-I_0$，当 $i_C=I_m$ 时，电容上的电压 $U_C=0$，C 放电结束；继而 i_C 从最大值 I_m 下降，电感 L 中产生感应电压对 C 反向充电。在 i_{VD1} 流过时，VD1 上的管压降对 VT1 形成反压，只要此反应时间大于 VT1 的关断时间，则 VT1 被可靠地关断。

（4）谐振电流充电阶段。当 VT1 阻断后，如果负载电感较大，可认为以 $i_C=I_0$ 恒流对 C 充电。

（5）续流阶段。当 C 充电至 $U_C \geqslant E$ 时，$i_C<I_0$，VD4 导通，负载滞后电流经 VD3、VD4 回馈给电源 E；同时 i_C 继续减小，C 进一步充电，直至 L 能量完全放出，$i_C=0$；C 上 U_C 极性左正又负，为下次 VT4 换流给 VT1 做准备。

（6）换流结束阶段。续流过零后，如 VT4 已有触发脉冲，则负载电流立即反向，电流连续；如 VT4 触发脉冲尚未到，则负载电流出现断续。或者，当频率一定时，负载功率因数越低则电流的反向时间越延迟。这种情况下，为了不使 VT4 中断，通常要使用 120°的宽脉冲触发晶闸管。

典型的单相桥式具有辅助换流晶闸管逆变器仿真模型如图 4-22 所示。其中，VT1～VT4 是主晶闸管；VT11～VT41 是换流辅助晶闸管，它作为 LC 谐振电路充放电的开关和 LC 一起构成换流电路；VD1～VD4 是反馈二极管。

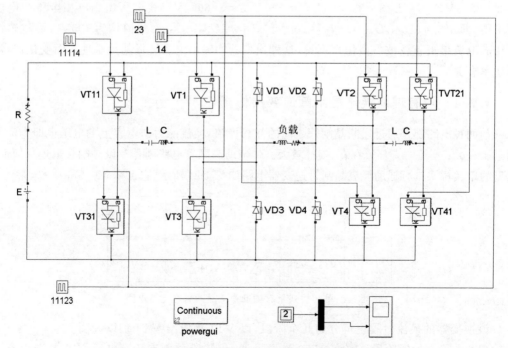

图 4-22　单相桥式具有辅助换流晶闸管逆变器仿真模型

从仿真模型可知,它是由主电路和控制电路组成,主电路参数设置为:电源为100V,电阻 R 为 0.000 001Ω,8 个晶闸管模块和二极管的参数为默认值。电容 C 取值为 1e−3F。不需要设置初始电容电压。电感 L 取值为 0.001H。不需要设置初始电感电流。阻感性参数电阻 $R=10Ω,L=10H$。不需要设置初始电感电流。

控制电路由 4 个脉冲触发器组成,分别通向 VT1～VT4 和 VT11～VT41 晶闸管,参数设置为:峰值为 1,周期 T 为 0.02s,每个晶闸管导通 120°,脉冲宽度为 33.3,14 触发脉冲相位延迟时间为 0,23 触发脉冲相位延迟时间为 0.01s,11114 触发脉冲相位延迟时间为 0.005 55s,11123 触发脉冲相位延迟时间为 0.015 55s,这样就保证了在 VT1 和 VT4 截止前触发 VT11 和 VT41,从而实现换流。

仿真算法采用 ode23tb,仿真时间为 10s,仿真结果如图 4-23 所示。

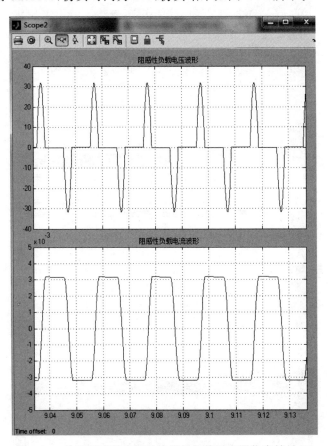

图 4-23 单相桥式具有辅助换流晶闸管逆变器仿真结果(1)

从仿真结果可以看出,阻感性负载两端电压是正负相间的三角波,而负载电流为正负相间的方波。

为了证明辅助晶闸管或 LC 串联电路的确起作用,现把辅助晶闸管的脉冲去掉,进行仿真,仿真结果如图 4-24 所示。

可以看出负载电压电流均为零。

现把 LC 谐振电路去掉,仿真结果如图 4-25 所示,可以看出负载电压电流均为零。

以上说明了具有辅助晶闸管的逆变器理论和仿真的正确性。

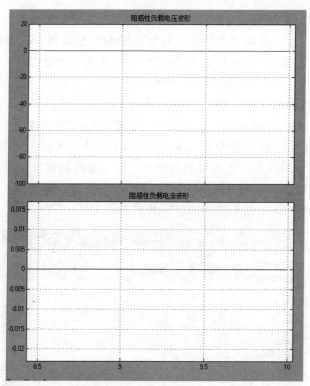

图 4-24 单相桥式具有辅助换流晶闸管逆变器仿真结果(2)

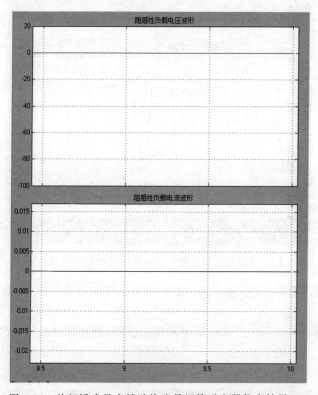

图 4-25 单相桥式具有辅助换流晶闸管逆变器仿真结果(3)

4.3　强迫换流电流型逆变器仿真

强迫换流电流型逆变器也有多种电路形式,本次仿真只讨论串联二极管式逆变器仿真。

目前在采用晶闸管作为功率器件的电流型逆变器中,串联二极管式应用最为广泛,其三相串联二极管式逆变电路如图 4-26 所示。

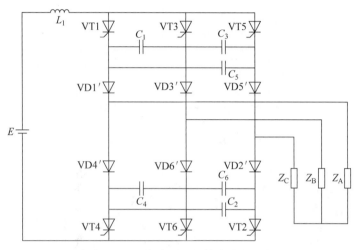

图 4-26　三相串联二极管式逆变电路

在强迫换流电流型三相逆变器中,晶闸管 VT1～VT6 依次相隔 60°触发导通,每一时刻有两只晶闸管同时导电,故每管的导电角度为 120°,也属 120°导电型逆变器。由于任何时刻输入电流 I_d 都保持不变,晶闸管仅仅是按规律控制各相电流,保持三相电流互差 120°的基本关系。

这种电路共阳极组和共阴极组各三个换流电容中,与一只导通晶闸管相连的两个换流电容被充电至一个稳定初始值 U_{co},而另一个接于两只不导通晶闸管之间的换流电容的电压为零,且共阳组与导电晶闸管相连一端换流电容的极性为＋,共阴组换流电容充电电压极性相反。换流就是利用积蓄在换流电容器上的能量,来关断原来导通的晶闸管。现用图 4-27 说明晶闸管 VT1 换流给 VT3 的过程。假定 C_{13} 是 C_3 与 C_5 串联后再与 C_1 并联的等效电容,若 C_1～C_6 的电容量均为 C,则 $C_{13}=3C/2$。设原来 VT1、VT2 导通,其电流途径如图 4-27(a)所示,这时负载 A 相和 C 相有电流流过,电容 C_{13} 上已被充电 U_{co},极性为左正右负。当触发 VT3 导通时,C_{13} 将使 VT1 承受反压而迅速关断,这时 A、C 相负载经 VT3—VD1′—VD2′—VT2 而供电,并沿此路径以恒流 I_d 对 C_{13} 反向充电,电容上电压逐渐衰减,如图 4-27(b)所示,直至 $U_{13}=0$,此后的换流过程与负载性质有关。

对于电感性负载 C_{13} 恒流充电到 VD3′正偏导通为止;VD3′导通后,进入二极管换流阶段,该阶段电流途径如图 4-27(c)所示,电容 C_{13} 与 A、B 相电感 2L 发生谐振,促使 $i_{VD3'}=i_B$ 逐渐上升;流过 VD1′的电流 $i_{VD1'}=i_A=I_d-i_B$ 逐渐下降,即 C_{13} 的充电电流逐渐下降,当 $i_B=I_d$ 时,$i_{VD1'}$ 下降为零,VD1′截止,C_{13} 端电压上升为 U_{co},极性左负右正,为关断 VT3 做准备,二极管换流阶段结束,如图 4-27(d)所示。负载电流是由二极管完成换流的。

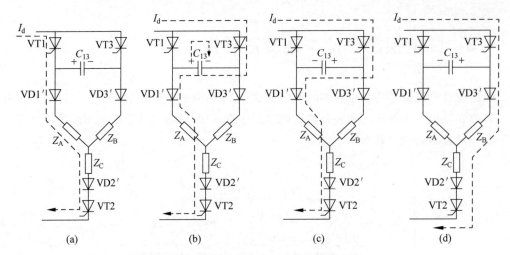

图 4-27   串联二极管式逆变器的换流过程

三相串联二极管式逆变电路仿真模型如图 4-28 所示。

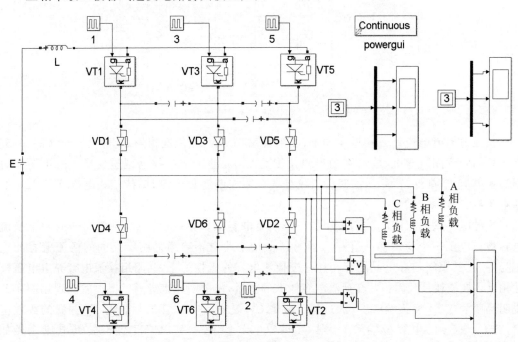

图 4-28   三相串联二极管式逆变电路仿真模型

从仿真模型可知,它是由主电路和控制电路组成,主电路参数设置:电源为 100V,电感 L 为 10H,4 个晶闸管模块和二极管的参数为默认值。电容 C_1 到电容 C_6 取值为 1e−6F。阻感性参数电阻 $R=10\Omega, L=200\text{H}$。

控制电路由 6 个脉冲触发器组成,分别通向 VT1~VT6 的晶闸管,参数设置:峰值为 1,周期 T 为 0.02s,每个晶闸管导通 120°,脉冲宽度为 33.3,触发脉冲相位延迟时间分别为 0s、0.003 33s、0.006 667s、0.01s、0.013 33s 和 0.016 667s。注意触发脉冲必须和相应的晶闸管对应。

测量的物理量是阻感性负载相电压,流过负载的电流和线电压。

仿真算法采用 ode23tb,Solver reset method 改为 Robust,仿真时间为 10s,仿真结果如图 4-29 所示。

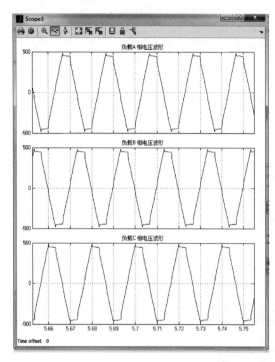
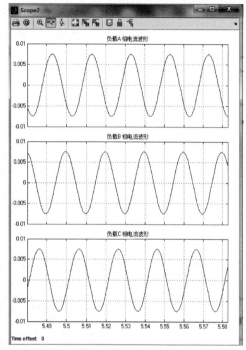

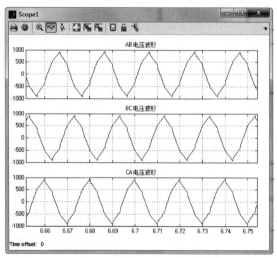

图 4-29　三相串联二极管式逆变电路仿真结果

对于电动势负载的仿真,若负载为电动机,会产生反电动势,仿真模型如图 4-30 所示。

从仿真模型可知,它和图 4-28 相比较,只不过把阻感性负载改为交流电动机,直流电源改为 780V,其他参数保持不变。交流电动机参数设置如图 4-31 所示。

仿真算法采用 ode23tb,仿真时间为 10s,仿真结果如图 4-32 所示。

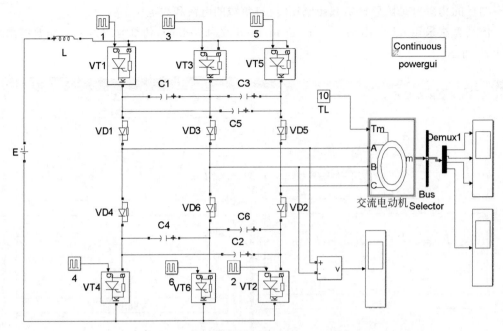

图 4-30　三相串联二极管式逆变电路仿真模型

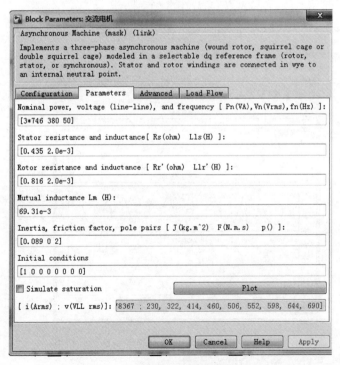

图 4-31　交流电动机参数设置

从仿真结果可以看出,由于负载中加入了三相反电动势,将对换流过程产生影响。例如,在共阳极组 VT1 导通转换为 VT3 导通时,要待 C_{13} 端电压充电到高于反电动势 e_{BA} 之后,VD1 与 VD3 才开始换流,即会使二极管换流阶段 t_2 的时刻延迟。

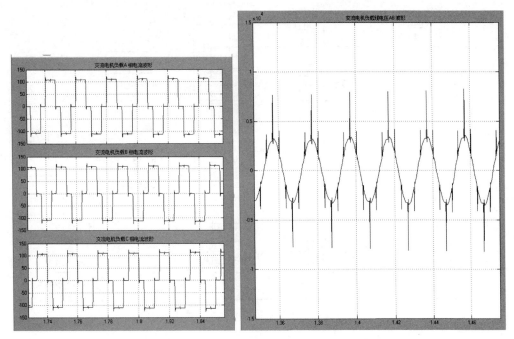

图 4-32　三相串联二极管式逆变电路仿真结果(2)

同时,由于电动势绕组存在漏抗,换流时换流电流因漏抗产生电压降,该电压降与电动机反电动势叠加,使电动机端电压波形产生尖峰,电压尖峰对电动机绝缘及隔离二极管均可形成过电压,对它们运行不利。

4.4　全控型电力电子电压型逆变器仿真

上面的逆变器的电力电子器件都是晶闸管。由于晶闸管是半控元器件,导通容易关断难,在一个晶闸管到另一个晶闸管换流时,必须加上换流电路,增加了电路的复杂性,而且产生的电压是方波或六拍阶梯波,含有较大的低次谐波,供电质量不好。随着电力电子元器件的发展,出现了许多全控型电力电子器件,如 IGBT、MOSFET、GTO 等。全控型电力电子器件由于逆变器,具有电路简单、供电质量优良等优点。下面介绍全控型电力电子逆变器的仿真。

4.4.1　单相全桥逆变器仿真

电压型全桥逆变电路共有 4 个桥臂,可以看成由两个半桥电路组合而成,把桥臂 1 和 4 作为一对,桥臂 2 和 3 作为另一对,成对的两个桥臂同时导通,两对交替各导通 180°。其输出电压波形是矩形波,仿真模型如图 4-33 所示。

从仿真模型可知,它由主电路和控制电路组成,主电路主要由 4 个 MOSFET 管(路径为 Simscape/SimpowerSystems/Specialized Technology/Specialized Technology/Power

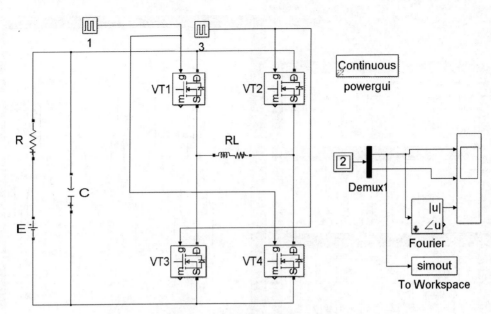

图 4-33　单相全桥逆变器仿真模型

Electronics/MOSFET)和续流二极管组成,参数设置:电源为 100V,电阻 $R=0.000\ 000\ 1\Omega$。4 个 MOSFET 模块和二极管的参数为默认值。并联电容 C 取值为 1e-5F,不设置电容初始电压。

　　这里需要指出的是,MOSFET 管也具有单向导电性,电流方向是从 D(漏极)到 S(源极),反向电流不能导通。在应用 MOSFET 管时要注意电流方向。

　　控制电路由两个脉冲触发器组成,分别通向 VT1、VT4 和 VT2、VT3 等 4 个 MOSFET 管,每两个 MOSFET 导通 180°,参数设置:峰值为 1,周期 T 为 0.02s,脉冲宽度为 50,之所以把脉冲宽度定为 50,是因为每个晶闸管导通 180°,占每个周期 360°的 1/2,相位延迟时间分别为 0s、0.01s。

　　阻感性参数设置为 $R=10\Omega$,$L=10H$,不设置电感初始电流。

　　测量的物理量有负载两端电压、负载电流和负载电压基波幅值。

　　仿真算法采用 ode23tb,Solver reset method 改为 Robust,仿真时间为 5s,仿真结果如图 4-34 所示。

　　从仿真结果可以看出,阻感性负载两端电压是矩形波,当 VT1、VT4 导通时,负载两端电压是左正右负,当 VT1、VT4 截止时,由于阻感性负载电流不能突变,负载电流从 VD2、VD3 续流并且开始下降,而 VT2、VT3 不能导通,电压负极性加在负载两端,使得负载电压出现下降,当负载电流下降至零后,VT2、VT3 导通,负载电压左负右正,负载电流反方向上升,然后重复整个过程。负载电流近似三角波。

　　下面对单相桥式逆变电路的输出电压进行定量分析,把负载电压 U_0 展开傅里叶级数得

$$U_0 = \frac{4U_d}{\pi}\left(\sin\omega t + \frac{1}{3}\sin3\omega t + \frac{1}{5}\sin5\omega t + \frac{1}{7}\sin7\omega t + \cdots\right) \tag{4-5}$$

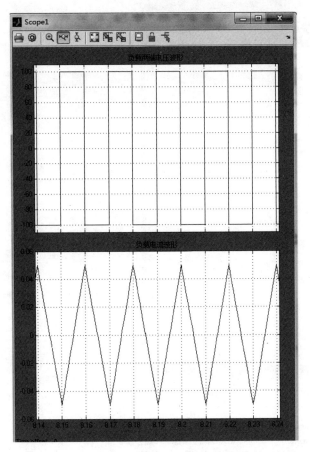

图 4-34　单相全桥逆变器仿真结果(1)

其中,基波电压幅值为 $U_{01m} = \dfrac{4U_d}{\pi} = 1.27U_d = 127\text{V}$。

傅里叶级数模块 Fourier(路径为 Simscape/SimpowerSystems/Specialized Technology/Control and Measurements Library/Measurements/Fourier)的参数设置为,Fundamental frequency 为 50Hz,Harmonci n 为 1,表明只测量基波分量。仿真结果如图 4-35 所示,可以看出数值接近 127V。

现在介绍用 powergui 模块测量基波及谐波幅值方法。

对需要测量波形的端口连接 To Workspace 模块(路径为 Simulink/Sinks/To Workspace),存储格式(Save format)选择为 Structure With Time。仿真运行结束后,单击 powergui 模块,弹出如图 4-36 所示的对话框。

单击 FFT Analysis 选项,弹出如图 4-37 所示的窗口。

上半窗口是显示波形,下半窗口是显示基波及谐波幅值。先操作上半窗口,单击工具栏的“放大”按钮,光标变成放大形状,然后右击,弹出的快捷菜单有 3 个选项:分别是“缩小”“重置为原始视图”和“缩放选项”。“缩放选项”有 3 个选项:“自由缩放”“水平缩放”和“垂直缩放”,现不断单击“水平缩放”,就可以看出需要测量信号波形的幅值以及周期等,波形如图 4-38 所示。

图 4-35 单相全桥逆变器仿真结果(2)

图 4-36 powergui 对话框

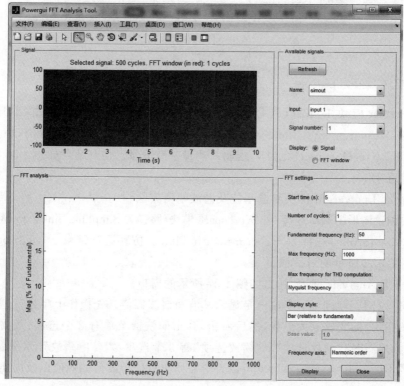

图 4-37 Powergui 窗口

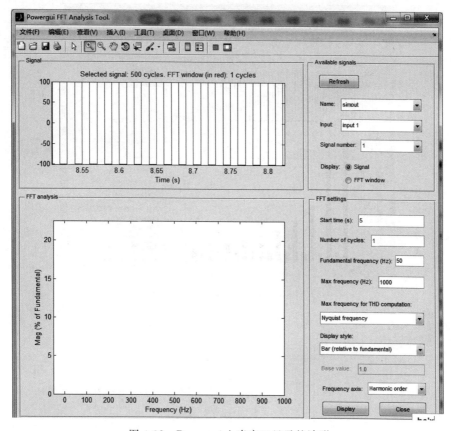

图 4-38　Powergui 上半窗口显示的波形

下半窗口是傅里叶分析，Start time 设置为 5s，Number of cycles 设置为 1。Fundamental frequency 设置为 50，Max frequency 设置为 1000，Max frequency for THD 选择 Nyquist frequency，Display style 选择 Bar（relative to fundamental），Frequency 选择 Harmonic order，单击 Display 按钮，得到如图 4-39 所示的波形。

可以看出基波幅值为 127.3V，而且多次谐波的幅值也可以观测到。

对于负载两端电压为正负都是 180°的脉冲，要改变输出交流电压的有效值只能通过改变直流电压 U_d 来实现。

对于阻感性负载，还可以采用移相的方式调节逆变电路的输出电压，这种方式称为移相调压。移相调压实际上就是调节输出电压脉冲的宽度，即上下两桥臂仍为互补，但 VT3 的触发信号不是比 VT1 落后 180°，而是只落后一个角度 θ。也就是说，VT3、VT4 触发脉冲不是分别和 VT2、VT1 触发信号同相位，而是前移 180°－θ。这样，输出电压就不再是正负各为 180°的脉冲，而是正负各为 θ 的脉冲。下面就这个理论进行仿真，仿真模型如图 4-40 所示。

仿真模型和图 4-33 相比较，只不过控制电路有区别，其他都是相同的。控制电路由 4 个脉冲触发器组成，分别通向 VT1、VT2、VT3、VT4 等 4 个 MOSFET 管。参数设置：峰值为 1，周期 T 为 0.02s，脉冲宽度为 50，相位延迟时间分别 0s、0.003 33s、0.01s 和 0.013 33s。这样就保证了 VT1 和 VT2 触发脉冲互补，而 VT3、VT4 分别延迟 VT1、VT2 的角度为 60°且互补。

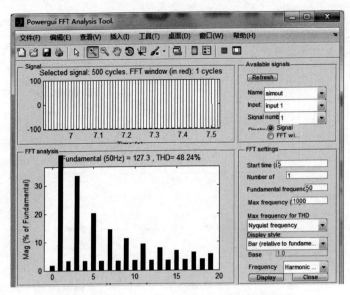

图 4-39　Powergui 下半窗口显示各次谐波幅值

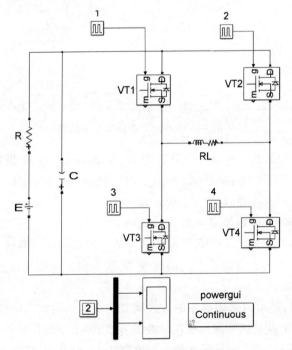

图 4-40　单相全桥逆变器仿真模型

　　仿真算法采用 ode23tb,Solver reset method 改为 Robust,仿真时间为 5s,仿真结果如图 4-41 所示。

　　从仿真结果可以看出,当某一时刻 VT1、VT4 导通时,输出的电压为 U_d。当 VT4 触发脉冲结束而截止时,VT1 仍然导通,阻感性负载电流不能反向,通过 VD3 续流,这样就是 VT1、VD3 同时导通,负载两端电压为零。到 VT1 截止时,VT2 不能导通,这是因为负载电流通过 VD2、VD3 续流,负载两端电压为 $-U_d$,到负载电流过零并开始反向时,VD2、VD3

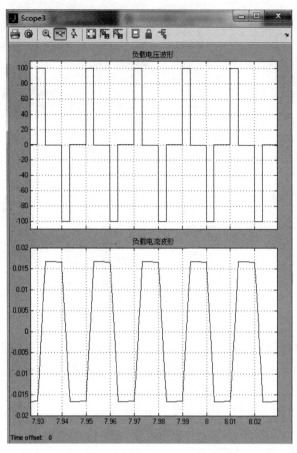

图 4-41　单相全桥逆变器仿真结果

截止,VT2、VT3 开始导通,负载两端电压仍为 $-U_{\mathrm{d}}$,然后又重复这个过程。这样,输出电压的正负宽度就发生变化,从而调节输出电压。

4.4.2　三相电压型逆变器仿真

用 3 个单相逆变电路可以组合成一个三相逆变电路。但在三相逆变电路中,应用最广的还是三相桥式逆变电路,采用 MOSFET 作为开关器件的电压型三相桥式逆变电路的仿真模型如图 4-42 所示。

从仿真模型可知,它由主电路和控制电路组成,主电路参数设置:电源为 100V,电阻 $R=0.000\ 000\ 1\Omega$。6 个 MOSFET 模块和二极管的参数为默认值,并联电容 C_1、C_2,取值为 1e-5F。设置电容初始电压 10V。

控制电路由 6 个脉冲触发器组成,分别通向 MOSFET1~MOSFET6 的 MOSFET 管,每隔 60°依次给 MOSFET1~MOSFET6 发触发脉冲,所以每一只 MOSFET 导通 180°,或者说,任一瞬时只有 3 只 MOSFET 管导通。这种逆变器又称为 180°导电型逆变器。参数设置:峰值为 1,周期 T 为 0.02s,脉冲宽度为 50,之所以把脉冲宽度定为 50,是因为每个 MOSFET 管导通 180°,占每个周期 360°的 1/2,又因为每只 MOSFET 每隔 60°导通,按照 $t=T\alpha/360°$进行转换,相位延迟时间分别为 0s、0.003 33s、0.006 667s、0.01s、0.013 33s 和 0.016 667s。

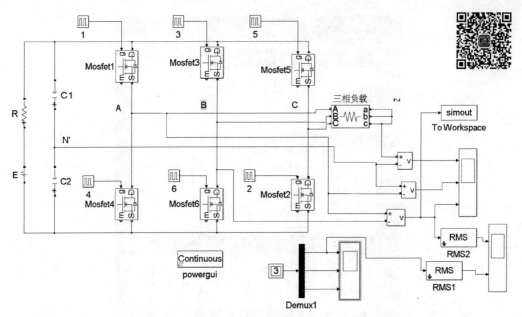

图 4-42   电压型三相桥式逆变电路的仿真模型

负载取三相 *RLC* 串联模块 Three-phase Series RLC Branch,其路径为 Simscape/SimpowerSystems/Specialized Technology/Control and Measurements Library/Elements/Three-phase Series RLC Branch。测量的物理量有 $U_{AN'}$、$U_{NN'}$、U_{AB}、U_{AB} 有效值、基波幅值和负载两端电压、有效值、基波幅值以及负载电流波形。

仿真算法采用 ode23tb,Solver reset method 改为 Robust,仿真时间为 5s。取纯电阻负载,阻值为 10Ω,仿真结果如图 4-43 所示。

在如图 4-42 所示的仿真模型中,直流侧通常只有一个电容器就可以了,但为了分析方便,用两个电容器串联并标出了假想中点 N',和单相板桥、全桥逆变电路相同。电压型三相桥式逆变电路的基本工作方式也是 180° 导电方式,即每个桥臂的导通角度为 180°,同一相上下两个臂交替导通,各相开始导电的角度依次相差 120°。这样,在任一瞬间,将有 3 个桥臂同时导通,可能是上面一个臂和下面两个臂,也可能是上面两个臂和下面一个臂,因为每次换流都是在同一相上下两个桥臂之间进行的,因此也被称为纵向换流。MOSFET 管导通的顺序是 123、234、345、456、561、612、123(或相反)方式。

从仿真结果可以看出,当桥臂 1 导通时,$U_{AN'} = \dfrac{U_d}{2} = 50V$,当桥臂 4 导通时,$U_{AN'} = -\dfrac{U_d}{2} = -50V$。因此 $U_{AN'}$ 的波形是幅值为 $\dfrac{U_d}{2}$ 的矩形波。B、C 两相的情况和 A 相相似,只不过相位依次相差 120°。

负载的线电压可以由下式求出

$$\begin{cases} u_{AB} = u_{AN'} - u_{BN'} \\ u_{BC} = u_{BN'} - u_{CN'} \\ u_{CA} = u_{CN'} - u_{AN'} \end{cases} \tag{4-6}$$

从仿真结果可以看出,负载线电压为 $100V$。

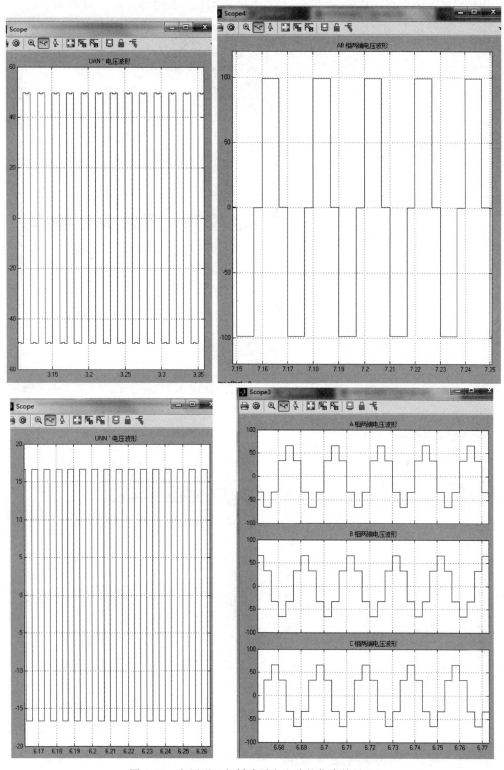

图 4-43 电压型三相桥式逆变电路的仿真结果(1)

现把负载改为阻感性负载,电阻为 10Ω,电感为 $1H$,仿真结果如图 4-44 所示。

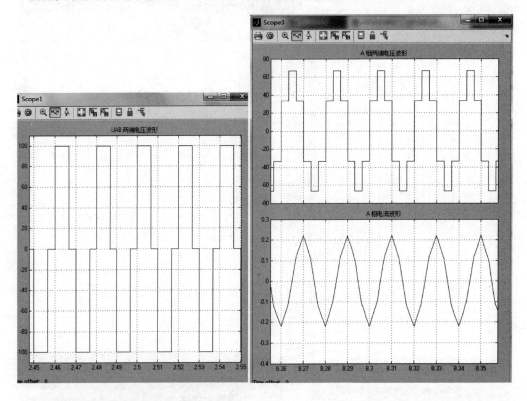

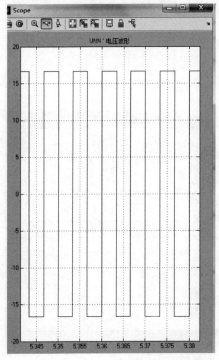

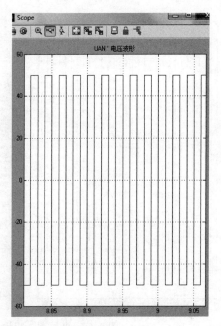

图 4-44　电压型三相桥式逆变电路的仿真结果(2)

从仿真结果可以看出,对于阻感性负载,当桥臂 1 截止时,桥臂 4 应该导通,但由于阻感性负载电流不能突变,A 相负载电流从二极管 4 续流,使得桥臂 4 被嵌住而不能导通,电压极性为负加在负载两端上,负载电压出现下降。待负载电流下降到为零,桥臂 4 中电流反向时,桥臂 4 才开始导通,负载阻抗角越大,二极管续流时间就越长。从负载电流可以看出,在负载电流上升阶段,负载电流小于零时为二极管续流,负载电流大于零时为 MOSFET1 管导通;在负载电流下降阶段,当负载电流大于零时为二极管续流,当负载电流小于零时为 MOSFET4 导通。

下面对三相桥式逆变电路的输出电压进行定量分析,把输出线电压 U_{AB} 展开傅里叶级数得

$$
\begin{aligned}
U_{AB} &= \frac{2\sqrt{3}U_d}{\pi}\left(\sin\omega t - \frac{1}{5}\sin5\omega t - \frac{1}{7}\sin7\omega t + \frac{1}{11}\sin11\omega t + \cdots\right) \\
&= \frac{2\sqrt{3}U_d}{\pi}\left[\sin\omega t + \sum_n \frac{(-1)^k}{n}\sin n\omega t\right]
\end{aligned}
\tag{4-7}
$$

式中,$n = 6k \pm 1$,k 为自然数。

输出线电压有效值为

$$
U_{AB} = \sqrt{\frac{1}{2\pi}\int_0^{2\pi} U_{AB}^2 \, d\omega t} = 0.816U_d = 81.6\text{V}
$$

其中基波的幅值为

$$
U_{AB1m} = \frac{2\sqrt{3}U_d}{\pi} = 1.1U_d = 110\text{V}
$$

有效值测量模块 Discrete RMS value 的参数设置:Fundamental frequency 为 50Hz,Initial magnitude of input 为 0,仿真结果如图 4-45 所示。

从仿真结果可以看出,输出线电压有效值为 81.65V,和理论分析结果一致。

从式(4-7)中可以看出,线电压 U_{AB} 傅里叶级数展开后不存在 3 次谐波及 3 次倍数的谐波,仿真结果如图 4-46 所示。

从仿真结果可以看出,基波幅值为 109,3 次及 3 次倍数的谐波电压基本上为零。5 次谐波的幅值为 22V,是基波幅值的 1/5。

下面再对负载相电压 U_{AN} 进行分析,把 U_{AN} 展开成傅里叶级数得

$$
\begin{aligned}
U_{AN} &= \frac{2U_d}{\pi}\left(\sin\omega t + \frac{1}{5}\sin5\omega t + \frac{1}{7}\sin7\omega t + \frac{1}{11}\sin11\omega t + \cdots\right) \\
&= \frac{2U_d}{\pi}\left(\sin\omega t + \sum_n \frac{1}{n}\sin n\omega t\right)
\end{aligned}
\tag{4-8}
$$

式中,$n = 6k \pm 1$,k 为自然数。

负载相电压有效值为

$$
U_{AN} = \sqrt{\frac{1}{2\pi}\int_0^{2\pi} U_{AN}^2 \, d\omega t} = 0.471U_d = 47.1\text{V}
$$

其中基波的幅值为

$$
U_{AN1m} = \frac{2U_d}{\pi} = 0.637U_d = 63.7\text{V}
$$

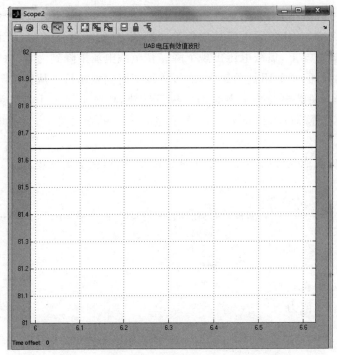

图 4-45　电压型三相桥式逆变电路的仿真结果(3)

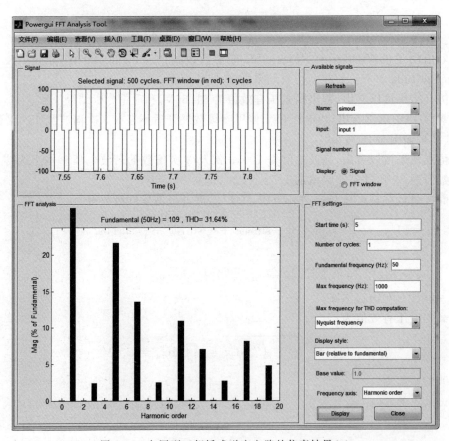

图 4-46　电压型三相桥式逆变电路的仿真结果(4)

仿真结果如图 4-47 所示。

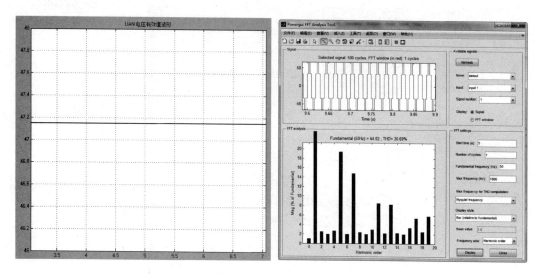

图 4-47　电压型三相桥式逆变电路的仿真结果(5)

从仿真结果可以看出，输出相电压有效值为 47V，基波幅值为 64.02V，和理论分析结果一致。

在上述导通方式逆变器中，为了防止同一相上下两桥臂的开关器件同时导通而引起直流侧电源短路，要采取"先断后通"的方法，即先给应关断的器件关断信号，待其关断后留一定的时间裕量，然后再给应导通的器件发出开通信号，即在两者之间留一个短暂的死区时间，死区时间的长短要视器件的开关速度而定，器件的开关速度越快，所留的死区时间就越短。这一"先断后通"的方法对于工作在上下桥臂通断互补方式下的其他电路也适用，但在 MATLAB 仿真中，可以不考虑这个问题，因为仿真毕竟是模拟的，这也是仿真和实际区别的地方。

4.5　多重逆变电路仿真

所谓多重化就是用几个逆变器，使它们输出相同频率的矩形波在相位上移开一定的角度进行叠加，以减小谐波，从而获得接近正弦的阶梯波形。电压型逆变器和电流型逆变器都可以实现多重化。

4.5.1　二重单相电压型逆变电路仿真

二重单相电压型逆变电路由两个单相全桥逆变电路组成，二者输出通过变压器串联起来，两个单相逆变电路的输出都是矩形波，其中包含所有的奇次谐波。把两个单相逆变器导通的相位错开 $\varphi = 60°$，则对于两个单项逆变器输出电压中的 3 次谐波来说，它们就错开了 $3 \times 60° = 180°$，通过变压器串联合成后，两者中所含 3 次谐波相互抵消，所得到的总输出电压中就不含 3 次谐波。二重单相电压型逆变器仿真模型如图 4-48 所示。

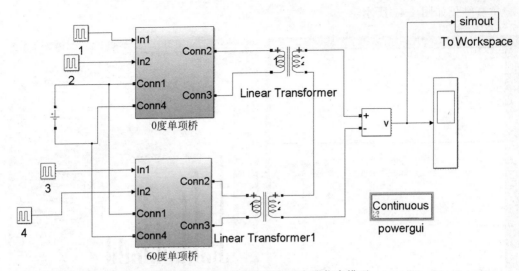

图 4-48 二重单相电压型逆变器仿真模型

从仿真模型可知,它由主电路和控制电路组成,主电路是两个单相桥,单相桥是电压型逆变器封装而成,如图 4-49 所示。参数设置:4 个 MOSFET 模块和二极管的参数为默认值,电源为 100V。

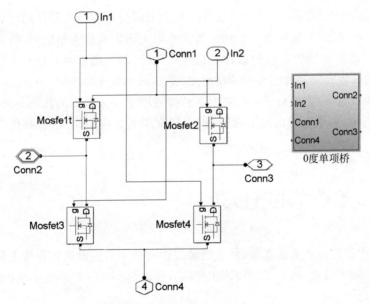

图 4-49 单相桥及其子系统

变压器模块的路径为 Simscape/SimpowerSystems/Specialized Technology/Control and Measurements Library/Elements/Linear Transformer,把频率改为 50Hz,并且把 Three windings transformer 前面的复选框中的"√"去掉,成为两绕组的变压器,其他参数为默认值。

控制电路由两对两个脉冲触发器组成,分别通向 VT1 到 VT4 的 MOSFET 管,每隔 180°依次给 VT1、VT4 和 VT2、VT3 发触发脉冲,参数设置:峰值为 1,周期 T 为 0.02s,脉冲宽度为 50,相位延迟时间分别为 0s、0.01s。

另一对 4 个触发脉冲参数设定：峰值为 1，周期 T 为 0.02s，脉冲宽度为 50,相位延迟时间分别为 0.003 33s、0.013 33s。之所以把每个触发脉冲相位相加 0.003 33，是因为这个单相桥和 0°单相桥相位相差 60°，转换成相位就是相差 0.003 33。注意触发脉冲和单相桥的连接顺序。

仿真算法采用 ode23tb，仿真时间为 10s，仿真结果如图 4-50 所示。

从仿真结果可以看出，电压波形是导通的矩形波，和三相桥式逆变电路导通方式下的线电压输出波形相同。

现在测量电压的各次谐波的幅值，仿真结果如图 4-51 所示。

可以看出，线电压只含 $6k\pm1(k=1,2,3\cdots)$ 次谐波，而 $3k\,(k=1,2,3\cdots)$ 次谐波都被抵消了。

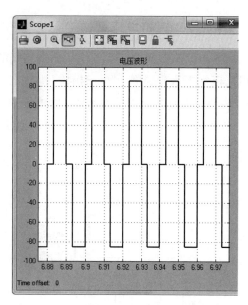

图 4-50 二重单相电压型逆变器仿真结果(1)

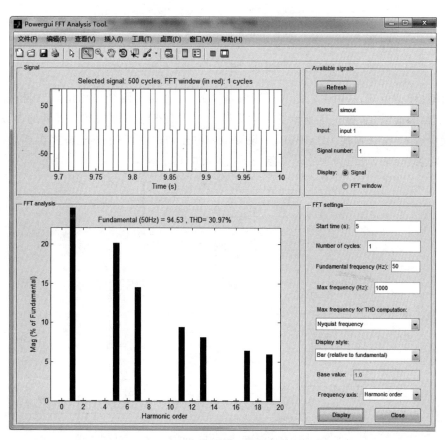

图 4-51 二重单相电压型逆变器仿真结果(2)

4.5.2 三相电压型逆变器多重化仿真

三相电压型逆变器多重化是完全相同的两个电压型,但它们每相输出电压频率相同而相位相差30°,分别称为"0°三相桥"和"30°三相桥"。两个输出变压器的一次侧绕组相同,而30°桥的二次侧每相有两个绕组,且匝数为0°桥二次侧的$1/\sqrt{3}$,将两变压器二次侧串联起来,则可以获得多重化波形。三相电压型逆变器多重化仿真模型如图4-52所示。

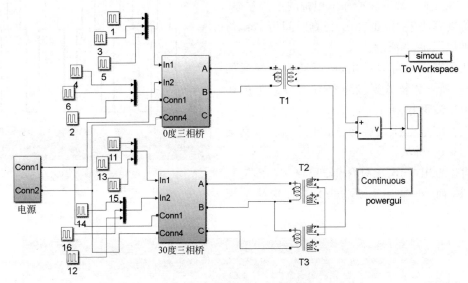

图4-52 三相电压型逆变器多重化仿真模型

从仿真模型可知,它由主电路和控制电路组成,主电路是两个三相桥,三相桥是由电压型逆变器封装而成,如图4-53所示。参数设置:6个MOSFET模块和二极管的参数为默认值,并联电容C_1、C_2,取值为1e−5F,不设置电容电压初始值,两个三相桥完全相同,电源由两个模块封装而成,电压为100V,电阻$R=0.000\ 001\Omega$。

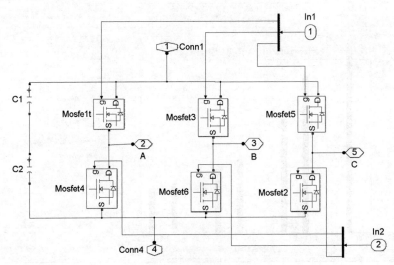

图4-53 电压型逆变器仿真模型

控制电路由两对 6 个脉冲触发器组成,分别通向 MOSFET1～MOSFET6 的 MOSFET 管,每隔 60°依次给 MOSFET1～MOSFET6 发触发脉冲,参数设置:峰值为 1,周期 T 为 0.02s,脉冲宽度为 50,相位延迟时间分别为 0s、0.003 33s、0.006 667s、0.01s、0.013 33s 和 0.016 667s。

另一对 6 个触发脉冲参数设定:峰值为 1,周期 T 为 0.02s,脉冲宽度为 50,相位延迟时间分别为 0.001 666 7s、0.003 33s+0.001 666 7s、0.006 667s+0.001 666 7s、0.01s+0.001 666 7s、0.013 33s+0.001 666 7s 和 0.016 667s+0.001 666 7s。之所以把每个触发脉冲相位相加 0.001 666 7s,是因为这个三相桥和 0°三相桥相位相差 30°,转换成相位,就是相差 0.001 666 7s。尤其注意触发脉冲和三相桥的连接顺序。

变压器模块(Linear transformer)有几个重要参数,一个是频率,另一个就是一次侧和二次侧电压,变压器模块没有一次侧和二次侧匝数关系的设置,而是通过一次侧和二次侧电压的比值来确定匝数的比值关系。由于 0°三相桥的负载是单相变压器(T1),把频率改为 50 即可,其他为默认值。对于 30°三相桥,由于二次侧有两个绕组,匝数为 0°桥二次侧匝数的 $1/\sqrt{3}$,故把 30°三相桥变压器(T3、T2)参数二次侧设定为 181e3 V,两个变压器 T1 和 T2 (T3)参数设置如图 4-54 所示。

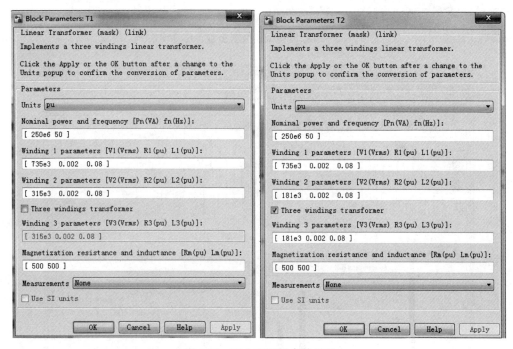

图 4-54 两个变压器参数设置

仿真算法采用 ode23tb,仿真时间为 5s,仿真结果如图 4-55 所示。

从仿真波形可以看出,采用多重化技术后,负载得到的不是简单的方波,而是尽可能接近正弦波的阶梯波。现在测量谐波,仿真结果如图 4-56 所示。

通过仿真,可以看出该输出的相电压波形不含 11 次以下的谐波,而 11 次谐波的仿真结果如图 4-56 所示。

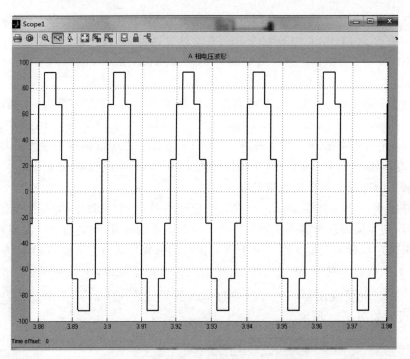

图 4-55　三相电压型逆变器多重化仿真结果

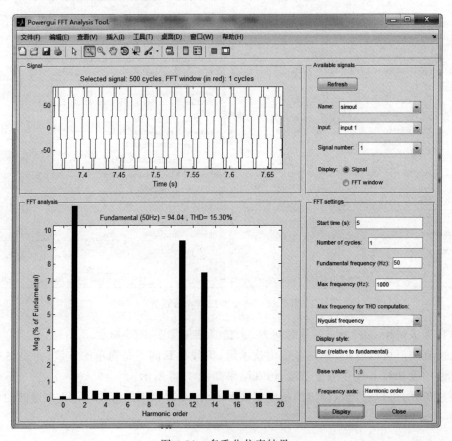

图 4-56　多重化仿真结果

4.6　正弦波脉宽逆变器仿真

脉宽调制变频的设计思想源于通信系统中载波调制技术。用这种技术构成的 PWM (Pulse Width Modulation)变频器基本上解决了常规阶梯波变频器中存在的问题,如逆变器的输出波形不可能近似按正弦波变化,从而会有较大的低次谐波使得电动机转矩脉动分量大等缺点,为近代交流调速开辟了新的发展领域。其主要特点是主电路只有一个可控的功率环节,开关元件少,控制简单;整流侧使用了不可控整流器,电网功率因数高;变压和变频在同一环节实现,动态响应快;通过对 PWM 控制方式的控制,能有效地抑制或消除低次谐波,实现接近正弦波的输出交流电压波形。目前 SPWM(正弦波脉宽调制)已成为现代变频器产品的主导设计思想。

以正弦波作为逆变器输出的期望波形,以频率比期望波高得多的等腰三角形作为载波,并用频率和期望波相同的正弦波作为调制波,调制波和载波的交点决定了开关器件的通断时刻,从而获得在正弦波调制的半个周期内呈两边窄中间宽的一系列等幅不等宽的矩形波(见图 4-57),按照波形面积相等的原则,每一个矩形波的面积与相应位置的正弦波面积相等,因而这个序列的矩形波与期望的正弦波等效,这种调制方法称为正弦波脉宽调制,这种序列的矩形波称为 SPWM 波。

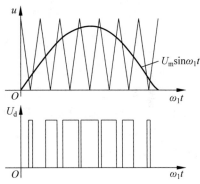

图 4-57　PWM 逆变器输出的电压波形

SPWM 控制技术有单极性控制和双极性控制两种,如果在正弦波调制波半个周期内,三角载波只在正或负的一个极性范围内变化,所得到的 SPWM 波也只处于一个极性范围,叫作单极性控制方式。如果在正弦波调制波半个周期内,三角波在正负极性之间连续变化,则 SPWM 波也在正负之间变化,叫作双极性控制方式。

SPWM 逆变器输出的交流基波电压的大小和频率均可由参考电压来控制,以 A 相为例,只要改变 u_{ra} 的幅值,脉冲宽度就随之改变,从而改变了输出电压的大小,而只要改变 u_{ra} 的频率,输出的交流电压的频率也随之改变,但正弦波的最大幅值应小于三角波的幅值,否则输出电压的大小和频率就会失去所要求的配合关系,在三相脉冲宽度调制时,载波是共用的,但调制波必须是三相对称且变频变幅的正弦波。

SPWM 波形的控制需要根据三角波与正弦波比较后的交点来确定逆变器功率器件的开关时刻,这个任务可以通过设计模拟电路、数字电路或专用的大规模集成电路等硬件电路来完成,也可以用微机通过软件生成波形。在计算机控制的变频器中,信号一般由软件加硬件电路生成。如何计算开关点是信号生成的一个难点,生成信号有多种方法,但目标只有一个,尽量减小逆变器的输出谐波分量和计算机的工作量,使计算机能更好地完成实时控制任务。关于开关点的算法主要是采样法,采样法又分为两种:一是自然采样法,其运算比较复杂;二是规则采样法。

三相正弦波脉宽调制 SPWM 仿真模型如图 4-58 所示。

下面介绍各部分环节模型的建立与参数设置。

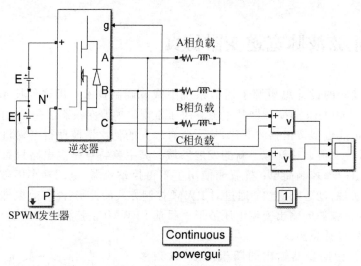

图 4-58　三相正弦波脉宽调制 SPWM 仿真模型

1. 主电路模型的建立和参数设置

主电路是由逆变器模块 Universal Bridge（路径为 Simscape/SimpowerSystems/Specialized Technology/Power Electronics Measurements/Universal Bridge）、电源和负载等组成。逆变器模块参数设置如图 4-59 所示。每个直流电源模块参数设置为 50V,阻感性负载电阻 10Ω,电感为 1H。

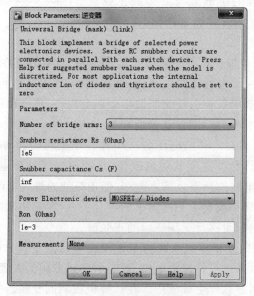

图 4-59　逆变器参数设置图

2. 控制电路建模与参数设置

在 MATLAB 库中,有现成的 SPWM 模块,其模块名为 PWM Generator(2-Level)。模块路径为 Simscape/SimpowerSystems/Specialized Technology/Control and Measurements Library/Pulse & Signal Generators/PWM Generator(2-Level),设置参数如图 4-60 所示。从参数对话框中可以看出载波频率可调。

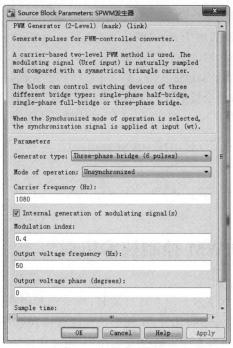

图 4-60　SPWM 发生器参数设置

3. 系统仿真参数设置

仿真选择算法为 ode23tb,相对步长为 1e－3,仿真开始时间为 0,结束时间为 5.0s。

4. 仿真结果

仿真结果如图 4-61 所示。

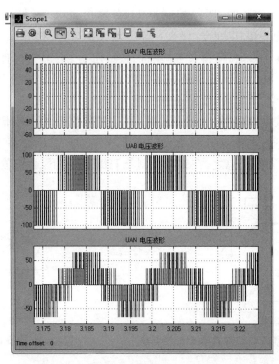

图 4-61　三相正弦波脉宽调制 SPWM 仿真结果

当 A 相调制波幅值大于载波幅值时,上臂桥 MOSFET1 导通,下臂桥 MOSFET4 关断,则 A 相相对于直流电源假想中点 N' 的输出电压 $u_{AN'} = U_d/2$,当 A 相调制波幅值小于载波幅值时,MOSFET4 导通,MOSFET1 关断,则 $u_{AN'} = -U_d/2$,MOSFET1 和 MOSFET4 的驱动信号始终互补,当给 MOSFET1(MOSFET4)加导通信号时,可能是 MOSFET1(MOSFET4)导通,也可能是二极管 VD1(VD4)续流导通,这要由阻感负载中的电流方向来决定,B 相及 C 相的控制方式和 A 相相同,从仿真结果可以看出,$u_{AN'}$ 的 PWM 波形只有两种电平 $\left(\pm \dfrac{U_d}{2} = \pm 50\mathrm{V} \right)$,而 u_{AB} 线电压 PWM 波由 $\pm U_d = \pm 100\mathrm{V}$ 和 0 三种电平构成,u_{AN} 负载相电压的 PWM 波由 $\pm \dfrac{2U_d}{3} = \pm 66.7\mathrm{V}$、$\pm \dfrac{U_d}{3} = \pm 33.3\mathrm{V}$ 和 0 共 5 种电平构成。

4.7　跟踪型 PWM 控制技术仿真

跟踪型 PWM 不是用载波对正弦波进行调制,而是把希望输出的电流或电压作为给定信号,与实际电流或电压信号进行比较,由此来决定逆变电路功率开关器件的通断,使得实际输出跟踪给定信号。在跟踪型 PWM 逆变电路中,电流跟踪控制应用较多。

常用的一种电流闭环控制方法是电流跟踪 PWM 控制,具有电流滞环跟踪控制的单相控制原理如图 4-62 所示,电流控制器是带继电环节的比较器,将给定电流 i_a^* 与输出电流 i_a 相比较,电流偏差超过 $\pm h$ 时,滞环控制器控制逆变器 A 相桥臂动作,从而使得输出电流 i_a 接近正弦波 i_a^*。

采用电流滞环跟踪控制时,变压变频器的电流波形如图 4-63 所示。在为 i_a^* 正半周,$i_a < i_a^*$,且 $\Delta i_a = i_a^* - i_a \geqslant h$ 时,跟踪控制器 HBC 输出正电平,驱动上桥臂功率开关器件 VT1 导通,逆变器输出正电压,使 i_a 增大;当 i_a 增大到与 i_a^* 相等时,由于跟踪控制器 HBC 的作用,仍然保持正电平输出,使得 VT1 保持导通,使 i_a 继续增大,直到 $i_a = i_a^* + h$。$\Delta i_a = -h$ 时,滞环控制器 HBC 翻转,输出负电平,VT1 关断,并经延时后驱动 VT2,但由于负载的电感作用,电流不会立刻反向,而是通过二极管 VD2 续流,使 VT4 受到反向钳位而不能导通。此后,i_a 逐渐减小,直到 $i_a = i_a^* - h$ 时,到达滞环偏差的下限值,使滞环控制器 HBC 再翻转,又使 VT1 导通,电流又开始增大。这样,VT1 与 VD2 交替工作;在为 i_a^* 负半周时,VT2 与 VD1 交替工作。总之,在跟踪控制器 HBC 作用下,会使输出电流 i_a 与给定电流

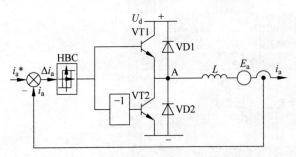

图 4-62　电流滞环跟踪控制的 A 相控制原理

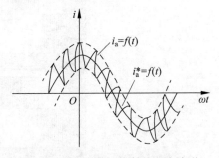

图 4-63　电流滞环控制的电流波形

i_a^* 之间偏差保持在 $\pm h$ 范围内,在给定的正弦波 i_a^* 上下做锯齿状变化,从而使得输出电流 i_a 接近给定正弦波的电流 i_a^*。

从上面分析可知,电流跟踪滞环控制就是按照给定的电流信号,通过负载电流与给定正弦波电流信号相比较。当二者偏差超过一定值时,改变开关器件的通断,使逆变器的输出电流增大或减小,电流波形做锯齿状变化,将输出电流与给定电流的偏差控制在一定范围内,负载电流接近给定信号。

4.7.1　单相半桥式跟踪 PWM 逆变器仿真

单相半桥式跟踪 PWM 逆变器仿真如图 4-64 所示,包括负载、逆变器、直流电源和控制电路等。下面介绍各部分模型的建立和参数设置。

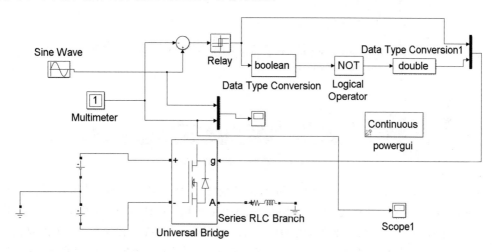

图 4-64　电流滞环控制的仿真模型

1. 主电路模型建立与参数设置

主电路模型由逆变器模块、直流电源和负载等组成,每个直流电源参数为 500V,采用 Multimeter 模块检测负载电流波形,然后再用 Mux 模块把两个触发信号合成输入逆变器。上面的触发信号通向 MOSFET1,下面的触发信号通向 MOSFET2。逆变器选用 Universal bridge,在参数设置的对话框中桥臂数 Number of bridge arms 取 1,电力电子器件取 MOSFET/Diodes,其他为参数默认值;负载 $R = 10\Omega, L = 0.1H$。注意地线是 Ground 模块,路径为 Simscape/SimpowerSystems/Specialized Technology/Control and Measurements Library/Elements/Ground,而不是 Simulink/sources/Ground 的模块,二者作用是不一样的。Multimeter 模块检测的是负载 Series RLC Brach 的电流信号。

2. 控制电路建模与参数设置

(1) 电流滞环跟踪控制器模型的建立。电流滞环跟踪控制器模型由 Sum、Relay 和 Data Type Conversion 等模块组成。

Sum 模块参数设置:在参数对话框上把信号的相互作用写成一、+即可。

Relay 模块具有继电性质,其路径为 Simulink/Discontinuities/Relay。参数设置主要是环宽的选择,取大可能造成电流波形误差较大,取小虽然使得输出电流跟踪给定的效果更好,但也会使得开关频率增大,开关的损耗增加。本次仿真滞环模块参数设置如图 4-65 所示。

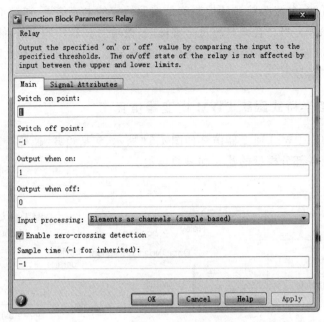

图 4-65　滞环模块参数设置

由于模型中存在 Relay 模块,使得仿真速度变慢。为了加快仿真,采用数据转换模块 Data Type Conversion,其路径为 Simulink/Signal Attributes/Data Type Conversion。由于 Relay 模块输出信号是双精度数据,用 Data Type Conversion 数据转换模块,使得双精度数据变为数字信号(布尔量),在 Data Type Conversion 参数对话框中把数据类型确定为 boolean,然后用逻辑操作模块 Logical Operator 使上下臂桥信号为"反"。逻辑操作模块 Logical Operator 路径为 Simulink/Logical and Bit Operations/Logical Operator,参数设置为 NOT,即非门取"反"的意思。最后再次用到 Data Type Conversion 数据转换模块,把布尔量转变为双精度数据,参数设置为 double。

(2) 给定信号模型的建立与参数设置。给定信号为一个正弦波信号,取一个正弦波信号模块 Sine Wave,参数设置:正弦波幅值为 5,频率为 314,初始相位角为 0。这就是负载电流的给定信号。

仿真选择算法为 ode23tb,仿真开始时间为 0,结束时间为 2.0s,最大步长 Max step size 取 1e−4,相对误差 Relative tolerance 取 1e−3,其他为默认值。

仿真结果如图 4-66 所示。

从仿真结果可以看到,由于采用滞环跟踪控制,负载电流围绕给定电流上下波动。

4.7.2　三相桥式跟踪 PWM 逆变器仿真

三相桥式跟踪 PWM 逆变器仿真模型如图 4-67 所示,包括三相负载、逆变器、直流电源和控制电路等。下面介绍各部分模型的建立和参数设置。

1. 主电路模型建立与参数设置

主电路模型由逆变器模块、直流电源和三相负载等组成。直流电源参数为 500V,采用

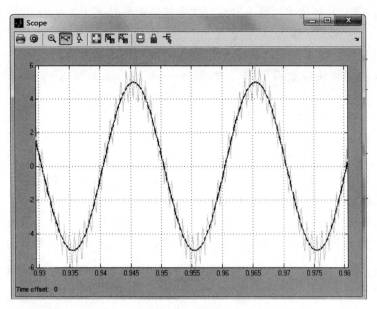

图 4-66　电流滞环控制的仿真结果

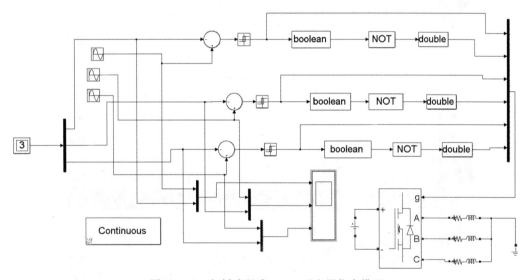

图 4-67　三相桥式跟踪 PWM 逆变器仿真模型

Multimeter 模块检测负载电流波形。注意负载电流的连接要正确。然后用 Mux 模块把 6 个触发信号合成输入逆变器；逆变器选用 Universal bridge，在参数设置的对话框中桥臂数 Number of bridge arms 取 3，电力电子器件取 MOSFET/Diodes，其他为参数默认值；三相 负载 $R=10\Omega$，$L=0.1\mathrm{H}$。

2. 控制电路建模与参数设置

(1) 电流滞环跟踪控制器模型的建立。

电流滞环跟踪控制器模型由 Sum、Relay 和 Data Type Conversion 等模块组成。由于 逆变器中电力电子器件为 MOSFET/Diodes，6 个开关器件排列是：上臂桥 3 个开关器件依 次编号为 1、3、5，下臂桥 3 个开关器件依次编号为 2、4、6，同桥式电路中电力电子器件是二极管或晶闸管不同,这种桥式电路上臂桥开关器件依次编号为1、3、5,下臂桥开关器件依次编号为4、6、2,所以注意信号线不能任意连接,必须按照图4-67中连接才是正确的。Multimeter模块检测的是三相负载的电流信号,注意顺序不能颠倒。

本次仿真滞环模块参数滞宽取0.2,即Switch on point为0.1,Switch off point为−0.1。

(2)给定信号模型的建立与参数设置。

给定信号为3个正弦波信号,取3个正弦波信号模块Sine Wave,参数设置:正弦波幅值为5,频率为314,初始相位角为0;另外两个正弦波模块幅值、频率相同,但初始相位角依次分别为12.56/3、6.28/3。把3个正弦波信号用Mux模块合成一个三维矢量信号加入电流跟踪控制器模型的一个输入端,这就是三相负载电流的给定信号。

仿真选择算法为ode23tb,仿真开始时间为0,结束时间为2.0s,最大步长Max step size取1e−4,相对误差Relative tolerance取1e−3,其他为默认值,仿真结果如图4-68所示。

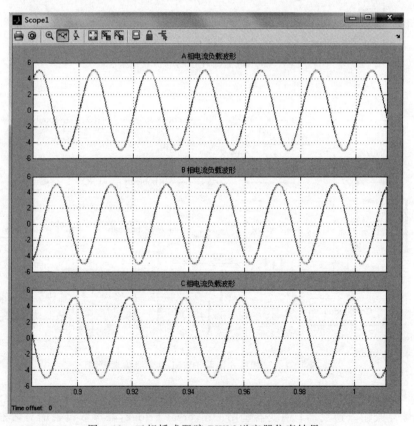

图4-68　三相桥式跟踪PWM逆变器仿真结果

从仿真结果可以看出,由于采用滞环跟踪控制,负载电流围绕给定电流上下波动,环宽减小,电流跟踪效果更好。

第5章

交流调压和直流变换仿真

5.1 交流调压仿真

交流调压是指交流电压幅值的变换(其频率不变),它在交流调压、交流调功和交流开关3种交流电力控制器中有着广泛的应用。交流电力控制器通常是指接在交流电源与负载之间,用以实现负载电压有效值和功率调节或开关控制的电力电子装置。它们可以采用相位控制或通断控制,相应的装置也称为交流调压器、交流调功器和交流电力开关。

5.1.1 单相交流调压仿真

单相交流调压电路是交流调压中最基本的电路,它由两只反并联的晶闸管组成。两只普通晶闸管 VT1 和 VT2 分别作为正负半周的开关,当一个晶闸管导通时,它的管压降成为另一个晶闸管的反压,使之阻断,实现电网自然换流。单相交流调压仿真模型如图 5-1 所示。

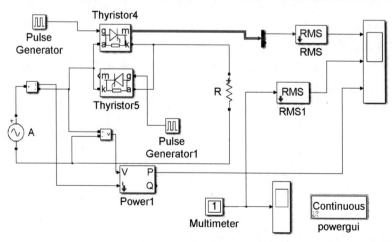

图 5-1　单相交流调压仿真模型

1. 主电路建模和参数设置

主电路主要由交流电源、两个晶闸管反并联和电阻负载组成。交流电源 AC voltage Source 的参数设置为：峰值电压为 220V，相位为 0°，频率为 50Hz，负载为纯电阻 10Ω。

2. 单相交流调压控制电路的仿真模型

控制电路的仿真模型主要有两个脉冲触发器组成，分别通向两个反并联晶闸管，参数设置为：峰值为 1，周期为 0.02s，脉冲宽度为 10，相位延迟时间为 0.001 67，这是因为本次仿真时把延迟角设定为 30°，另一个触发脉冲器的参数中，延迟角和前一个脉冲触发器相差 180°，即为 0.011 67，其他参数设置和前者相同。

3. 测量模块的选择

从仿真模型可以看出，本次仿真主要测量输出的有功功率、负载电压有效值以及流过晶闸管 VT1 电流的有效值。模块测量的是负载两端电压和负载电流。

仿真算法采用 ode23tb，仿真时间为 1s，仿真结果如图 5-2 所示。

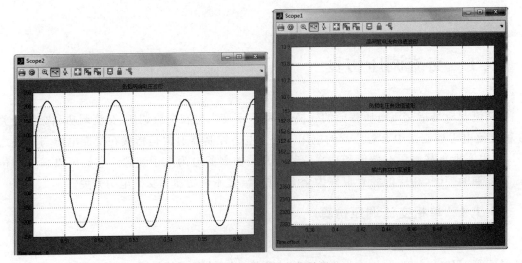

图 5-2　单相交流调压仿真结果(1)

从仿真结果可以看出，控制角 α 可将电源电压“削去”$0\sim\alpha$、$\pi\sim\pi+\alpha$ 区间一块，从而在负载上得到不同大小的交流电压。还可以看到，输出电压虽是交流，但不是正弦波，波形与横轴对称，没有偶次谐波，而包含有 3、5、7、9 等奇次谐波。这与用调压变压器进行交流调压输出是正弦波不同，所以，只适用对波形没有要求的场合，例如温度和灯光调节，如果用作其他调压器，则要注意负载容许多大的波形畸变。

对于单相交流调压，负载电压有效值的计算公式为

$$U_R = \sqrt{\frac{1}{\pi}\int_{\alpha}^{\pi}(\sqrt{2}U_a\sin\omega t)^2\,\mathrm{d}\omega t} = U_a\sqrt{1 - \frac{2\alpha - \sin2\alpha}{2\pi}} \tag{5-1}$$

其中，U_a 是有效值，由于电源峰值为 220V，其有效值 U_a 为 $220/\sqrt{2}$，延迟角 α 为 30°，代入式(5-1)可计算得到负载电压有效值为 153V，而从图 5-2 可以看出，负载电压有效值为 152.6V。

对于单相交流调压，输出的有功功率的计算公式为

$$P_{\mathrm{R}} = \frac{U_{\mathrm{a}}^2}{R}\left(1 - \frac{2\alpha - \sin 2\alpha}{2\pi}\right) \tag{5-2}$$

其中,$R=10\Omega$,可计算输出有功功率为 $2351\mathrm{W}$,而从图 5-2 可以看出,输出的有功功率为 $2340\mathrm{W}$。

流过晶闸管有效值的计算公式为

$$I_{\mathrm{VT}} = \sqrt{\frac{1}{\pi}\int_{\alpha}^{\pi}\left(\frac{\sqrt{2}U_{\mathrm{a}}\sin\omega t}{R}\right)^2 \mathrm{d}\omega t} = \frac{U_{\mathrm{a}}}{\sqrt{2}R}\sqrt{1 - \frac{2\alpha - \sin 2\alpha}{2\pi}} \tag{5-3}$$

可计算流过晶闸管电流有效值为 $10.8\mathrm{A}$,而从图 5-2 可以看出,流过晶闸管电流有效值为 $10.8\mathrm{A}$。

现用 Powergui 模块对负载两端电压进行谐波分析,如图 5-3 所示。

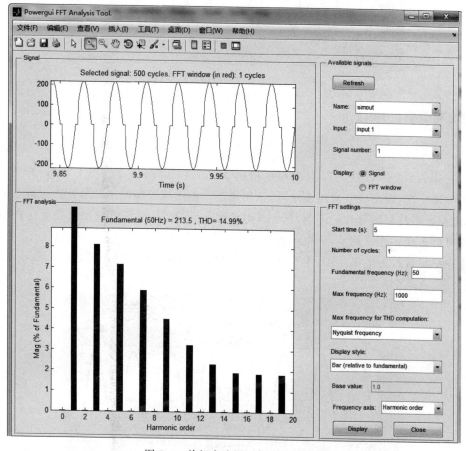

图 5-3　单相交流调压仿真结果(2)

可以看出基波幅值为 $213.5\mathrm{V}$,畸变系数为 14.99%,只有奇次谐波,而偶次谐波幅值都是零。

交流调压电路工作在电感性负载时,由于控制角 α 和负载阻抗角 ψ 的关系不同,晶闸管每半周导通时会产生不同的过渡过程,因而出现一些要特别注意的问题。

现在把负载设定为阻感性负载,电阻为 10,电感为 0.01H,触发角 30°保持不变,仿真结果如图 5-4 所示。

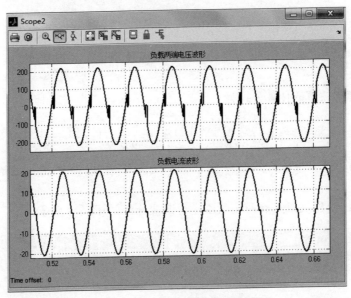

图 5-4   单相交流调压仿真结果(3)

由于负载的功率因数角

$$\psi = \arctan \frac{\omega L}{R} \tag{5-4}$$

把 $R=10\Omega$，$L=0.01\mathrm{H}$ 代入式(5-4)可以得到 $\psi=17.43°$，而 $\alpha=30°$，属于 $\alpha>\psi$ 的情况。晶闸管每导通一次，就出现一次过渡过程，依次循环。由于这种情况下相邻两次过渡过程完全一样，电源负半波触发脉冲到来前，正半波电流已经为零，晶闸管便自动关断。这种情况输出电压可借改变 α 连续调节，但电流波形既非正弦又不连续。

现在把负载改为电阻 10Ω，电感为 $0.0184\mathrm{H}$，触发角 30°保持不变，仿真结果如图 5-5所示。

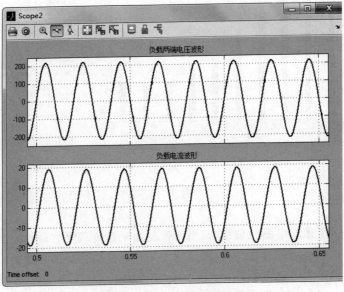

图 5-5   单相交流调压仿真结果(4)

把 $R=10\Omega$，$L=0.0184H$ 代入式(5-4)可以得到 $\psi=30°$，而 $\alpha=30°$，属于 $\alpha=\psi$ 的情况。这时晶闸管导通角 $\theta=180°$，负载电流波形变成了连续的正弦波，如图 5-5 所示。这种情况输出电压为最大值，即为输入电压(忽略晶闸管压降)，相当于晶闸管已被短接，交流电源直接加于负载。

现在把负载改为电阻为 2Ω，电感为 $0.01H$，触发角 30°保持不变。脉冲宽度为1。为了顺利仿真，把最大步长 Max step size 设置为 1e−4，仿真结果如图 5-6 所示。

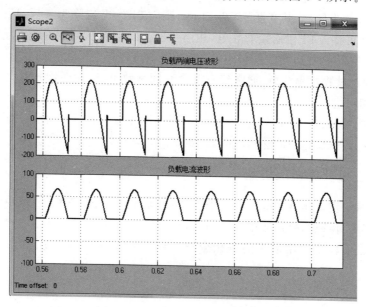

图 5-6　单相交流调压仿真结果(5)

参数保持不变，只不过把脉冲宽度改为 10，仿真结果如图 5-7 所示。

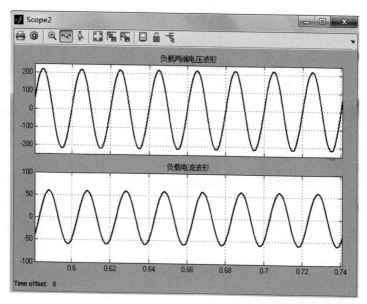

图 5-7　单相交流调压仿真结果(6)

把 $R=2\Omega, L=0.01\text{H}$ 代入式(5-4)可以得到 $\psi=57°$，而 $\alpha=30°$，出现 $\alpha<\psi$ 的情况。从仿真结果可以看出，如果用窄触发脉冲，其宽度 $\tau<\theta-180°$，则当 VT1 的电流下降到零时，VT2 的门极脉冲 u_{G2} 已经消失而无法导通，到第二个周期时，VT1 又重复第一周期的工作，这样电路如同感性负载的半波整流，只有一个晶闸管工作，回路中产生直流分量。这对变压器、电动机绕组一类负载就会造成铁芯饱和，或因线圈直流电阻很小而产生很大的直流电流，烧断熔断器甚至损坏晶闸管。

如果采用宽触发脉冲，其宽度 $\tau>\theta-180°$，则 VT1 的电流降为零后，VT2 的触发脉冲仍然存在，VT2 可在 VT1 之后接着导电，相当于 $\alpha>\psi$ 的情况，VT2 的导电角 $\theta<180°$。从第二周期开始，VT1 的导电角逐渐减小，VT2 的导电角将逐渐增大，直到两个晶闸管的 $\theta=180°$ 时达到平衡，过渡过程结束(通常经过几个时间常数 L/R 的时间)，这时的电路工作状态与 $\alpha=\psi$ 时相同。

由以上分析可见，当 $\alpha\leqslant\psi$ 时，晶闸管已不再起调压作用；$\alpha=\psi$ 时输出电压为最大值；单相交流调压电路触发脉冲的移相范围为 $180°-\psi$。

5.1.2　三相交流调压仿真

三相晶闸管交流调压器主电路有带中线星状、无中线星状、三相二线可控、三相半控等诸种连接，它们各有特点，分别适用不同的场合。

下面仅对谐波较小使用最多的三相全波丫形连接的调压电路进行仿真，仿真模型如图 5-8 所示。

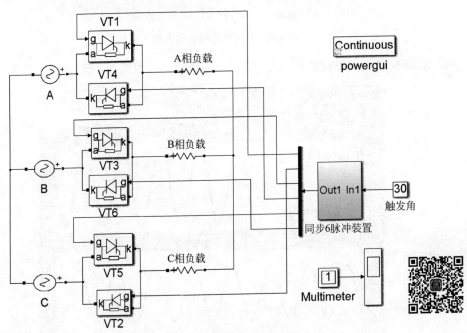

图 5-8　三相交流调压仿真模型

1. 主电路建模与参数设置

主电路由三相对称电源、6 个晶闸管、测量单元、负载等部分组成。三相电源建模和参数设置与直流调速系统相同,也即三相电源幅值均为 220V,频率均为 50Hz,A 相初始相位角为 0°,B 相初始相位角为 240°,C 相初始相位角为 120°,负载为纯电阻负载 10Ω。

2. 交流调压器的建模与参数设置

取 6 个晶闸管模块(路径为 Simscape/SimpowerSystems/Specialized Technology/Power Electronics/Thyristor),模块符号名称依此改写为 1,2,…,6。按照图 5-8 排列,需要注意的是各晶闸管的连线和 Demux 端口对应。

3. 控制电路仿真模型的建立与参数设置

控制电路由触发延迟角、6 脉冲同步触发器装置等组成。同步 6 脉冲触发装置采用 6 脉冲触发器(合成频率为 50Hz)和一个同步合成频率、积分模块等封装而成,封装方法与直流调速系统相同。

需要指出的是,对于交流调压仿真,采用同步 6 脉冲触发装置时有一个缺点,就是给定的触发延迟角后移了 30°,比如给定触发延迟角为 0°时,实际上是从 30°开始仿真的;给定触发延迟角为 30°时,仿真模型是从 60°开始仿真的,这样就会造成导通角减小,调压范围变窄。为了解决这个缺陷,必须对同步 6 脉冲触发模块加以改造。

既然实际仿真时触发延迟角与给定触发延迟角相比后移了 30°,如果把同步 6 脉冲触发模块延迟 330°,那么给定触发延迟角和仿真时实际触发延迟角相位就相同,只不过相差一个周期而已。比如给定触发延迟角为 0°,同步 6 脉冲触发模块就后移 30°,再人为地后移 330°,那实际仿真时就从 360°(0°)开始。

按第 1 章改造模块的方法,打开同步 6 脉冲触发模块,如图 5-9 所示。

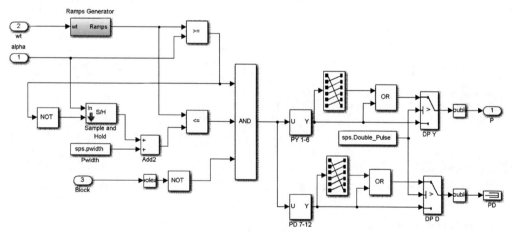

图 5-9 同步 6 脉冲触发模块内部仿真模型

在同步 6 脉冲触发模块输出脉冲 pulses 的前端加个 Transport Delay 模块(路径为 Simulink/ContinuousTransport Delay),如图 5-10 所示。

Transport Delay 模块参数设定如图 5-11 所示。

之所以把 Time delay 参数设定为 0.018 33,是因为 0.02s 为一个周期 360°,而 330°的时间为 0.018 33s,即延迟 330°。

如果读者使用旧版本 MATLAB 软件,同步 6 脉冲触发模块的改造方式和上述相同,也即在输出端口前添加延迟模块,参数同样设定为 0.018 33。

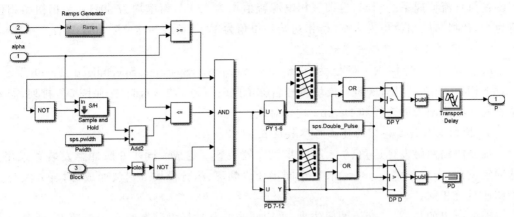

图 5-10   同步 6 脉冲触发模块改造后的仿真模型

同步 6 脉冲触发装置的参数设定如图 5-12 所示,采用双脉冲触发方式。

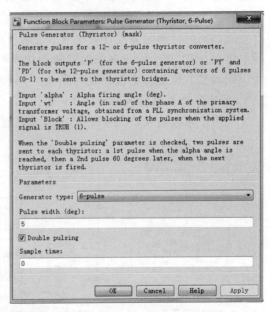

图 5-11   Transport Delay 模块参数设定　　　图 5-12   同步 6 脉冲触发装置的参数设定

4. 系统仿真参数设置

仿真选择算法为 ode23tb,仿真开始时间为 0,结束时间为 5.0s。为了使仿真顺利进行,把最大步长 Max step size 设定为 1e−4,仿真结果如图 5-13 所示。

对于电阻性负载,由于没有中线,如同三相全控桥式整流电路一样,若要负载通过电流,至少要有两相构成通路,即在三相电路中,至少要有一相正向晶闸管与另一相的反向晶闸管同时导通。为了保证在电路工作时能使两个晶闸管同时导通,要求采用大于 60°的宽脉冲或双脉冲的触发电路;为了保证输出电压三相对称并有一定的调节范围,要求晶闸管的触发信号除了必须与相应的交流电源有一致的相序外,各触发信号之间还必须严格地保持一定的相位关系。要求 A、B、C 三相电路中正向晶闸管 VT1、VT3、VT5 的触发信号相位互差120°,而同一相中反并联的两个正、反向晶闸管的触发脉冲相位互差 180°,即各晶闸管触发

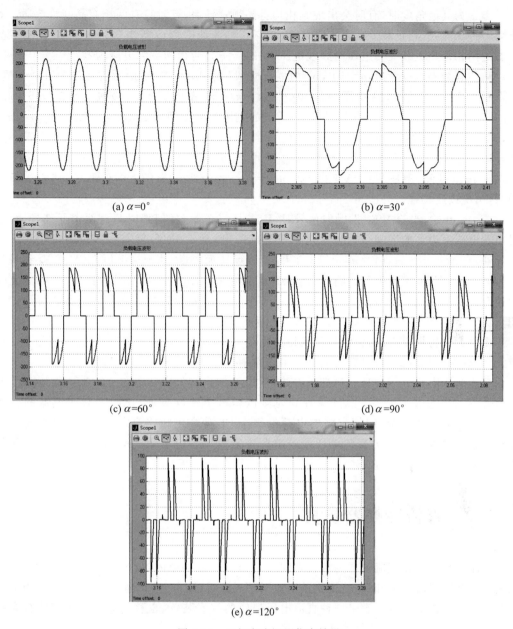

图 5-13 三相交流调压仿真结果

脉冲的序列应按 VT1，VT2，…，VT6 的次序，相邻两个晶闸管的触发信号相位差 60°。所以，原则上三相全控桥式整流电路的触发电路均可用于三相全波交流调压。

为使负载上能得到全电压，晶闸管应能全导通，因此应选用电源相应波形的起始点作为控制角 α＝0°的时刻(这一点与三相全控桥式整流电路不同，后者分为共阴极组和共阳极组，以相电压的交点作 α＝0°)。从仿真结果可以看出，α＝0°时，ωt 为 0～π/3 区间，原来 VT5、VT6 已处导通状态，在 ωt＝0 时刻给 VT1 加触发信号，这期间 VT5、VT6 和 VT1 三个元件都将导电，A 相负载上电压为全电压波形，B 相和 C 相负载上的相位分别与之相差 120°和 240°。

当 α 为其他角度时,有时会出现三相均有晶闸管导通,有时只有两相有晶闸管导通。对于前一种情况,三相负载丫连接的中点 N 与三相电源的中点 O 等电位;对于后一种情况,导通的两相每相负载上的电压为其线电压的一半,不导通相的负载电压为零。

从仿真结果可以看出,$\alpha=30°$,ωt 为 $0\sim\pi/6$ 区间,VT5、VT6 两元件导通,VT1～VT4 均阻断,所以 A 相负载上无电压,$u_{Ra}=0$;当 $\omega t=\pi/6$ 时,晶闸管 VT1 被触发导通,$\pi/6\sim\pi/3$ 区间,VT5、VT6、VT1 三个元件导通,负载上的电压为电源相电压,即 $u_{Ra}=u_A$,至 $\omega t=\pi/3$ 时,$u_c=0$,VT5 阻断,直至 VT2 得到触发信号,当 ωt 为 $\pi/3\sim\pi/2$ 区间,只有 VT6、VT1 元件导通,$u_{Ra}=u_{AB}/2$;当 ωt 为 $\pi/2\sim2\pi/3$ 区间,又是三个元件导通,u_{Ra} 又是 u_A;当 ωt 为 $2\pi/3\sim5\pi/6$ 区间,则是 VT1、VT2 导通,$u_{Ra}=u_{AC}/2$,其后至 π 的 30°区间,$u_{Ra}=u_A$。负半周时,情况以此类推。

$\alpha\geqslant60°$ 开始,当给 VT1 发触发信号时,VT5 已经关断,任何瞬时只有两个元件导通,这时负载电压不为零的期间总是导通两相线电压一半,至 $\alpha>90°$,就有一区段内三个元件均不导通,在 $\omega t=\pi/2$ 后,$u_B>u_C$,VT5、VT6 便因反压而关断,直到 $\alpha=2\pi/3$,VT1 受到触发信号时,才与 VT6 构成电流通路。在 $\alpha>150°$ 再给 VT1 触发脉冲就没有作用了,因为此时即使有 VT6 的触发脉冲,但由于 $u_A<u_B$,VT1 和 VT6 都处于负偏压状态而无法导通。三相交流调压电路电阻负载时触发角最大移相范围为 150°。

由以上分析可以看出,交流调压所得的负载电压和电流波形都不是正弦波,且随着 α 角增大,负载电压相应变小,负载电流开始出现断续。

交流调压电路采用的是相位控制方式,使电路中出现缺角正弦波形,它包含高次谐波电流并导致电源波形畸变;晶闸管在 α 时刻以微秒级速度导通,电阻负载时电流的变化率很大;对电感性负载,即使电路的电感量很小,也会产生相当高的反电势,形成高频电磁辐射。因此移相触发的交流调压要求电源容量大大超过装置容量,或者采取滤波和防干扰措施。

5.2 直流变换器仿真

直流变换器是在直流电源与负载之间接一个由电力半导体器件构成的直流开关,用它控制主电路的接通与断开,以将恒定的直流"斩"成断续(离散)的方波,然后经滤波变为电压可调的直流电供给负载。它是一种直流电压幅值的变换装置,也称斩波器。斩波器有降压式、升压式、升/降压式等几种形式。

5.2.1 降压式斩波器仿真

降压式(buck)斩波器仿真模型如图 5-14 所示。

1. 主电路建模和参数设置

主电路主要由直流电源、一个 MOSFET 管、二极管、滤波电容和滤波电感以及负载组成,直流电源参数设置为 10V,负载为纯电阻 10Ω,滤波电容参数为 0.1F,滤波电感参数为 0.001H,除二极管和 MOSFET 管前向电压设为 0 外,其余参数为默认值。

2. 控制电路的仿真模型

控制电路的仿真模型主要有一个脉冲触发器通向 MOSFET,参数设置为:峰值为 1,周

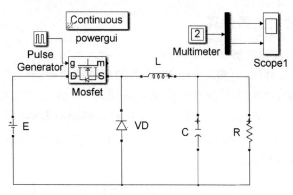

图 5-14　降压式斩波器仿真模型

期为 0.000 05s,注意脉冲宽度不同,输出的电压平均值也不同,相位延迟时间为 0。

3. 测量模块的选择

从仿真模型可以看出,本次仿真主要测量负载电压平均值以及负载两端电压和负载电流。仿真算法采用 ode23tb,仿真时间为 1s,脉冲宽度分别为 50、20、80,仿真结果如图 5-15(a)、(b)、(c)所示。

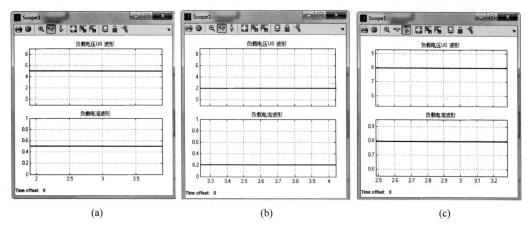

  (a)   (b)   (c)

图 5-15　降压式斩波器仿真结果

从仿真结果可以看出,输出电压稳态后为直线。

输出的负载端电压 U_d 可用式(5-5)表示

$$U_d = \frac{t_{on}}{T}E = \rho E \tag{5-5}$$

式中,t_{on} 为斩波开关导通时间;T 为周期,其倒数 $1/T = f$ 为斩波频率;E 为输入的恒定直流电源电压;ρ 为斩波开关通断比(亦称占空比),取值范围为 $0\sim1$。

由式(5-5)可见,负载上的电压取决于斩波开关的通断比。通过控制可使负载电压电平均值 E_0 在 $0\sim E$ 之间改变,实现调压的目的。

从仿真结果可以看出,当 ρ 为 0.5 时,负载电压为 5V。当 ρ 为 0.2 时,负载电压为 2V。当 ρ 为 0.8 时,负载电压为 8V。与式(5-5)计算结果基本相同。

5.2.2　升压式斩波器仿真

升压式(boost)斩波器的仿真模型如图 5-16 所示。当斩波开关导通时,负载两端电压为零,电感 L 与电源 E 并联,电感电流上升,电源的电能被储存到电感中;当斩波开关关断时,电感电流不能突变,产生感应电势维持原电流流通,电感 L 两端感应的电势为下负上正。该电势与电源电压相叠加一起迫使 VD 导通,储存在电抗器中的电能释放,电感与电源同时向电容 C 充电和向负载供电,使负载获得高于电源电压的瞬时值,若滤波电容 C 足够大,输出电压 E_0 可看成恒值波。

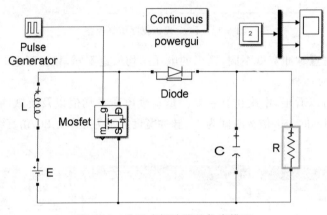

图 5-16　升压式斩波器的仿真模型

1. 主电路建模和参数设置

主电路主要由直流电源、一个 MOSFET 管、二极管、电容和电感以及负载组成,直流电参数设置为 10V,负载为纯电阻 10Ω,电容参数为 0.001 34F,电感参数为 71e－6H,不设置电感电流和电容电压初始值。除二极管和 MOSFET 管前向电压设为 0 外,其余参数为默认值。

2. 控制电路的仿真模型

控制电路的仿真模型主要有一个脉冲触发器通向 MOSFET,参数设置:峰值为 1,周期为 0.000 05s,脉冲宽度为 50,相位延迟时间为 0。

3. 测量模块的选择

从仿真模型可以看出,本次仿真主要测量负载两端电压和负载电流。仿真算法采用 ode23tb,仿真时间为 1s,仿真结果如图 5-17 所示。

从仿真结果可以看出,系统稳态后,负载两端电压接近 20V,而电源电压为 10V,负载两端电压升高。

5.2.3　升/降压式斩波器仿真

升/降压式斩波器仿真模型如图 5-18 所示。

1. 主电路建模和参数设置

主电路主要由直流电源、一个 MOSFET 管、二极管、电容和电感以及负载组成,直流电参数设置为 10V,负载为纯电阻 10Ω,电容参数为 0.1F,电感参数为 0.01H,除二极管和 MOSFET 管的前向电压设置为 0V 外,其他参数均为默认值。

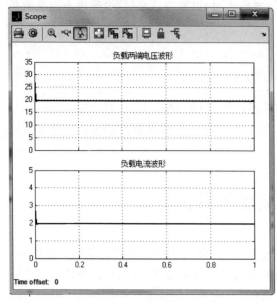

图 5-17　升压式斩波器的仿真结果

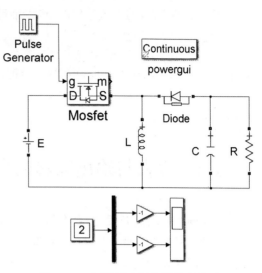

图 5-18　升/降压式斩波器仿真模型

2. 控制电路的仿真模型

控制电路的仿真模型主要有一个脉冲触发器通向 MOSFET,参数设置为:峰值为 1,周期为 0.000 05s,相位延迟时间为 0。

3. 测量模块的选择

从仿真模型可以看出,本次仿真主要测量负载两端电压和负载电流。仿真算法采用 ode23tb,仿真时间为 2s,脉冲宽度为 30、50、70 时,仿真结果如图 5-19(a)、(b)、(c)所示。

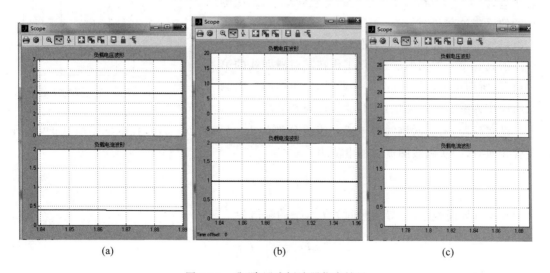

图 5-19　升/降压式斩波器仿真结果

从仿真结果可以看出(示波器上面窗口是负载电压波形,下面窗口是负载电流波形),当斩波开关导通时,电能储存于电感 L 中,二极管 VD 截止,负载由滤波电容 C 供电;当斩波开关 S 阻断时,电感产生感应电势,维持原电流方向流通,迫使 VD 导通,电感电流向负载供电,同时也向电容 C 充电,输出电压 U_d。

理想条件下,电感电流连续时,可以推得

$$U_d = -\frac{\rho}{1-\rho}E \tag{5-6}$$

式中,ρ 是仿真中的脉冲宽度,由式(5-6)可以得到:当 $\rho = 0.3$ 时,$U_d = 4\text{V}$,当 $\rho = 0.5$ 时,$U_d = 10\text{V}$,当 $\rho = 0.7$ 时,$U_d = 23.3\text{V}$,同仿真结果一致。可以看出改变占空比 ρ 就能改变负载两端电压幅值。

5.3 输入与输出隔离的直流变换器仿真

用晶闸管作斩波开关,需要专门设置关断电路,而且由于受到晶闸管关断时间的限制,其开关频率只能为 $100 \sim 200\text{Hz}$。随着全控型电力电子器件的发展,由这些新器件组成的斩波器或直流脉宽调制变换器,不但不需要换流电路,而且其工作频率可提高到数千赫兹。斩波频率的提高,可以减小低频谐波分量,降低对滤波元器件的要求,减小装置体积和重量,因而在开关电源中得到广泛应用。下面介绍几种直流变换器仿真。

5.3.1 单端反激式电路仿真

单端反激式直流变换电路如图 5-20 所示。开关管导通时,直流输入电源加在隔离变压器的一次侧线圈上,线圈流过电流,储存能量,但根据变压器的同名端,这是二次侧二极管反偏,负载由滤波电容供电,开关管关断时,线圈中的磁场急剧减小,二次侧线圈的感应电势极性反向,VD 导通,T 的储能逐步转为电场能量向充电,并向负载传递电流,所谓单端是指变压器只有单一方向的磁通,仅工作在其磁滞回线的第一象限,所谓反激,是指开关管导通时,变压器的一次侧线圈仅作为电感储存能量,没有能量传递到负载。

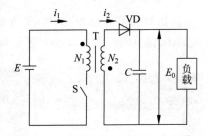

图 5-20 单端反激式直流变换电路

设变压器一、二次侧线圈电感和匝数分别为 L_1、L_2 和 N_1、N_2,且电感是线性的,则开关管导通时,一次侧线圈流过的电流为

$$i_1 = \frac{E}{L_1}t \tag{5-7}$$

开关管导通截止时,导通时间为 t_{on},i_1 的幅值为

$$I_{1\max} = \frac{E}{L_1}t_{on} \tag{5-8}$$

二次侧电流为

$$i_2 = I_{2\max} - \frac{E_0}{L_2}t \tag{5-9}$$

式中,$I_{2\max}$ 为二次侧电流的幅值;E_0 为输出直流电压。

由式(5-9)可以看出，随着 t 值的不同，单端反激式变换器可有以下 3 种不同的工作状态。

(1) 开关管关断时间 $t_{off} > \dfrac{L_2}{E_0} I_{2max}$，则在开关管重新导通之前，$i_2$ 已下降到零，即周期变化的电流不在连续。

(2) 若 $t_{off} = \dfrac{L_2}{E_0} I_{2max}$，则开关管关断瞬间，正好 $i_2 = 0$，下一个周期 i_1 从零开始按式(5-7)规律上升，这是一种临界状态。

(3) 若 $t_{off} < \dfrac{L_2}{E_0} I_{2max}$，则开关管关断时，$i_2$ 还未衰减到零，这样，下个周期开关管重新导通时，i_1 并不是从零开始，而将从一次侧最小电流 i_{1min} 加上 $\dfrac{E}{L_1} t$ 增量线性上升。

下面按照第三种情况分析，开关管导通和关断时，变压器一、二次侧电流的变化分别为

$$\Delta i_1 = i_{1max} - i_{1min} = \frac{E}{L_1} t_{on} \tag{5-10}$$

$$\Delta i_2 = i_{2max} - i_{2min} = \frac{E_0}{L_2} t_{off} \tag{5-11}$$

根据变压器磁势平衡原理，稳态时转换瞬间变压器一、二次侧的安匝数相等，应满足

$$i_{1max} N_1 = i_{2max} N_2 \quad \text{和} \quad i_{1min} N_1 = i_{2min} N_2 \tag{5-12}$$

即有

$$\Delta i_1 N_1 = \Delta i_2 N_2 \tag{5-13}$$

又根据变压器绕组折算原则

$$L_1 = \left(\frac{N_1}{N_2}\right)^2 L_2 \tag{5-14}$$

考虑到式(5-13)和式(5-14)，联立求解式(5-10)和式(5-11)，得到

$$E_0 = \frac{t_{on}}{t_{off}} \frac{N_2}{N_1} E = \frac{t_{on}}{T - t_{on}} \frac{N_2}{N_1} E = \frac{\rho}{1-\rho} \frac{N_2}{N_1} E \tag{5-15}$$

式中，$\rho = \dfrac{t_{on}}{T}$ 为占空比。

可以看出单端反激式直流变换器是隔离的升/降压直流变换器。下面进行单端反激式电路仿真。

单端反激式电路仿真模型如图 5-21 所示。

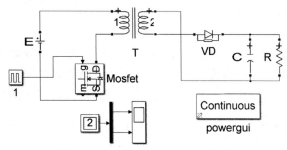

图 5-21 单端反激式电路仿真模型

1. 主电路建模和参数设置

主电路主要由直流电源、一个 MOSFET 管、二极管、电容和变压器以及负载组成,直流电参数设置为 10V,负载为纯电阻 10Ω,电容参数为 0.001,除二极管和 MOSFET 管前向电压设置为 0 外,其他参数为默认值。

变压器模块(Liner Transformer)参数设置如图 5-22 所示。

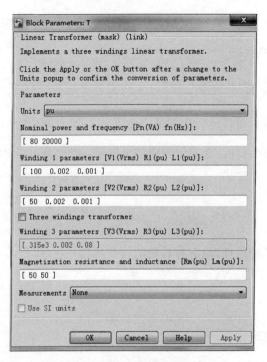

图 5-22　变压器参数设置

变压器一次侧参数的电压和二次侧参数的电压关系就是变压器一次侧匝数和二次侧匝数的关系,在一次侧和二次侧电压确定的基础上,变压器功率大小决定了变压器一、二次侧电流的大小。因为直流电源的电压为 100V,所以把一次侧电压设定为 100,而把二次侧电压设为 50V,是为了表明此变压器匝数之比为 2∶1。注意变压器的频率设定与触发脉冲的周期设定要一致。由于单端反激式电路涉及变压器同名端,在搭建仿真模型时,必须按图 5-21 正确连接。

2. 控制电路的仿真模型

控制电路的仿真模型主要有一个脉冲触发器通向 MOSFET,参数设置:峰值为 1,周期为 0.000 05s,相位延迟时间为 0。

3. 测量模块的选择

从仿真模型可以看出,本次仿真主要测量负载两端电压和负载电流。仿真算法采用 ode23tb,仿真时间为 10s,脉冲宽度为 30、50、70 时仿真结果如图 5-23(a)、(b)、(c)所示。

由于变压器一次侧和二次侧电压分别为 100V 和 50V,可以得出一次侧和二次侧绕组匝数之比为 2,当脉冲宽度为 50 时,$\dfrac{t_{on}}{t_{off}}=1$,由上面理论分析,负载电压应为 5V;同样,当脉

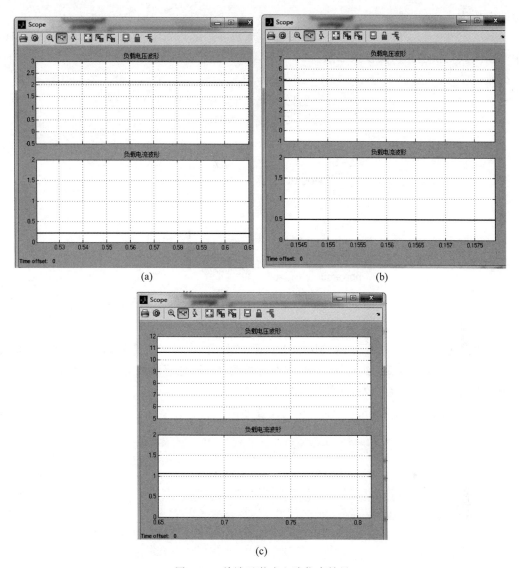

(a)

(b)

(c)

图 5-23 单端反激式电路仿真结果

冲宽度分别为 30 和 70 时，$\dfrac{t_{\text{on}}}{t_{\text{off}}}$ 分别为 0.3 和 0.7，则负载电压幅值分别为 2.14V 和 11.6V，和仿真结果基本一致。

5.3.2 单端正激式变换电路仿真

单端正激式变换电路原理图如图 5-24 所示，与反激式的区别在于变压器的同名端极性。当开关管导通时，二次侧感应电压，二极管导通，做变压器运行，向负载立即传递电能，开关管断开时，由于开关管导通和工作相位相同，故称为正激式。其输

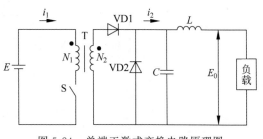

图 5-24 单端正激式变换电路原理图

出的电压为

$$U_{d0} = \rho E / n \tag{5-16}$$

单端正激式变换电路仿真模型如图 5-25 所示。

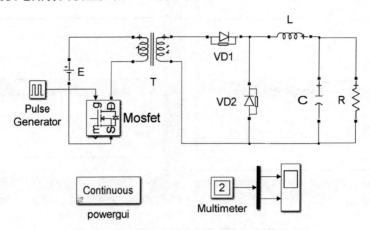

图 5-25 单端正激式变换电路仿真模型

1. 主电路建模和参数设置

主电路主要由直流电源、一个 MOSFET 管、二极管、电容和变压器以及负载组成,直流电参数设置为 10V,负载为纯电阻 10Ω,电容参数为 0.1F,电感参数为 0.001H,除二极管和 MOSFET 管前向电压为 0 外,其他参数为默认值。

变压器模块(Liner Transformer)参数设置如图 5-26 所示。

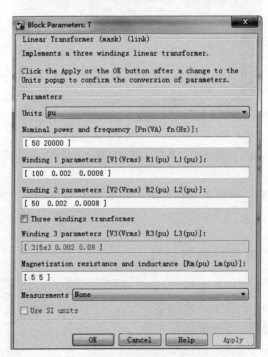

图 5-26 变压器模块参数设置

2. 控制电路的仿真模型

控制电路的仿真模型主要有一个脉冲触发器通向 MOSFET，参数设置：峰值为 1，周期为 0.000 05s，相位延迟时间为 0。

3. 测量模块的选择

从仿真模型可以看出，本次仿真主要测量负载两端电压及其平均值。仿真算法采用 ode23tb，仿真时间为 10s，脉冲宽度分别为 50、30 和 70 时，仿真结果如图 5-27（a）、（b）、（c）所示。

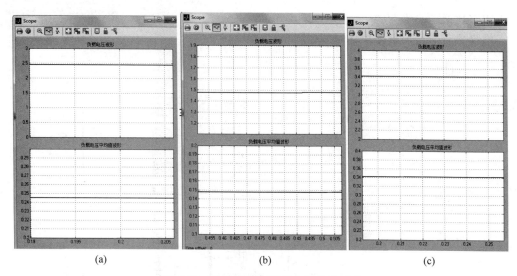

图 5-27 单端正激式变换电路仿真结果

通过仿真可以看出，当改变脉冲宽度，也即改变占空比时，负载的输出电压发生变化，但都低于直流电压 10V，根据式（5-16）计算结果，对于占空比分别为 0.5、03 和 0.7 时，理论计算值分别为 2.5V、1.5V 和 3.5V。而仿真结果分别为 2.48V、1.48V 和 3.41V，与理论计算基本一致。也说明了单端正激式变换电路为降压式直流变换器。

5.3.3 推挽式直流变换电路仿真

推挽式直流变换电路如图 5-28 所示，它由两个开关器件接在带有中心抽头的变压器的一次侧线圈两端组成，为感性负载电流返回电源的续流二极管，推挽电路可以看作由完全对称的两个单端正激式直流变换电路组合而成，开关器件 S_1、S_2 交替导通，当 S_1 导通、S_2 关断时，输入电压 E 加在一次侧 N_{11} 两端，输出正极性电压 $u_{2+} = \dfrac{N_2}{N_{11}}E$，当 S_2 导通、S_1 关断时，E 加于 N_{12} 两端，根据同名端关系，这时输出负极性电压 $u_{2-} = \dfrac{N_2}{N_{12}}E$，设 $N_{11} = N_{12} = N_1$，则输出为交流方波 $u_2 = \dfrac{N_2}{N_1}E = \dfrac{E}{n}$。

输出电压 U_d 与输入电压 E 的关系式为

$$U_d = \frac{N_2}{N_{11}}\rho E \tag{5-17}$$

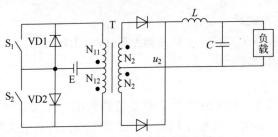

图 5-28   推挽式直流变换电路

其中占空比必须小于 50%。

推挽式直流变换电路仿真模型如图 5-29 所示。

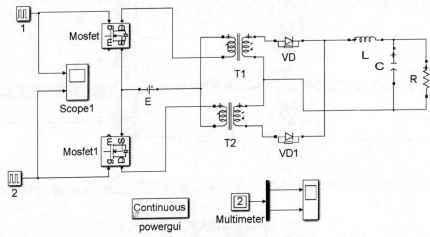

图 5-29   推挽式直流变换电路仿真模型

1. 主电路建模和参数设置

主电路主要由直流电源、两个 MOSFET 管、二极管、电容和两个变压器以及负载组成，直流电参数设置为 10V，负载为纯电阻 10Ω，电容参数为 0.0001F，电感参数为 0.001H，除二极管和 MOSFET 管前向电压设置为 0 外，其他参数均为默认值。注意下臂桥的 MOSFET 管连接方式。

变压器 T1、T2 模块(Liner Transformer)参数设置如图 5-30 所示，可以看出一次侧和二次侧匝数比为 2∶1。

2. 控制电路的仿真模型

控制电路的仿真模型主要有两个脉冲触发器通向 MOSFET，参数设置：峰值为 1，周期为 0.000 05s，脉冲宽度为 50，相位延迟时间为 0；另一个触发脉冲相位延迟时间为 0.000 025，其他参数相同。

3. 测量模块的选择

从仿真模型可以看出，本次仿真主要测量 u_2 端电压。仿真算法采用 ode23tb，仿真时间为 1s，为了防止仿真终止，在算法控制面板上把 Zero-crossing control 右边的下拉菜单中选择 Disable All，占空比为 30 和 40 的仿真结果如图 5-31(a)、(b)所示。

从仿真结果可以看出，占空比分别为 30 和 40 时，输出电压分别接近 1.5V 和 2.0V，与理论分析一致。

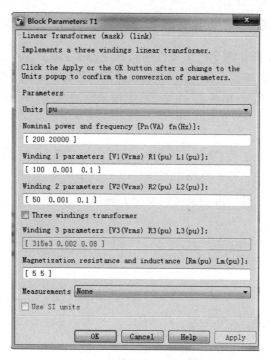

图 5-30 变压器参数设置

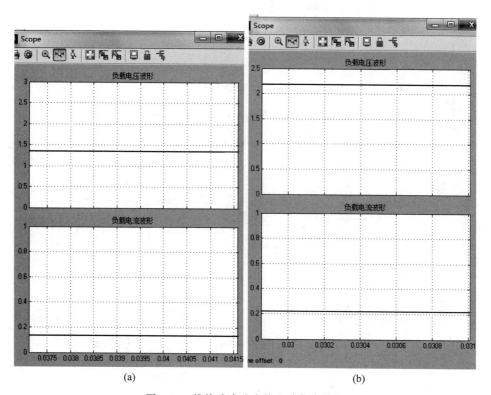

图 5-31 推挽式直流变换电路仿真结果

5.3.4 半桥式直流变换电路仿真

半桥式直流变换电路由两个开关器件串联在电源上,两个大电容也串联在电源上获得电源,开关连接点和电容连接点作为输出端,通过变压器输出,电路如图 5-32 所示。两开关器件以推挽方式工作,当 S_1 开通、S_2 关断时,变压器的同名端"·"电压极性为正,二次侧输出电压 u_2 为正,$u_{2+} = \dfrac{1}{n}\left(E - \dfrac{E}{2}\right) = \dfrac{E}{2n}$,这时,$C_1$ 放电,C_2 充电;当 S_2 开通、S_1 关断时,变压器"·"的电压极性为负,变压器输出负电压 $u_{2-} = \dfrac{1}{n}\left(E - \dfrac{E}{2}\right) = \dfrac{E}{2n}$,这时 C_1 充电,C_2 放电,交替通断 S_1、S_2,变压器二次侧就得到交流方波输出电压 u_2,即

$$u_2 = \frac{E}{2n} \tag{5-18}$$

输出电压 U_d 与输入电压 E 的关系式为

$$U_d = \frac{N_2}{N_{11}} \frac{\rho}{4} E \tag{5-19}$$

其中占空比必须小于 50%。

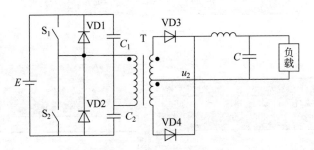

图 5-32 半桥式直流变换电路

半桥式直流变换电路的仿真模型如图 5-33 所示。

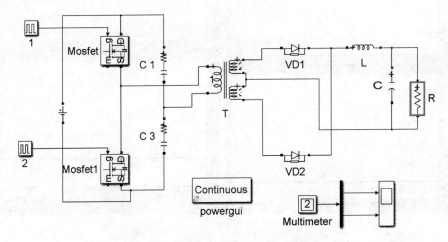

图 5-33 半桥式直流变换电路的仿真模型

1. 主电路建模和参数设置

主电路主要由直流电源、MOSFET 管、二极管、电容和变压器以及负载组成，直流电参数设置为 10V，负载为纯电阻 10Ω，电容参数为 0.0001F，电感参数为 0.01H，除二极管和 MOSFET 管前向电压为 0 外，其他参数为默认值。由于电容 C_1、C_2 不能直接接电源，把电容 C_1 和电容 C_2 的参数设置为 $R = 0.000\,000\,1Ω, C = 1e-6F$。

变压器参数设置如图 5-34 所示。

2. 控制电路的仿真模型

控制电路的仿真模型主要有一个脉冲触发器通向 MOSFET，参数设置：峰值为 1，周期为 0.000 05s，相位延迟时间为 0；另一个触发脉冲相位延迟为 0.000 025，其他参数相同。

3. 测量模块的选择

从仿真模型可以看出，本次仿真主要测量端电压。仿真算法采用 ode23tb，仿真时间为 1s，占空比为 40％，仿真结果如图 5-35 所示。

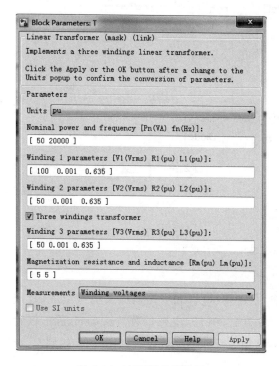

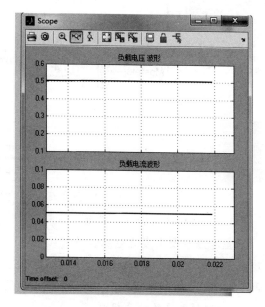

图 5-34　变压器参数设置　　　　　　　图 5-35　半桥式直流变换电路的仿真结果

从仿真结果可以看出，电压为 0.5V，与理论分析一致。

5.3.5　全桥式直流变换电路仿真

全桥式直流变换电路工作原理：将半桥式直流变换电路中的两个电容分别用两个开关器件代替，构成单相全桥式直流变换电路，如图 5-36 所示。全桥式直流变换电路和半桥式直流变换电路的工作原理相似，只是输出电压是半桥式的 2 倍。

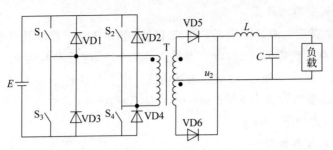

图 5-36　单相全桥式直流变换电路

全桥式直流变换电路仿真模型如图 5-37 所示。

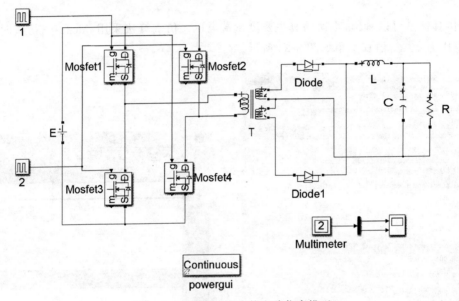

图 5-37　全桥式直流变换电路仿真模型

1. 主电路建模和参数设置

主电路主要由直流电源、4 个 MOSFET 管、二极管、电容和变压器以及负载组成,直流电参数设置为 10V,负载为纯电阻 10Ω,电容参数为 0.0001F,电感参数为 0.01H,除二极管和 MOSFET 管前向电压为 0 外,其他参数为默认值。变压器参数设置与图 5-34 相同。

2. 控制电路的仿真模型

控制电路的仿真模型主要有一个脉冲触发器通向对角 2 个 MOSFET 管,参数设置:峰值为 1,周期为 0.000 05s,相位延迟时间为 0;另一个触发脉冲相位延迟为 0.000 002 5,其他参数相同。通向另 2 个对角 MOSFET 管。

3. 测量模块的选择

从仿真模型可以看出,本次仿真主要测量端电压。仿真算法采用 ode23tb,仿真时间为 1s,仿真结果如图 5-38 所示。

从仿真结果可以看出,电压为 1V,是半桥式直流变换电路的 2 倍,与理论分析一致。

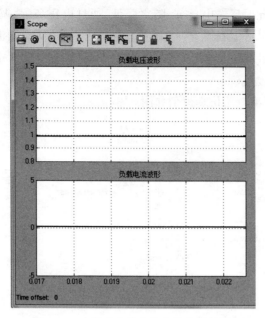

图 5-38 全桥式直流变换电路仿真结果

5.4 直流变换器闭环仿真

以降压型电路为例,图 5-39 给出了电压控制方式开关电源的基本原理和波形。通过采样电阻 R_1 和 R_2 分压得到反馈电压 u_f,电压环的基准电压 u^* 经反向后得到 $-u^*$(图中未给出反相器),图 5-39(a)中电压调节器的功能包含加法器和 PI 调节;电压调节器的输出为调制波信号 u_r,该信号输入到比较器的正输入端,而比较器的负输入端为三角载波信号 u_c,调制波和三角载波比较后得到控制开关管的 PWM 信号 u_s,其生成过程如图 5-39(b)所示。

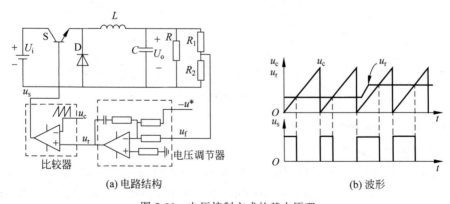

(a)电路结构　　　　　　　　　　(b)波形

图 5-39　电压控制方式的基本原理

当输入电压突然变小或负载阻抗突然变小,在开关管占空比还没有来得及变化时,由于电路中各部分都存在阻抗(导线阻抗、开关管的导通阻抗、电感自身的阻抗),因此输出电压会有一定程度的降低,此时反馈电压 u_f 随之降低,通过电压环 PI 调节器使调制波电压 u_r 升高,PWM 信号 u_s 的占空比随之增大,调节输出电压上升,从而抵消由于外界因素引起的输出电压下降;反之,如果输入电压突然变大或负载阻抗突然变大,也可以使输出电压保持恒定。

电压控制方式降压型电路仿真模型如图 5-40 所示。

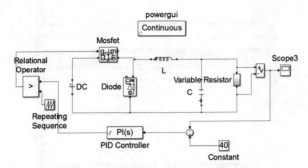

图 5-40　电压控制方式降压型电路仿真模型

1. 主电路建模和参数设置

主电路主要由直流电源、MOSFET 管、二极管、滤波电容和滤波电感以及负载组成,直流电源参数设置为 100V,负载为可变电阻,在 0.005s 时由 10Ω 突变为 5Ω,滤波电容参数为 1e−6F,不设置初始电容电压,滤波电感参数为 1e−3H,不设置初始电感电流,除二极管和 MOSFET 管前向电压为 0 外,其他参数为默认值。

其实 MATLAB 库中有可变电阻仿真模型 Variable Resistor(路径为 Simscape/Foundation Library/Electrical/Electrical Elements/Variable Resistor),由于其库源不同,所以不能直接调用可变电阻模型,本次设计采用断路器和两个 5Ω 电阻串联的方式封装成可变电阻,其原理图如图 5-41 所示,

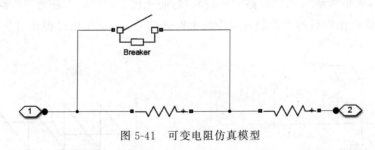

图 5-41　可变电阻仿真模型

断路器的参数设置如图 5-42 所示。

2. 控制电路的仿真模型

控制电路的仿真模型主要由 PID 模块、Repeating Sequence 模块(路径为 Simulink/Sources/Repeating Sequence)、Relational Operator 模块(路径为 Simulink/Logic and Bit Operations/Relational Operator)组成,PID 模块参数设置采用 Parallel 形式,P 为 50,I 为 10,Initial conditions 中的 Integrator 取 1,上下限幅分别为 100 和 1。Repeating Sequence 模块参数设置如图 5-43 所示。

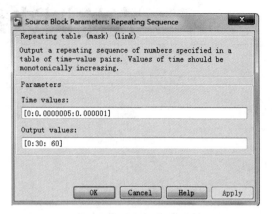

图 5-42 断路器的参数设置　　　图 5-43 Repeating Sequence 模块参数设置

仿真算法采用 ode23tb,最大步长 Max step size 为 1e-4,相对误差为 1e-3,仿真时间为 0.012s,给定电压分别为 30V 和 40V 的仿真结果如图 5-44 所示。

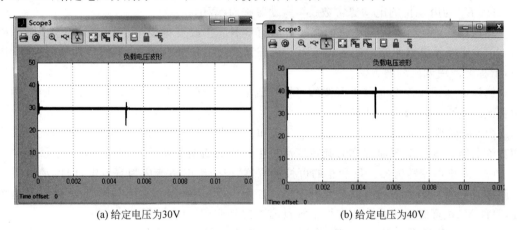

(a) 给定电压为30V　　　(b) 给定电压为40V

图 5-44 电压控制型开关电源仿真结果

仿真时,在 0.005s 处负载电阻发生突变,由 10Ω 突变为 5Ω。从图 5-44 可以看出,采用电压控制方式的开关电源能够克服扰动后稳定运行。

第6章

直流调速系统仿真

直流电动机的转速与电动机其他参数的关系为

$$n = \frac{U - I_d R}{K_e \Phi} \tag{6-1}$$

式中，n 为电动机转速（r/min）；U 为电枢电压（V）；I_d 为电枢电流（A）；R 为电枢回路总电阻（Ω）；K_e 为电动机的电动势常数；Φ 为励磁磁通（Wb）。

由式（6-1）可知，直流电动机的调速方法有 3 种：①改变电枢电压调速；②改变励磁磁通；③改变接于电枢回路中的附加电阻。第三种调速方法损耗较大，机械特性软，故很少应用，工程上常用调压调速方法。

调压调速系统需要有电压可调的可控直流电源，常用的可控直流电源有以下几种，相应的直流调速系统也有下面几种。

(1) 旋转变流机组。主要由交流电动机和直流发电机构成的机组向直流电动机提供可调直流电压。这种系统通常称为旋转变流机组供电的直流调速系统，简称 G-M 系统。

(2) 静止可控整流器。用静止的可控整流器，把交流电整流成为直流电，向电动机提供可调直流电压。如果用晶闸管构成可控整流器向电动机供电，则称为晶闸管-电动机调速系统，简称 V-M 直流调速系统。这种系统目前国内外应用较为广泛。

(3) 直流斩波器或脉宽调制变换器。在铁道电力机车、工矿电力机车、城市电车和地铁电机车、电动汽车等电力牵引设备上，常采用直流串励或复励电动机，由恒压直流电网供电。过去用切换电枢回路电阻的方法来控制电动机的起动、制动和调速，在电阻中耗电很大。为了节能并实行无触点控制，现在多改用电力电子开关器件，如快速晶闸管、GTO、IGBT 等。采用简单的单管控制时，称作直流斩波器，后来逐渐发展成采用各种脉冲宽度调制开关的电路，统称脉宽调制变换器。

与旋转变流机组及离子拖动变流装置相比，晶闸管整流装置不仅在经济性和可靠性上都有很大提高，而且在技术性能上也显示出较大的优越性。晶闸管可控整流器的功率放大倍数在 10^4 以上，其门极电流可以直接用电子控制，不再像直流发电机那样需要较大功率的放大器。在控制作用的快速性上，交流机组是秒级，而晶闸管整流器是毫秒级，这将大大提高系统的动态性能。

晶闸管整流器对过电压、过电流和过高的 du/dt 与 di/dt 都十分敏感，其中任一指标超过允许值都可能在很短的时间内损坏器件,因此必须有可靠的保护装置和符合要求的散热条件;当系统在低速运行时,晶闸管导通角很小,致使系统的功率因数很低,并产生较大的谐波电流,引起电网电压波形畸变,殃及附近的用电设备,甚至造成所谓的"电力公害",在这种情况下,必须增设无功补偿和谐波滤波装置;由于晶闸管的单向导电性,不允许电流反向,这给系统的可逆运行造成了困难。

本章只讨论调压调速仿真。

6.1　单闭环直流调速系统的仿真

6.1.1　晶闸管-直流电动机开环调速系统的仿真

图 6-1 所示为晶闸管-直流电动机调速系统原理图,图中 VT 是晶闸管可控整流器,通过调节触发装置 GT 的控制电压 U_c 来移动触发脉冲的相位,即可改变平均整流电压 U_d,从而实现平滑调速。

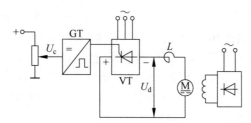

图 6-1　晶闸管-直流电动机调速系统(V-M 系统)原理图

下面介绍开环调速系统的仿真。

开环调速系统的仿真模型如图 6-2 所示。下面介绍各部分模型的建立与参数设置。

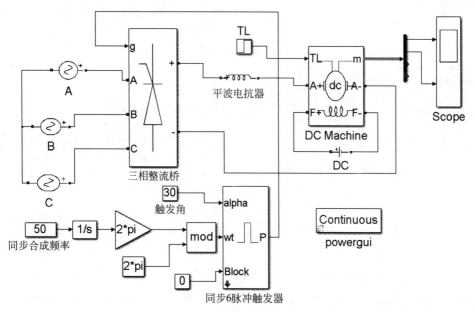

图 6-2　开环直流调速系统的仿真模型

1. 主电路的建模和参数设置

在开环直流调速中,主电路由三相对称交流电压源、晶闸管整流桥、平波电抗器、直流电动机等组成。由于同步触发器与晶闸管是不可分割的两个环节,通常将其作为一个整体来讨论,所以将触发器归到主电路进行建模。

(1) 三相对称电压源建模和参数设置。提取交流电压源模块 AC Voltage Source(路径为 Simscape/SimPowerSystems/Specialized Technology/Electrical Sources/AC Voltage Source),然后用复制的方法得到三相电源的另两个电压源模块,并把模块标签分别改为 A、B、C,按图 6-2 所示的主电路图进行连接。

(2) 三相对称电压源参数设置。双击三相交流电压源图标(这是打开模块参数设置对话框的方法,后面不再赘述),打开电压源参数设置对话框,A 相交流电压源参数设置:峰值电压为 220V,初相位为 0°,频率为 50Hz,其他默认值如图 6-3 所示。B 相与 C 相交流电压源设置参数方法:参数设置除了相位相差 120°外,其他参数与 A 相相同,注意 B 相初始相位为 240°,C 相初始相位为 120°,由此可得到三相对称交流电源。

(3) 晶闸管整流桥的建模和主要参数设置。提取晶闸管整流桥 Universal Bridge,其路径为 Simscape/SimPowerSystems/Specialized Technology/Power Electronics/Universal Bridge,并将模块标签改为"三相整流桥",然后双击模块图标打开整流桥参数设置对话框,参数设置如图 6-4 所示。当采用三相整流桥时,桥臂数取 3,电力电子元件选择晶闸管,其他参数设置原则:如果针对某个具体交流调速系统进行仿真,对话框中应取该调速系统中晶闸管元件的实际值;如果不是针对某个具体调速系统进行仿真,可以取默认值进行仿真,如果仿真结果不理想,就要适当调整各模块参数。本章主要定性论述仿真的方法,最后再定量说明具体调速系统各环节参数的具体设置。

图 6-3　AC Voltage Source 模块参数设置对话框

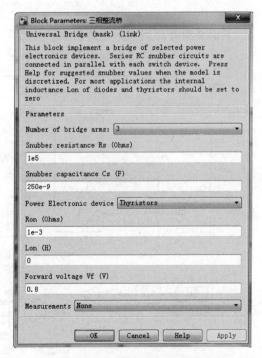

图 6-4　三相整流桥参数设置对话框

（4）平波电抗器的建模和参数设置。提取电抗器元件 RLC Branch，其路径为 Simscape/SimPowerSystems/Specialized Technology/Elements/Series RLC Branch，通过参数设置成为纯电感元件，其电抗为 1e−3，即电抗值为 0.001H，参数设置如图 6-5 所示，并将模块标签改为"平波电抗器"。

（5）直流电动机的建模与参数设置。提取直流电动机模块 DC Machine，其路径为 Simscape/SimPowerSystems/Specialized Technology/Machines/DC Machine。直流电动机励磁绕组接直流电源 DC Voltage Source，其路径为 Simscape/SimPowerSystems/Specialized Technology/Electrical Sources/DC Voltage Source，双击此图标，打开参数设置框，电压参数设置为 220V。电枢绕组经平波电抗器同三相整流桥连接。电动机 TL 端口接负载转矩。为了说明开环调速系统的性质，把负载转矩改为变量 Step，其提取路径为 Simulink/Sources/Step，参数设置如图 6-6 所示，可以看出开始负载转矩为 50，在 2s 后负载转矩变为 100。负载转矩模块标签改为 TL。直流电动机输出 m 口有 4 个合成信号，用模块 Demux（路径为 Simulink/Signal Routing/Demux）把这 4 个信号分开。双击此模块，把参数设置为 4，表明有 4 个输出，从上到下依次是电动机的角速度 ω、电枢电流 I_d、励磁电流 I_f 和电磁转矩 T_e。仿真结果可以通过示波器显示，也可以通过 OUT 端口显示。

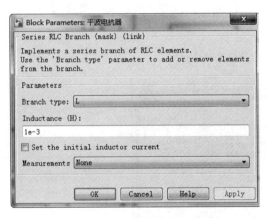 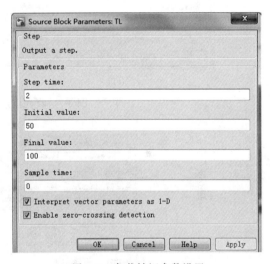

图 6-5　平波电抗器参数设置对话框　　　图 6-6　负载转矩参数设置

（6）电动机参数设置。电动机参数的设置有两种方法，比如直接根据直流电动机的铭牌数据，打开电动机参数设置对话框，如图 6-7(a)所示，5HP 表示 5 马力，240V 是额定电压，1750RPM 表示额定转速为 1750r/min，300V 是励磁电压；也可以根据直流电动机的电阻、电感参数进行设置，如图 6-7(b)所示。本书均用后者对直流电动机参数进行设置。

（7）同步脉冲触发器的建模和参数设置。同步 6 脉冲 Synchronized 6-Pulse Generator 提取路径为 Simscape/SimPowerSystems/Specialized Technology/Control and Measurements Library/Pulse & Signal Generators/Pulse Generator(Thyristor 6-Pulse)，标签改为"同步 6 脉冲触发器"，其参数设置如图 6-8 所示，按照图 6-9 连接即可。其中常数模块设定 50 表示同步合成频率为 50Hz。

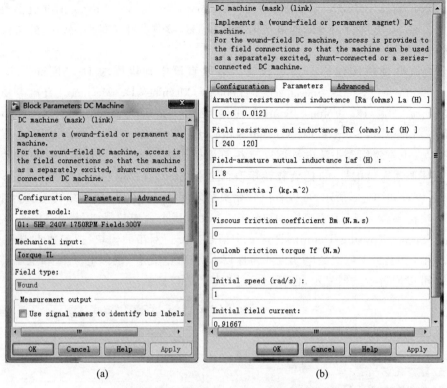

(a)　　　　　　　　　　　　　　　(b)

图 6-7　直流电动机参数设置对话框

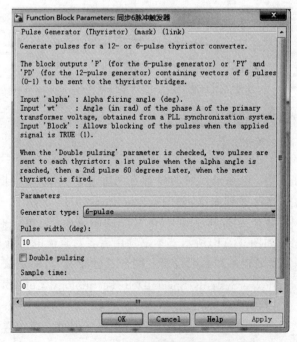

图 6-8　同步 6 脉冲触发器参数设置

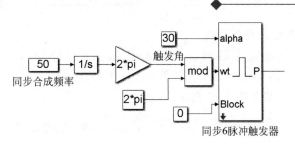

图 6-9 触发装置模型

2. 控制电路的建模与仿真

开环调速系统控制电路只有一个环节,取模块 Constant,标签改为"触发角"。双击此模块图标,打开参数设置对话框,将参数设置为某个值,此处设置为 30,也即触发角为 30°。

实际上,对于电动机负载,由于在 MATLAB 中同步触发器的输入信号为导通角 α,整流桥输出电压 U_{d0} 与导通角 α 的关系为

$$U_{d0} = U_{d0(\max)} \cos\alpha \tag{6-2}$$

当 $\alpha \leqslant 90°$ 时,整流桥处于整流状态;$\alpha = 0°$,整流桥输出电压为最大值 $U_{d0} = U_{d0(\max)}$;$\alpha = 90°$,整流桥输出电压为零。当 $\alpha > 90°$ 时,整流桥才是成为逆变的条件之一。

将主电路和控制电路的仿真模型按照如图 6-2 连接,即得到开环直流调速系统的仿真模型。

3. 系统仿真参数设置

仿真参数设置窗口的参数设置如图 6-10 所示,仿真算法选 ode23tb。

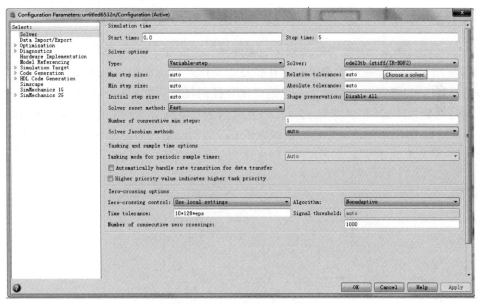

图 6-10 仿真参数设置窗口

由于不同系统需要采用不同的仿真算法,到底采用哪一种算法,可以通过仿真实践进行比较选择。在调速系统仿真中,仿真算法多采用 ode23tb。仿真时间根据实际需要而定,一般只要仿真出完整波形即可。本次仿真 Start 为 0,Stop 为 5s。仿真结果通过示波器模块 Scope(提取路径为 Simulink/Sinks/Scope)或 OUT 端口来显示。

4．系统的仿真及仿真结果分析

当建模和参数设置完成后就可以进行仿真。在 MATLAB 的模型窗口中打开 Simulation 菜单，单击 Start 命令后，系统开始进行仿真，仿真结束后可输出仿真结果。开环直流调速系统的仿真结果如图 6-11 所示。

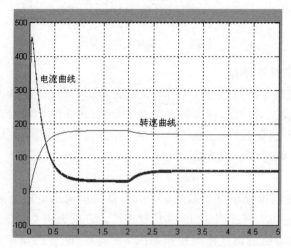

图 6-11　开环直流调速系统的仿真结果

从仿真结果看，转速很快上升，当在 2s 负载由 50N·m 变为 100N·m 时，由于开环无法起调节作用，转速下降，这同前面理论分析结果一致。

6.1.2　单闭环有静差转速负反馈调速系统的建模与仿真

由于开环调速系统往往不能达到工艺上调速稳态性能指标，所以常用闭环调速系统。

图 6-12 所示为转速负反馈单闭环有静差直流调速系统的组成原理图，该系统与图 6-1 所示的开环 V-M 系统比较增加了一个速度闭环控制环节：测速装置、速度比较及速度调节器。测速装置的形式、类别很多，这里仅以直流测速发电机为例。在电动机轴上装上一台测速发电机 TG，引出与转速成正比的反馈电压 U_n，与给定电压 U_n^* 比较后，得偏差电压 ΔU，经放大器 A 产生触发装置所需要的控制电压 U_c，用以控制电动机的转速。

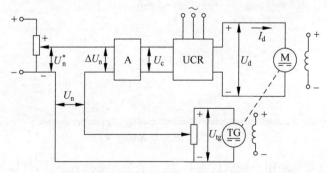

图 6-12　转速负反馈单闭环有静差直流调速系统原理框图

系统调(节)速(度)过程如下：U_n^* 值改变→U_c 值改变→α(移相控制角)大小改变→U_d 值改变→转速 n 改变。

闭环系统稳定转速过程即抗干扰调节过程如下：设负载发生变化，比如 $I_d \uparrow \to n \downarrow \to$ $U_n \downarrow \to \Delta U_n \uparrow \to U_c \uparrow \to \alpha \downarrow \to U_d \uparrow \to n \uparrow$，经过如此反复自动调节，首先抑制转速的急剧下降，然后转速逐步回升，直到转速基本上回升到给定转速时调节过程才停止，系统又进入稳定运行状态。可见，当负载变化时，整流器输出电压也相应变化，这是闭环系统能基本维持转速不变的实质性原因。

图 6-13 是单环有静差转速负反馈调速系统的仿真模型。单闭环有静差转速负反馈调速系统由给定信号、速度调节器、同步脉冲触发器、三相整流桥、平波电抗器、直流电动机、速度反馈等环节组成。

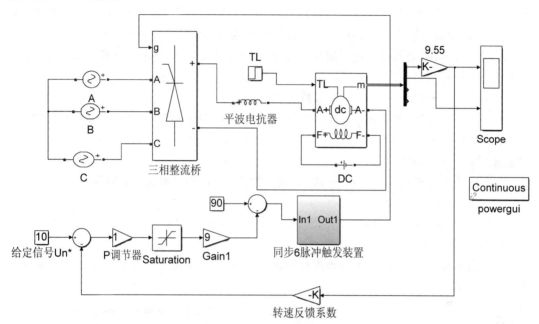

图 6-13 单闭环有静差转速负反馈调速系统的仿真模型

1. 主电路的建模和参数设置

由图 6-13 可知，主电路建模和开环调速系统大部分相同，只是把同步 6 脉冲触发器和同步合成频率部分（见图 6-9）封装起来（见图 6-14），把模块标签改为"同步 6 脉冲触发装置"。同时由于直流电动机输出的速度为角速度单位，为了将其变换成转速单位，在其转速输出端加了一个放大模块 Gain（提取路径为 Simulink/Math Operations/Gain），因 $\omega = \dfrac{2\pi n}{60}$，故把放大模块参数设置为 30/3.14。

图 6-14 同步 6 脉冲触发装置和电压检测模块封装后模型

为了同开环调速系统相比较，仍然采用变化负载，参数同前。

2. 控制电路的建模和参数设置

单闭环有静差转速负反馈调速系统的控制电路由给定信号、速度调节器、速度反馈等环节组成。根据仿真需要，另加限幅器 Saturation、比较环节模块 Sum 等。

给定信号模块就是 Constant 模块，参数设置为 10，它的物理量是给定电压信号，把此模块标签改为"给定电压信号"。

比较环节模块 Sum 提取路径为 Simulink/Math Operations/Sum,将默认参数由"＋＋"改为"＋－",

比例调节器模块就是放大模块 Gain,把参数设定为1,即放大系数为1。

从上面分析可知,同步6脉冲触发装置的输入信号是导通角,整流桥处于整流状态时导通角为 $0° \leqslant \alpha \leqslant 90°$,由于速度调节器输出信号的数值可能大于90,故需加限幅器 Saturation,提取路径为 Simulink/Discontinuities/Saturation,其参数设置上下限幅为10和－10。

从前面叙述可知,在仿真中限幅器输出信号不能直接连同步触发器的输入端,必须经过适当转换,使限幅器输出信号同整流桥的输出电压对应,即限幅器输出信号为零时,整流桥的输出电压为零,限幅器输出达到限幅 U_i^*(10V)时,整流桥输出电压为最大值 $U_{d0(max)}$,因此转换模块仿真模型如图 6-15 所示。

Constant 参数设置为90,Gain 参数设置为9。

从转换模块可知,当限幅器输出为零电压时,同步6脉冲触发器的输入信号 α 为90°,整流桥输出电压为零;当限幅器输出为最大限幅(10V)时,同步6脉冲触发器的输入信号为0°,整流桥输出电压为 $U_{d0(max)}$。

转速反馈系数模块就是 Gain 模块,参数设置为0.01,即表示反馈系数为0.01。

3. 系统仿真参数设置

仿真中所选择的算法为 ode23tb,Start 设为0,Stop 设为5s。

4. 仿真结果分析

当建模和参数设定后,即可开始进行仿真。图 6-16 是单闭环有静差转速负反馈调速系统的仿真结果。

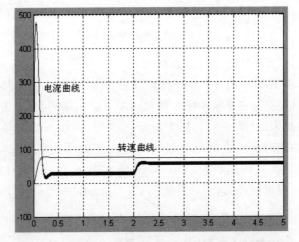

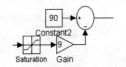

图 6-15   转换模块仿真模型   图 6-16   单闭环有静差转速负反馈调速系统仿真结果

从仿真结果可以看出,在比例调节器的作用下,电动机转速很快达到稳态,当在 2s 负载由 50N·m 变为 100N·m 时,系统快速进行调节,使转速很快上升到稳态值。

6.1.3　单闭环无静差转速负反馈调速系统的建模与仿真

前面讨论的有静差调速系统是指调速系统稳定运行时,系统的给定值与被调量的反馈值不相等,即系统偏差电压 $\Delta U = U_n^* - U_n \neq 0$,在采用比例放大器(调节器)的有静差调速系统中,增大系统开环放大系数 K 固然可减少静差,但 K 值过大又往往引起系统的不稳定,而且事实上在有静差调速系统中 ΔU 也不可能为零,采用比例积分调节器组成的无静差调速系统就能很好地解决系统静态和动态之间的这种矛盾。本节将研究的无静差调速系统是指调速系统稳定运行时系统的给定值与被调量的反馈值理论上完全相等,即系统的偏差电压为

$$\Delta U = U_n^* - U_n = 0$$

积分调节器具有以下几个重要的特点。

(1) 延缓作用。输入阶跃信号时,输出呈线性增长,输出响应滞后于输入,这就是积分调节器的延缓作用。

(2) 积累作用。只要有输入信号,哪怕是很微小的,就会有积分输出,直至输出达到限幅值为止,这就是积分调节器的积累作用。

(3) 记忆作用。在积分过程中,如果输入信号突然变为零,其输出仍然保持在输入信号改变之前的数值上,这就是积分调节器的记忆作用。调速系统正是利用积分调节器的这种积累和记忆功能消除静态偏差的。

(4) 动态放大系数自动变化的作用。若积分调节器初始状态为零,随着时间的增长,输出逐渐增大,这表明积分调节器的动态放大系数是自动变化的。当停止积分输出时,放大系数达到最大,等于放大器本身的开环放大系数。利用积分调节器这一重要特点,就能巧妙地处理好调速系统静态和动态性能之间的矛盾。因为它能使系统在稳态时有很大的放大系数,从而使静态偏差极小,理论上消除偏差;而在动态时又能使放大系数大大降低,从而保持系统具有良好的稳定性。

将比例调节器(简称 P 调节器)和积分调节器进行比较,两者控制规律主要差别在于:前者输出响应快,放大系数增大时能使系统静差减少,但不能消除,而且放大系数过大又会破坏系统的稳定性;而后者是积累输出,响应慢,动态时其放大系数小,使系统动态稳定性好,在稳态时其放大系数又能保持很大,使系统能消除静差。

单闭环无静差转速负反馈调速系统由给定信号、速度调节器、同步脉冲触发器、三相整流桥、平波电抗器、直流电动机、速度反馈等环节组成。图 6-17 是单闭环无静差转速负反馈调速系统的仿真模型。

1. 单闭环无静差转速负反馈调速系统的建模和参数设置

由图 6-17 可知,单闭环无静差调速建模和单闭环有静差调速建模大部分相同,只是把转速调节器换成 PI 调节器(PID Controller),提取路径为 Simulink/Continuous/PID Controller。由于 PI 调节器本身带输出限幅值,故不再需要限幅器模块,PI 调节器参数设置如图 6-18 所示,转速反馈系数为 0.01。

为了同开环调速系统相比较,仍然采用变化负载,参数同前。

2. 系统仿真参数设置

仿真中所选择的算法为 ode23tb,Start 设为 0,Stop 设为 5s。

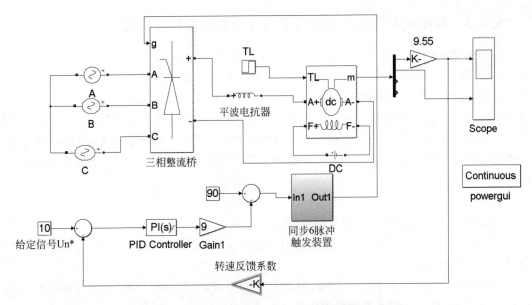

图 6-17 单闭环无静差转速负反馈调速系统的仿真模型

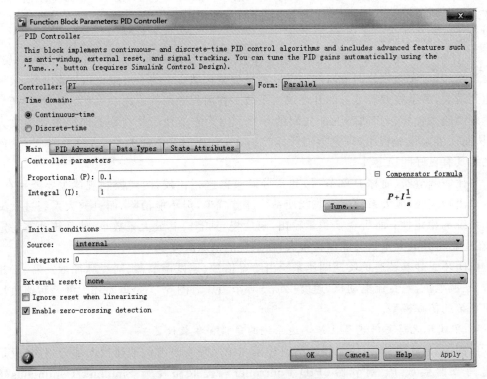

图 6-18 PI 调节器参数设置

3. 仿真结果分析

(1) 负载变化时转速和电流曲线如图 6-19 所示。从结果可以看出,当在 2s 负载由 50N·m 变成 100N·m 时,转速下降,通过 PI 调节器的调节作用,转速恢复到稳态状态,但 其动态响应比比例调节器慢。

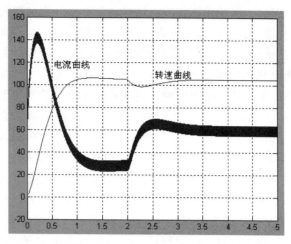

图 6-19 单闭环无静差转速负反馈调速系统的仿真结果

（2）不同给定电压时调速系统的转速。为了进一步研究不同给定电压时单闭环无静差转速负反馈调速系统的性质，把负载换成恒定负载，取值为 50，给定电压信号 U_n^* 分别为 10V、8V 和 5V 时，图 6-20(a)、(b)、(c)分别是相应给定电压信号 U_n^* 时的仿真结果。

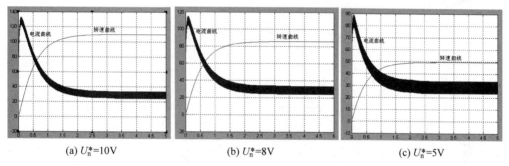

(a) U_n^*=10V   (b) U_n^*=8V   (c) U_n^*=5V

图 6-20 不同给定电压时单闭环无静差转速负反馈调速系统的仿真结果

从上面仿真结果可以看出，当给定电压信号改变时，转速曲线也跟着改变，电动机转速依次变成 110rad/s、85rad/s 和 50rad/s，从而证明前面理论的正确性。

6.1.4 单闭环电流截止转速负反馈调速系统的建模与仿真

转速负反馈单闭环调速系统有一个明显的缺点：当电动机处在堵转情况下，电动机的电磁转矩小于负载转矩，这时电动机的转速为零。反馈的电压 U_n 也为零，调节器的输入端电压就为 $\Delta U_n = U_n^* - U_n = U_n^*$，使得调节器的输入端电压很大，经过 K_p、K_s 放大后，U_{d0} 就很大，从电机学可以知道

$$U_{d0} = E + I_d R \qquad (6-3)$$

由于转速为零，$E = C_e n = 0$，这样很高的电压直接加在电动机电枢上，很容易烧毁电动机。

如果在电动机电枢电流过大时，在调节器的输入端加个电流负反馈 U_i，则调节器输入端的电压就为 $\Delta U_n = U_n^* - U_n - U_i$，这样当闭环调速系统堵转电流过大时，调节器的输入由

于电流负反馈的加入就变小,从而可以保护直流电动机。但在电动机的负载较小的情况下,就不希望出现电流负反馈。这时因为电流负反馈会使得电动机的机械特性变软,影响稳态调速指标。因此设置截止电流 I_{dcr},当电动机的电枢电流 $I_d < I_{dcr}$ 时,无电流截止负反馈,只有转速负反馈,而当电动机的电枢电流 $I_d > I_{dcr}$ 时,电流截止负反馈就起作用,把电流限制在允许范围内,这种当电流大到一定程度时才出现的电流负反馈称为电流截止负反馈。

1. 系统的组成和工作原理

带有电流截止负反馈环节的闭环直流调速系统的原理如图 6-21 所示。这种系统是在转速闭环调速系统的基础上,引入电流截止 L 负反馈环节而构成的。从图 6-21 上可见,电流截止负反馈环节由主回路电流信号检测和比较电压两部分组成,采用三相交流电流互感器 TA 对主回路电流 I_d 进行检测,TA 经电阻将三相交流电流变成交流电压,经整流后得到电流信号电压 U_{i1},U_{i1} 与 I_d 成正比,即 $U_{i1} = \beta I_d$,β 为电流反馈系数。将稳压管 VS 的稳压值 U_{br} 作为比较电压,使 U_{i1} 与 U_{br} 进行比较。设临界截止电流为 I_{dcr},当 $I_d < I_{dcr}$ 时,$U_{i1} < U_{br}$,VS 截止,将电流反馈切断;当 $I_d > I_{dcr}$ 时,$U_{i1} > U_{br}$,稳压管 VS 反向击穿,通过负反馈电流,于是就有了电流负反馈信号电压 U_i,迫使 U_d 迅速减小,电动机转速随之降低,I_d 继续增大时,转速继续下降直至堵转,当造成 I_d 迅速增加的原因排除后,I_d 又小于 I_{dcr},电流负反馈又被截止,系统又自动恢复正常运行。

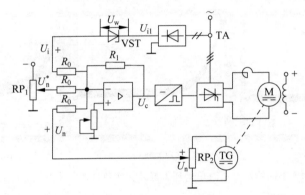

图 6-21　带电流截止负反馈环节的闭环直流调速系统原理图

单闭环电流截止转速负反馈调速系统的仿真模型如图 6-22 所示。该系统由给定信号、速度调节器、同步 6 脉冲触发装置、三相整流桥、平波电抗器、直流电动机、速度反馈等环节组成。此系统与单闭环无静差转速负反馈调速系统相比较大部分相同,只多了一个电流比较模块和电流反馈。

2. 电流截止环节建模

电压比较模块就是 Sum 模块,把参数设置为"＋ － －"即可。电流比较模块 Switch 的提取路径为 Simulink/Signal Routing/Switch,标签改为"电流比较环节",Switch 有 3 个端口,从上到下依次为 $u(1)$、$u(2)$、$u(3)$,双击此模块,可以看到一个可设参数的对话框。假设这个参数 Threshold 叫设定值。由 $u(2)$ 的端口输入值同设定值相比较,决定输出端口 $u(1)$ 或端口 $u(3)$ 的值。当设置参数如图 6-23(a)所示时,表明当端口值 $u(2)$ 大于 120 就输出端口值 $u(1)$,当端口值小于 120 时就输出端口值 $u(3)$。图 6-23(b)为电流比较环节建模。

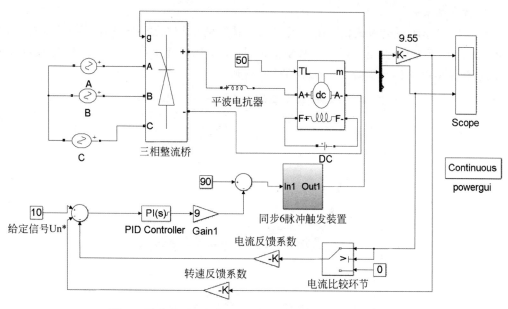

图 6-22　单闭环电流截止转速负反馈调速系统的仿真模型

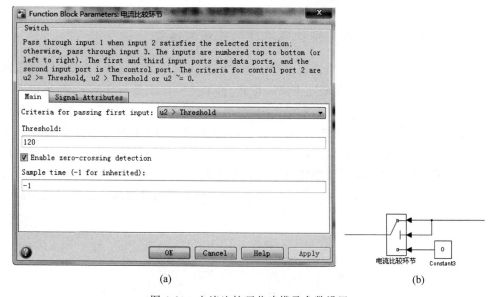

(a)　　　　　　　　　　　　　　(b)

图 6-23　电流比较环节建模及参数设置

通过 Switch 参数设置,可以看出当电动机电枢电流小于 120A 时,输出端口值 $u(3)$,其值为零,即电流截止环不起作用;当电动机电枢电流大于 120A 时,输出端口值 $u(1)$,其值就是电动机电枢电流值,电流反馈系数取 0.75。

3. 系统仿真参数设置

仿真中所选择的算法为 ode23tb,Start 设为 0,Stop 设为 5s。当建模和参数设置完成后,即可进行仿真。

4. 仿真结果分析

图 6-24 是单闭环电流截止转速负反馈调速系统的电流曲线和转速曲线,可以看出,电枢电流始终小于 120A。由于限制了起动电流,同单闭环转速负反馈图 6-19 相比较可以看出,该系统使得电动机经稍微长一点时间转速达到稳态。

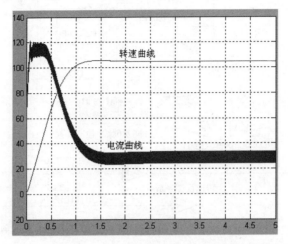

图 6-24　单闭环电流截止转速负反馈调速系统的仿真结果

6.1.5　单闭环电压负反馈调速系统的建模与仿真

直流调速系统中最基本的形式是目前广泛应用的晶闸管直流调速系统,采用直流测速发电机作为转速检测元件,实现转速的闭环控制,再加上一些积分与校正方法,可以获得比较满意的静、动态性能。然而,在实际应用中,由于直流发电机成本较高,而且安装和维护都比较麻烦,常常是系统装置中可靠性的薄弱环节。电动机的转速和端电压有关,电动机的端电压就能反映电动机的转速。因此可用电动机端电压负反馈取代转速负反馈,构成电压负反馈调速系统。但这种系统只能维持电动机端电压恒定,而对电动机电枢电阻压降引起的静态速降不能予以抑制,因此,系统静特性较差,只适用于对精度要求不高的调速系统。电压负反馈直流调速系统原理如图 6-25 所示。

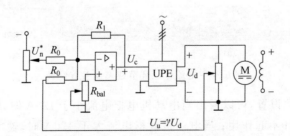

图 6-25　电压负反馈直流调速系统原理图

从图 6-25 可以看出,电压负反馈检测的是电动机两端电压,通过分压回馈到调节器的输入端,和给定信号相比较,控制电动机的转速。

1. 系统的建模和模型参数设置

单闭环电压负反馈调速系统的仿真模型如图 6-26 所示,同单闭环无静差调速系统相比较,两者反馈信号不同,电压反馈是从电动机两端取出电压后,经过处理,进入 PI 调节器中。电压反馈系数取 0.05,其他环节参数设置同单闭环无静差调速系统相同。

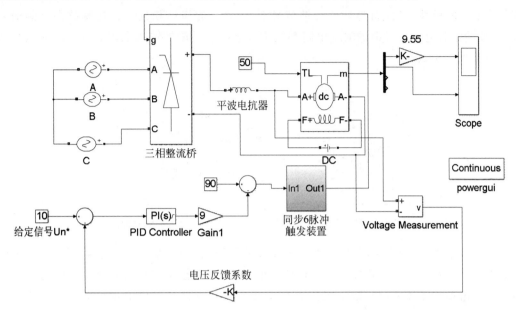

图 6-26 单闭环电压负反馈调速系统的仿真模型

2. 系统仿真参数设置

仿真中所选择的算法为 ode23tb,Start 设为 0,Stop 设为 5s。

3. 仿真结果

仿真结果如图 6-27 所示。

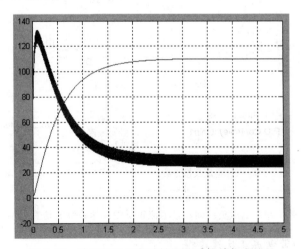

图 6-27 单闭环电压负反馈调速系统的仿真结果

6.1.6 单闭环电压负反馈和带电流正反馈调速系统的建模与仿真

由于电压负反馈降低了调速系统稳态性能指标,为了进一步提高调速系统稳态性能指标,可以在电压负反馈的基础上加上电流正反馈。电流正反馈的作用又称为电流补偿控制。

附加电流正反馈的电压负反馈直流调速系统原理如图 6-28 所示。在主电路中串入取样电阻 R_s,由 $I_d R_s$ 取电流正反馈信号。要注意串接电阻 R_s 的位置,须使 $I_d R_s$ 的极性与转速给定信号 U_n^* 的极性一致,而与电压反馈信号 $U_u = \gamma U_d$ 的极性相反。在运算放大器的输入端,转速给定和电压负反馈的输入电阻都是 R_0,电流正反馈的输入电阻是 R_2,以便获得适当的电流反馈系数 β。

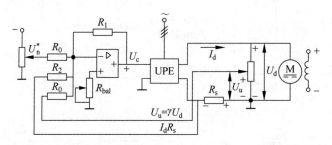

图 6-28 附加电流正反馈的电压负反馈直流调速系统原理图

当负载增大,使静态速降增加时,电流正反馈信号也增大,即调节器的输入增加,通过运算放大器使晶闸管整流装置控制电压也随之增加,从而补偿了转速的降落。具体的补偿作用有多少由系统各环节的参数决定。图 6-29 是电压负反馈和带电流正反馈调速系统的仿真模型。

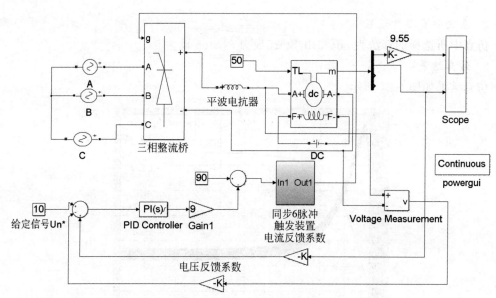

图 6-29 电压负反馈和带电流正反馈调速系统的仿真模型

1. 电压负反馈和带电流正反馈建模

把电压比较环节 Sum 参数设置为"＋ － ＋",电流反馈系数为 0.05,连接到比较环节"＋"端,其他参数同电压负反馈调速系统仿真相同。

2. 系统仿真参数设置

仿真中所选择的算法为 ode23tb,Start 设为 0,Stop 设为 5s。

3. 仿真结果

仿真结果如图 6-30 所示。

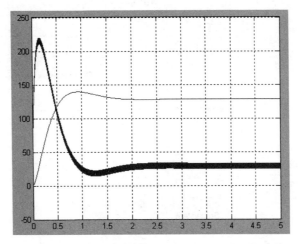

图 6-30 电压负反馈和带电流正反馈调速系统的仿真结果

图 6-30 所示为电压负反馈和带电流正反馈调速系统的仿真曲线,同图 6-27 相比较可以看出,其稳态转速比电压负反馈高,从而说明带电流正反馈的电压负反馈可以减小稳态速降,甚至能够做到无静差。

前面几个仿真只是定性地介绍了各调速系统仿真的建模和主要参数的设置,并没有涉及如何设置调节器的参数。下面举例说明如何针对某个具体直流调速系统进行各环节参数的设置。

6.1.7 单闭环转速负反馈调速系统定量仿真

1. 模型建立

单闭环转速负反馈直流调速系统定量仿真模型如图 6-31 所示,主电路是由晶闸管可控整流器供电的系统,已知数据如下:电动机的额定数据为 10kW、220V、55A、1000r/min,电枢电阻 $R_a = 0.5\Omega$,晶闸管触发整流装置为三相桥式可控整流电路,整流变压器连接星形 Y,二次线电压 $U_{21} = 230V$,电压放大系数 $K_s = 44$,系统总回路电阻为 $R = 1\Omega$,测速发电机是永磁式,额定数据为 23.1W、110V、0.21A、1900r/min,直流稳压电源 -12V,系统运动部分的飞轮惯量为 $GD^2 = 10N \cdot m^2$,稳态性能指标 $D = 10$,$s \leqslant 5\%$,试对根据伯德图方法所设计的 PI 调节器参数单闭环直流调速系统进行仿真。

根据伯德图的方法设计的 PI 调节器参数为 $K_p = 0.559$,$K_i = \dfrac{1}{\tau} = 11.364$,选择 Parallel 模式,ASR 的 $P = K_p = 0.599$,$K_i = \dfrac{1}{\tau} = 11.364$,上下限幅值取[10 0]。整流桥的导通电阻 $R_{on} = R - R_a = 0.5\Omega$,电动机额定负载为 101.1N · m,电动机电枢电感参数为 0.017H(回路总电感)。由于电动机输出信号是角速度 ω,故需将其转化成转速($n = 60\omega/2\pi$),因此在电动机角速度输出端接 Gain 模块,参数设置为 30/3.14。转速反馈系数为 12/1000。

电动机本体模块参数中互感数值的设置是正确仿真的关键因素。实际电动机互感参数

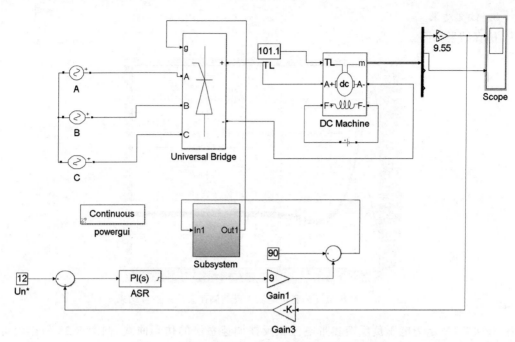

图 6-31 单闭环转速负反馈调速系统定量仿真模型

与直流电动机的类型有关,也与励磁绕组和电枢绕组的绕组数有关,从 MATLAB 中的直流电动机模块可以看出其类型为他励直流电动机,为了使各种类型的直流电动机都能够归结于 MATLAB 中直流电动机模块,其互感参数公式为

$$L_{af} = \frac{30}{\pi} \frac{C_e}{I_f} \tag{6-4}$$

又

$$C_e = \frac{U_N - I_N R_a}{n_N} \tag{6-5}$$

$$I_f = \frac{U_f}{R_f} \tag{6-6}$$

式中,C_e 为电动机常数;U_f、R_f 分别为励磁电压和励磁电阻;U_N、R_a、I_N、n_N、I_f 分别为电动机额定电压、电枢电阻、额定电流、额定转速和励磁电流。

在具体仿真时,首先根据电动机的基本数据,写入电动机本体模块中对应参数:$R_a = 0.5\Omega, L_a = 0.017\mathrm{H}, R_f = 240\Omega, L_f = 120\mathrm{H}$。至于电动机本体模块的互感参数,则根据电动机常数和励磁电流由式(6-4)得到即可。由于

$$C_e = \frac{U_N - I_N R_a}{n_N} = \frac{220 - 55 \times 0.5}{1000} = 0.1925$$

电动机本体模块参数中飞轮惯量 J 的单位是 kg·m²,而转动惯量 GD² 的单位是 N·m²,两者之间关系为

$$J = \frac{GD^2}{4g} = \frac{10}{4 \times 9.8} = 0.255$$

互感数值的确定如下:励磁电压为 220V,励磁电阻取 240Ω,则

$$I_f = \frac{220}{240} = 0.916\,67(\mathrm{A})$$

由式(6-6)得

$$L_{af} = \frac{30}{\pi}\frac{C_e}{I_f} = \frac{30}{\pi}\frac{0.1925}{0.916\,67} = 2.007(\mathrm{H})$$

2. 系统仿真参数设置

仿真中所选择的算法为 ode23tb,Start 设为 0,Stop 设为 5s。

3. 仿真结果分析

仿真结果如图 6-32 所示。

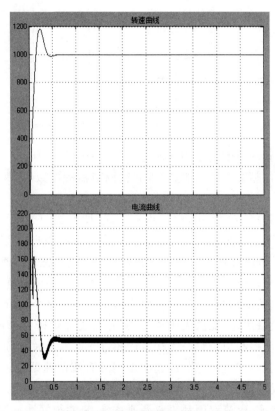

图 6-32　单闭环转速负反馈调速系统定量仿真结果

从仿真结果可以看出,当给定电压为 12V 时,电动机工作在额定转速 1000r/min 状态,电枢电流接近 55A,从而说明仿真模型及参数设置的正确性。

6.2　双闭环及 PWM 直流调速系统仿真

采用 PI 调节器的转速负反馈、电流截止负反馈的直流调速系统可以在保证系统稳定的前提下实现转速无静差。但是,如果对系统的动态性能要求较高,例如要求快速起制动、突加负载动态速降小等,则单闭环系统就难以满足需要,这主要是因为在单闭环系统中不能完全按照需要来控制动态过程中的电流和转矩。从图 6-33(a)所示波形图可见,当电流上升到临界截止电流值 I_{dcr} 之后,电流截止负反馈起作用,这时虽能限制最大起动电流的冲击,但是维持最大起动电流的时间是短暂的,维持最大允许起动转矩的时间也就极短,这就不能充分利用电动机的过载能力,获得最快起动响应了。如果调速系统在起动过程中电流和转速的波形达到如图 6-33(b)所示的理想快速起动过程,那么电动机在整个起动过程中就能恒流加速起动,实现允许条件下的最短起动时间控制了。

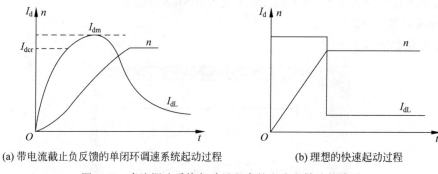

(a) 带电流截止负反馈的单闭环调速系统起动过程   (b) 理想的快速起动过程

图 6-33 直流调速系统起动过程中的电流和转速的波形

此外,在带电流截止环节的转速闭环调速系统中,把转速和电流两种反馈信号都加到同一个调节器上进行综合,相互关联影响,很难调整调节器的参数,以保证两种调节过程同时具有良好的动态性能。

实际上,由于主电路电感的作用,电流不能突跳,图 6-33(b)所示的理想起动波形只能得到近似的逼近,不能完全实现。为了实现在允许条件下最快起动,关键是要获得一段使电流保持为最大值 I_{dm} 的恒流过程。按照反馈控制规律,采用某个物理量的负反馈就可以保持该量基本不变,那么采用电流负反馈就应该能得到近似的恒流过程,这样就要控制转速和电流两个信号。而在这两个信号中,转速可以人为给定且在整个运行过程中都要控制,电流信号在稳定运行时由负载决定,无法人为给定,只有在实际转速与给定转速产生误差时,才对其进行控制,且这时的控制值也只是不让电流超过允许的最大值,这样就不能让它和转速负反馈同时加到一个调节器的输入端,前述的单闭环直流调速系统就不能满足要求了。可以把转速和电流两种反馈信号分开且分别进行调节控制,以达到系统具有优良的稳态和动态品质。于是提出了转速、电流双闭环直流调速系统,它能很好地解决上述问题。

6.2.1 转速、电流双闭环直流调速系统定量仿真

转速、电流双闭环直流调速系统如图 6-34 所示,由图可见,在系统中设置转速调节器(ASR)和电流调节器(ACR)分别对转速和电流进行调节,二者之间实行嵌套(或称串级)连接,即把转速调节器的输出作为电流调节器的输入,再用电流调节器的输出去控制晶闸管整流器的触发装置。从闭环结构上看,电流环在里面,叫作内环;而转速环在外面,称为外环。这样便组成了转速负反馈、电流负反馈的双闭环直流调速系统。

为了获得良好的静态和动态性能,通常转速调节器和电流调节器均采用 PI 调节器,两个调节器的输出均带有限幅,ASR 的输出限幅电压为 U_{im}^*,它决定了 ACR 给定电压的最大值,也就设定了电动机的最大电流 I_{dm},U_{im}^* 的大小可根据电动机的过载能力和系统对起动

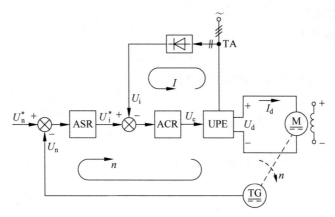

图 6-34　转速、电流双闭环直流调速系统

过程快速性的需要整定，ACR 的输出限幅电压 U_{cm} 限制了晶闸管整流器的最大输出电压 U_{dm}。

　　双闭环调速系统可以充分利用直流电动机的过载能力，使得电动机在起动过程中以接近最大允许电流运行，且电流内环对系统也进行了改造，提高了系统的动态性能。

　　例 6-1　某晶闸管供电的双闭环直流调速系统，整流装置采用三相桥式电路，基本数据如下：直流电动机 220V、136A、1460r/min、$C_e = 0.132$V·min/r，允许过载倍数 $\lambda = 1.5$；晶闸管装置放大系数 $K_s = 40$；电枢回路总电阻 $R = 0.5\Omega$；时间常数 $T_l = 0.03$s，$T_m = 0.18$s；电流反馈系数 $\beta = 0.05$V/A(≈ 10V/$1.5I_N$)。转速反馈系数 $\alpha = 0.007$V·min/r(≈ 10V/n_N)，试按工程设计方法设计电流调节器和转速调节器。要求电流超调量 $\sigma_i \leqslant 5\%$。转速无静差，空载起动到额定转速时的转速超调量 $\sigma_n \leqslant 10\%$，通过仿真证明设计的正确性。

　　【解】　1) 设计电流调节器。

　　(1) 确定时间常数。

　　① 整流装置滞后时间常数 T_s。相桥式电路平均失控时间 $T_s = 0.0017$s。

　　② 电流滤波时间常数 T_{oi}。三相桥式电路每个波头的时间是 3.3ms，为了基本滤平波头，应有 $(1 \sim 2)T_{oi} = 3.33$ms，因此取 $T_{oi} = 2$ms $= 0.002$s。

　　③ 电流环小时间常数之和 $T_{\Sigma i}$。按小时间常数近似处理，取 $T_{\Sigma i} = T_s + T_{oi} = 0.0037$s。

　　(2) 选择电流调节器结构。

　　根据设计要求 $\sigma_i \leqslant 5\%$，无静差，可按典型 I 型系统设计电流调节器。电流环控制对象是双惯性型的，因此可用 PI 型电流调节器。

　　(3) 计算电流调节器参数。

　　电流调节器超前时间常数

$$\tau_i = T_l = 0.03\text{s}$$

电流环开环增益要求 $\sigma_i \leqslant 5\%$ 时，取 $K_I T_{\Sigma i} = 0.5$，因此

$$K_I = \frac{0.5}{T_{\Sigma i}} = \frac{0.5}{0.0037} = 135.1\text{s}^{-1}$$

ACR 选用 PI 调节器，其比例系数

$$K_i = \frac{K_I \tau_i R}{\beta K_s} = \frac{135.1 \times 0.03 \times 0.5}{0.05 \times 40} = 1.013$$

（4）校验近似条件。

电流环截止频率为

$$\omega_{ci} = K_I = 135.1 \mathrm{s}^{-1}$$

① 晶闸管整流装置传递函数的近似条件

$$\frac{1}{3T_s} = \frac{1}{3 \times 0.0017} = 196.1 \mathrm{s}^{-1} > \omega_{ci} = 135.1 \mathrm{s}^{-1}$$

满足近似条件。

② 忽略反电动势对电流环影响的近似条件

$$3\sqrt{\frac{1}{T_m T_l}} = 3 \times \sqrt{\frac{1}{0.18 \times 0.03}} = 40.82 \mathrm{s}^{-1} < \omega_{ci} = 135.1 \mathrm{s}^{-1}$$

满足近似条件。

③ 小时间常数环节的近似处理条件

$$\frac{1}{3}\sqrt{\frac{1}{T_s T_{oi}}} = \frac{1}{3} \times \sqrt{\frac{1}{0.0017 \times 0.002}} = 180.8 \mathrm{s}^{-1} > \omega_{ci} = 135.1 \mathrm{s}^{-1}$$

满足近似条件。

2）设计转速调节器。

（1）确定时间常数。

① 电流环等效时间常数 $1/K_I$。$\dfrac{1}{K_I} = 2T_{\Sigma i} = 2 \times 0.0037 = 0.0074 \mathrm{s}$。

② 转速滤波时间常数 T_{on}。根据所用测速发电机纹波情况，取 $T_{on} = 0.01\mathrm{s}$。

③ 转速环小时间常数 $T_{\Sigma n}$。按小时间常数近似处理，取

$$T_{\Sigma n} = \frac{1}{K_I} + T_{on} = 0.0074 + 0.01 = 0.0174 \mathrm{s}$$

（2）选择转速调节器结构。

按照设计要求，转速无静差，故选用 PI 调节器。

（3）计算转速调节器参数。

根据跟随和抗扰性能都较好的原则，取 $h = 5$，则 ASR 的超前时间常数为

$$\tau_n = hT_{\Sigma n} = 5 \times 0.0174 = 0.087 \mathrm{s}$$

转速环的开环放大倍数为

$$K_N = \frac{h+1}{2h^2 T_{\Sigma n}^2} = \frac{6}{50 \times 0.0174^2} = 396.4 \mathrm{s}^{-2}$$

ASR 的比例系数为

$$K_n = \frac{(h+1)\beta C_e T_m}{2h\alpha R T_{\Sigma n}} = \frac{6 \times 0.05 \times 0.132 \times 0.18}{10 \times 0.007 \times 0.5 \times 0.0174} = 11.7$$

（4）检验近似条件。

转速环截止角频率为

$$\omega_{cn} = \frac{K_N}{\omega_1} = K_N \tau_n = 396.4 \times 0.087 = 34.5 \mathrm{s}^{-1}$$

① 电流环传递函数简化条件为

$$\frac{1}{3}\sqrt{\frac{K_\mathrm{I}}{T_{\Sigma\mathrm{i}}}} = \frac{1}{3}\sqrt{\frac{135.1}{0.0037}} = 63.7\mathrm{s}^{-1} > \omega_\mathrm{cn}$$

② 转速环小时间常数近似处理条件为

$$\frac{1}{3}\sqrt{\frac{K_\mathrm{I}}{T_{\mathrm{on}}}} = \frac{1}{3}\sqrt{\frac{135.1}{0.01}} = 38.7\mathrm{s}^{-1} > \omega_\mathrm{cn}$$

二项近似处理均满足近似条件。

本次仿真是根据工程设计方法确定调节器参数的定量仿真。双闭环直流调速系统仿真模型如图 6-35 所示。在进行定量仿真时,对电动机本体参数要进行适当的变换。下面介绍双闭环直流调速系统各部分环节的仿真模型与参数设置。

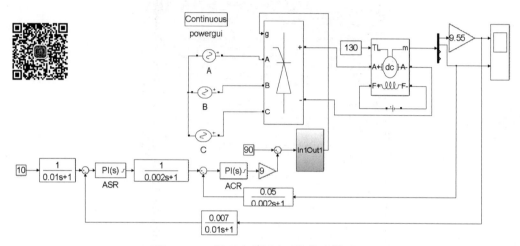

图 6-35 双闭环直流调速系统仿真模型(1)

1. 主电路模型的建立与参数设置

主电路由直流电动机本体模块、三相对称电源、同步 6 脉冲触发器、负载等模块组成。同步 6 脉冲触发器的仿真模型同单闭环直流调速系统相同。

电动机本体模块参数中互感数值的设置与单闭环调速系统定量仿真相同,即在具体仿真时,首先根据电动机的基本数据,写入电动机本体模块中对应参数,电动机本体模块的互感参数,则根据电动机常数和励磁电流由式(6-4)得到。

其他环节参数设置:电源 A、B、C 设置峰值电压为 220V,频率为 50Hz,相位分别为 0°、240° 和 120°。整流桥的内阻 $R_{\mathrm{on}} = R - R_\mathrm{a} = 0.3\Omega$。电动机负载取 130N·m。励磁电源为 220V。由于电动机输出信号是角速度 ω,将其转化成转速 n,单位为 r/min,在电动机角速度输出端接 Gain 模块,参数设置为 30/3.14。

根据公式 $C_\mathrm{e} = \dfrac{U_\mathrm{N} - I_\mathrm{N}R_\mathrm{a}}{n_\mathrm{N}}$ 可以得到 $R_\mathrm{a} = 0.2\Omega$,根据公式 $T_\mathrm{m} = \dfrac{\mathrm{GD}^2 R}{375 C_\mathrm{e} C_\mathrm{m}} = \dfrac{\mathrm{GD}^2 R}{375 C_\mathrm{e} \frac{30}{\pi} C_\mathrm{e}}$

可以得到 $\mathrm{GD}^2 = 22.47\mathrm{N}\cdot\mathrm{m}^2$,根据公式 $T_1 = \dfrac{1}{R}$ 可以得到回路总电感 $L = 0.015\mathrm{H}$。

电动机本体模块参数中飞轮惯量 J 的单位是 kg·m²,而转动惯量 GD^2 的单位是 N·m²,

两者之间关系为

$$J = \frac{GD^2}{4g} = \frac{22.47}{4 \times 9.8} = 0.573$$

互感数值的确定如下：励磁电压为 220V，励磁电阻取 240Ω，则由式(6-6)得

$$I_f = \frac{220}{240} = 0.916\ 67(A)$$

由式(6-4)得

$$L_{af} = \frac{30}{\pi} \frac{C_e}{I_f} = \frac{30}{\pi} \frac{0.132}{0.916\ 67} = 1.376(H)$$

电动机参数设置如图 6-36 所示。

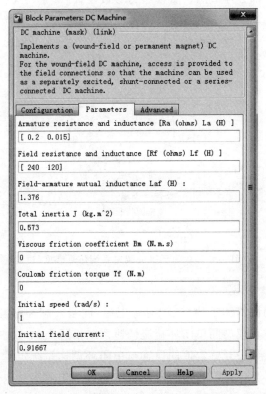

图 6-36　定量仿真的电动机参数设置

2. 控制电路模型的建立与参数设置

控制电路由 PI 调节器、滤波模块、转速反馈和电流反馈等环节组成。转速调节器（ASR）和电流调节器（ACR）的参数就是根据工程设计方法得到的参数，在这里需要着重说明的是，调节器参数可以写成 $K_p + \frac{K_p}{\tau s}$ 形式，也可以写成 $K_p + \frac{1}{\tau s}$ 形式。这是通过 Form 右边下拉菜单选择的。当选择 Ideal 时，就是 $P\left(1 + I\frac{1}{s}\right)$ 形式；即 ASR 的 $P = K_p = 11.7$，$I = K_i = \frac{1}{\tau_n} = \frac{1}{0.087} = 11.49$，ACR 的 $P = K_p = 1.013$，$I = K_i = \frac{1}{\tau_n} = \frac{1}{0.03} = 33.33$。当选择

Parallel 时，就是 $P + I \dfrac{1}{s}$ 形式。即 ASR 的 $P = K_p = 11.7, I = K_i = \dfrac{K_p}{\tau_n} = \dfrac{11.7}{0.087} = 134$，ACR 的 $P = K_p = 1.013, I = K_1 = \dfrac{K_i}{\tau_i} = \dfrac{1.013}{0.03} = 33.77$。同时两个调节器的初始化中的 Integrator 取参数 1，上下限幅值均取 $[10 \quad 0]$。特别要注意的是，ASR 和 ACR 调节器标签 PID advanced 中的 Anti-windup method 下面的下拉菜单中均选择 clamping，其他参数为默认值，现选用 Ideal 模式。带滤波环节的转速反馈系数模块路径为 Simulink/Continuous/Transfer Fcn，参数设置：Numerator coefficients 为 $[0.007]$，Denominator coefficients 为 $[0.01 \quad 1]$。带滤波环节的电流反馈系数参数设置：Numerator coefficients 为 $[0.05]$，Denominator coefficients 为 $[0.002 \quad 1]$。转速延迟模块的参数设置：Numerator coefficients 为 $[1]$，Denominator coefficients 为 $[0.01 \quad 1]$。电流延迟模块参数设置：Numerator coefficients 为 $[1]$，Denominator coefficients 为 $[0.002 \quad 1]$。信号转换环节的模型也是由 Constant、Gain、Sum 等模块组成的，原理和参数已在单闭环调速系统中说明。

同时为了观察起动过程转速调节器和电流调节器的输出情况，在转速调节器和电流调节器输出端接示波器。

仿真算法采用 ode23tb，开始时间为 0，结束时间为 2s。

3. 仿真结果分析

双闭环直流调速系统仿真结果如图 6-37 所示。

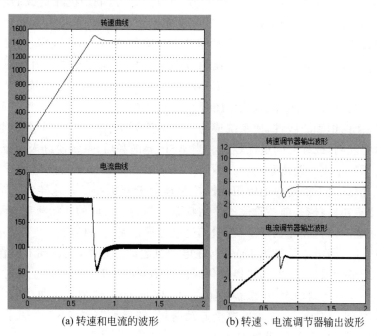

(a) 转速和电流的波形　　　　(b) 转速、电流调节器输出波形

图 6-37 双闭环直流调速系统仿真结果(1)

从仿真结果可以看出，双闭环直流调速系统突加给定电压 U_n^* 后，由于在起动过程中 ASR 经历了不饱和、饱和、退出饱和 3 个阶段，因此，整个过渡过程也分为 Ⅰ、Ⅱ、Ⅲ 这 3 个阶段。

第 Ⅰ 阶段是电流上升阶段。突加给定电压 U_n^* 后，电动机的惯性使转速和反馈电压 U_n

增长较慢,$\Delta U_n = U_n^* - U_n$ 的数值较大,ASR 的输出迅速上升到限幅值 U_{im}^*,U_c 和 U_{d0} 上升,U_{im}^* 强迫电流 I_d 迅速上升,在 I_d 没有达到负载电流 I_{dL} 以前,电动机还不能转动,当 $I_d \geqslant I_{dL}$ 后,电动机开始起动,直到 $I_d \approx I_{dm}$,$U_i \approx U_{im}^*$ 时,电流调节器很快就压制了 I_d 的增长,标志着这一阶段的结束。在这一阶段中,ASR 很快进入并保持饱和状态,而 ACR 不饱和。

第 II 阶段是恒流升速阶段。即从电流上升到最大值 I_{dm} 开始,到转速升到给定值为止,属于恒流升速阶段,这是起动过程中的重要阶段。在这个阶段中,ASR 始终是饱和的,转速环相当于开环状态,而 ACR 不饱和,电流调节器对系统进行恒流调节,I_{dm} 基本恒定,因而电动机恒加速起动,转速线性上升。与此同时,电动机的反电动势 E 随着转速的上升也呈线性增长,对电流调节系统来说,E 是一个线性渐增的扰动量,为了克服它的扰动,U_{d0} 和 U_c 也必须基本上呈线性增长,才能保持 I_d 恒定。当 ACR 采用 PI 调节器时,要使其输出量按线性增长,其输入偏差电压 $\Delta U_i = U_{im}^* - U_i$ 必须维持一定的恒值,也就是说,I_d 应略低于 I_{dm}。此外还应指出,为了保证电流环的这种调节作用,在起动过程中 ACR 不应饱和,晶闸管整流装置的最大输出电压也需留有余地,这些都是设计时必须注意的。

第 III 阶段是转速调节阶段。当转速上升到给定值 $n^* = n_0$ 时,ASR 的输入偏差减小到零,但 ASR 的输出由于积分保持作用仍维持在限幅值 U_{im}^*,所以电动机仍在最大电流下加速,必然使转速超调。转速超调后,ASR 输入偏差电压变负,使它开始退出饱和状态,U_i^* 和 I_d 很快下降。但是,只要 I_d 仍大于负载电流 I_{dL},转速就继续上升,直到 $I_d = I_{dL}$ 时,转矩 $T = T_L$,则 $\mathrm{d}n/\mathrm{d}t = 0$,转速 n 才到达峰值($t = t_3$ 时)。此后,电动机在负载的阻力作用下开始减速,与此相应,在 $t_3 \sim t_4$ 时间内,$I_d < I_{dL}$,直到稳定。如果调节器参数整定得不够好,也会有一段振荡过程。在最后的转速调节阶段内,ASR 和 ACR 都不饱和,同时起调节作用,由于转速调节在外环,ASR 起主导的转速调节作用,而 ACR 的作用是力图使 I_d 尽快地跟随其给定值 U_i^* 的变化,电流内环处于从属地位,成为一个电流随动子系统。

从上面仿真结果可见,转速、电流双闭环直流调速系统在突加阶跃给定的起动过程中巧妙地利用了 ASR 的饱和非线性,使系统成为一个恒流调节控制系统,实现了电流在约束条件下的最短时间控制,或称时间最优控制。当 ASR 退饱和后,系统便进入稳定运行状态,表现为一个转速无静差直流调速系统。在不同条件下表现为不同结构的线性系统,就是饱和非线性的特征,因此决不能简单地应用线性控制理论来分析和设计这样的系统。分析过渡过程时,还须注意初始状态,前一阶段的终结状态就是后一阶段的初始状态。不同的初始状态,即使控制系统的结构和参数都不变,但其过渡过程也是不一样的。

因此可以看出,当给定信号为 10V 时,在电动机起动过程中,电流调节器作用下的电动机电枢电流接近最大值,使得电动机以最优时间准则开始上升,在 0.8s 左右时转速超调,电流很快下降,在 1s 时达到稳态,在稳态时转速为 1460r/min,整个变化曲线同实际情况非常类似。从图 6-37 可以看出,在电动机整个起动阶段,转速调节器 ASR 经历了饱和、退饱和过程,而电流调节器 ACR 始终没有饱和。

在直流电动机两端加上 Voltage Measurement 模块、Discrete Mean value 模块,注意把 Discrete Mean value 模块的基频参数设置为 50,得到仿真结果如图 6-38 所示。

从图 6-38 可以看出,电动机转速稳定后,两端电压为 209V,而电流调节器的输出为 4V,因此 $K_s = \dfrac{U_{d0}}{U_c} = \dfrac{209}{4} = 52.25$,接近晶闸管放大系数 $K_s = 40$。

现把负载转矩改为零,仿真结果如图 6-39 所示。

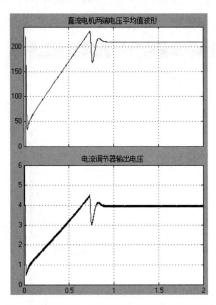

图 6-38　直流电动机两端平均电压波形和
　　　　　电流调节器输出电压波形

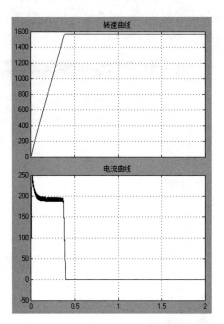

图 6-39　双闭环直流调速系统仿真结果(2)

可以看出最高转速为 1563r/min,则转速超调量为 $\sigma = \dfrac{n_{max} - n_N}{n_N} = \dfrac{1563 - 1460}{1460} = 7\% <$ 10%,而起动过程电动机电枢电流为 190A,说明在起动过程中电动机电流始终小于最大电流 $I_{dm} = \lambda I_N = 1.5 \times 136 = 204A$,满足工艺要求。

本仿真主要是考虑滤波环节时采用电动机本体模块,根据典型的工程设计方法确定调节器参数的双闭环直流调速系统模型搭建与仿真。从仿真结果可以看出模型及参数设置的正确性。

实际上对于双闭环直流调速仿真,还可以采用 Simulink 模块库中的方法,仿真模型如图 6-40 所示。

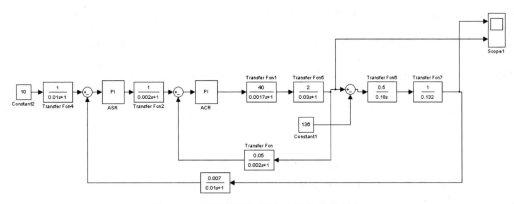

图 6-40　双闭环直流调速系统仿真模型(2)

这种方法纯粹是按照双闭环调速系统动态结构图方法搭建的仿真模型,其中, 0.0017 为 T_s,0.03 为 T_l,0.18 为 T_m,ASR、ACR 调节器参数保持不变,仿真结果如图 6-41 所示。

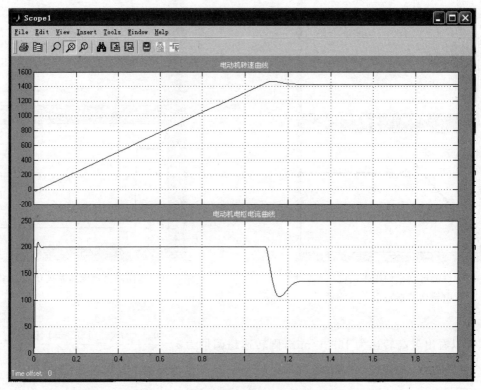

图 6-41　双闭环直流调速系统仿真结果(3)

可以看出仿真结果相同,此模型有些缺点:第一比较抽象,对于各个环节的物理关系不能直观反应;第二对于稍微复杂的系统,如可逆直流调速系统,采用这种方法反而显得更加复杂。

在 MATLAB R2014a 版本中依然保留旧版本的 PI 调节器和同步 6 脉冲装置的仿真模块。由于用工程设计方法得到的调节器参数是 $K_p \dfrac{\tau s+1}{\tau s}$ 形式,而在旧版本的调节器 Discrete PI controller 模型中调节器参数形式是固定的,比例系数是 K_p,积分系数是 K_i,所以要把 $K_p \dfrac{\tau s+1}{\tau s}$ 写成 $K_p + \dfrac{K_p}{\tau s}$ 形式,即 ASR 调节器的 $K_p = 11.7$,$K_i = \dfrac{K_p}{\tau_n} = \dfrac{11.7}{0.087} = 134$,同样的 ACR 的 $K_p = 1.013$,$K_i = \dfrac{K_i}{\tau_i} = \dfrac{1.013}{0.03} = 33.77$,两个调节器上下限幅值均取 [10　0]。

图 6-42 是采用旧版本搭建的仿真模型。

ASR 和 ACR 调节器参数设置如图 6-43 所示,同步 6 脉冲触发装置参数设置如图 6-44 所示。

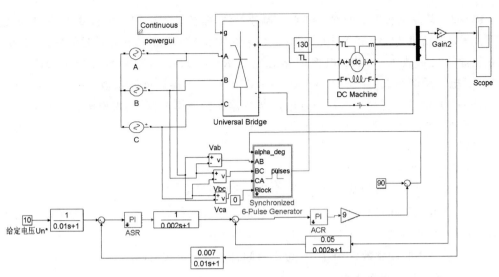

图 6-42　采用旧版本搭建的双闭环直流调速系统仿真模型

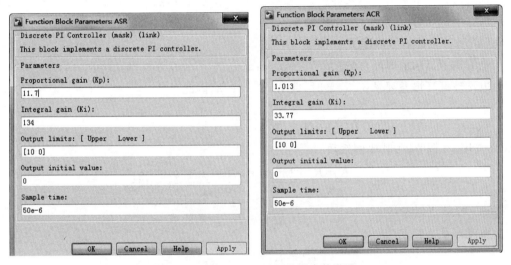

图 6-43　ASR 和 ACR 调节器参数设置

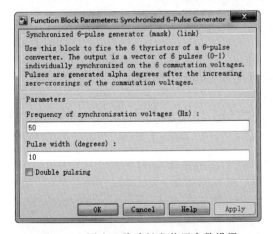

图 6-44　同步 6 脉冲触发装置参数设置

例 6-2　某晶闸管供电的双闭环直流调速系统,整流装置采用三相桥式电路,基本数据如下:直流电动机 220V、55A、1000r/min,$C_e = 0.1925\text{V} \cdot \text{min/r}$,允许过载倍数 $\lambda = 1.5$;晶闸管装置放大系数 $K_s = 44$;电枢回路总电阻 $R = 1.0\Omega$;时间常数 $T_l = 0.017\text{s}$,$T_m = 0.075\text{s}$;电流反馈系数 $\beta = 0.121\text{V/A}(\approx 10\text{V}/1.5I_N)$。转速反馈系数 $\alpha = 0.01\text{V} \cdot \text{min/r}$ $(\approx 10\text{V}/n_N)$,试按工程设计方法设计电流调节器和转速调节器,要求电流超调量 $\sigma_i \leqslant 5\%$。转速无静差,空载起动到额定转速时的转速超调量 $\sigma_n \leqslant 20\%$,通过仿真证明设计的正确性。

【解】　1)设计电流调节器。

(1)确定时间常数。

① 整流装置滞后时间常数 T_s。相桥式电路平均失控时间 $T_s = 0.0017\text{s}$。

② 电流滤波时间常数 T_{oi}。三相桥式电路每个波头的时间是 3.3ms,为了基本滤平波头,应有$(1 \sim 2)T_{oi} = 3.33\text{ms}$,因此取 $T_{oi} = 2\text{ms} = 0.002\text{s}$。

③ 电流环小时间常数之和 $T_{\Sigma i}$。按小时间常数近似处理,取 $T_{\Sigma i} = T_s + T_{oi} = 0.0037\text{s}$。

(2)选择电流调节器结构。

根据设计要求 $\sigma_i \leqslant 5\%$,无静差,可按典型 I 型系统设计电流调节器。电流环控制对象是双惯性型的,因此可用 PI 型电流调节器。

(3)计算电流调节器参数。

电流调节器超前时间常数 $\tau_i = T_l = 0.017\text{s}$。

电流环开环增益要求 $\sigma_i \leqslant 5\%$ 时,取 $K_I T_{\Sigma i} = 0.5$,因此

$$K_I = \frac{0.5}{T_{\Sigma i}} = \frac{0.5}{0.0037} = 135.1\text{s}^{-1}$$

ACR 选用 PI 调节器,其比例系数

$$K_i = \frac{K_I \tau_i R}{\beta K_s} = \frac{135.1 \times 0.017 \times 1.0}{0.121 \times 44} = 0.43$$

(4)校验近似条件。

电流环截止频率为

$$\omega_{ci} = K_I = 135.1\ \text{s}^{-1}$$

① 晶闸管整流装置传递函数的近似条件

$$\frac{1}{3T_s} = \frac{1}{3 \times 0.0017} = 196.1\text{s}^{-1} > \omega_{ci} = 135.1\ \text{s}^{-1}$$

满足近似条件。

② 忽略反电动势对电流环影响的近似条件

$$3\sqrt{\frac{1}{T_m T_l}} = 3 \times \sqrt{\frac{1}{0.075 \times 0.017}} = 84\text{s}^{-1} < \omega_{ci} = 135.1\text{s}^{-1}$$

满足近似条件。

③ 小时间常数环节的近似处理条件

$$\frac{1}{3}\sqrt{\frac{1}{T_s T_{oi}}} = \frac{1}{3} \times \sqrt{\frac{1}{0.0017 \times 0.002}} = 180.8\text{s}^{-1} > \omega_{ci} = 135.1\text{s}^{-1}$$

满足近似条件。

2）设计转速调节器。

（1）确定时间常数。

① 电流环等效时间常数 $1/K_I$。$\dfrac{1}{K_I} = 2T_{\Sigma i} = 2 \times 0.0037 = 0.0074\mathrm{s}$。

② 转速滤波时间常数 T_{on}。根据所用测速发电机纹波情况，取 $T_{on} = 0.01\mathrm{s}$。

③ 转速环小时间常数 $T_{\Sigma n}$。按小时间常数近似处理，取

$$T_{\Sigma n} = \frac{1}{K_I} + T_{on} = 0.0074 + 0.01 = 0.0174\mathrm{s}$$

（2）选择转速调节器结构。

按照设计要求，选用 PI 调节器。

（3）计算转速调节器参数。

按跟随和抗扰性能都较好的原则，取 $h = 5$，则 ASR 的超前时间常数为

$$\tau_n = hT_{\Sigma n} = 5 \times 0.0174 = 0.087\mathrm{s}$$

转速环的开环放大倍数为

$$K_N = \frac{h+1}{2h^2 T_{\Sigma n}^2} = \frac{6}{50 \times 0.0174^2} = 396.4\mathrm{s}^{-2}$$

ASR 的比例系数为

$$K_n = \frac{(h+1)\beta C_e T_m}{2h\alpha R T_{\Sigma n}} = \frac{6 \times 0.121 \times 0.1925 \times 0.075}{10 \times 0.01 \times 1.0 \times 0.0174} = 6.02$$

（4）检验近似条件。

转速环截止角频率为

$$\omega_{cn} = \frac{K_N}{\omega_1} = K_N \tau_n = 396.4 \times 0.087 = 34.5\mathrm{s}^{-1}$$

① 电流环传递函数简化条件为

$$\frac{1}{3}\sqrt{\frac{K_I}{T_{\Sigma i}}} = \frac{1}{3}\sqrt{\frac{135.1}{0.0037}} = 63.7\mathrm{s}^{-1} > \omega_{cn}$$

② 转速环小时间常数近似处理条件为

$$\frac{1}{3}\sqrt{\frac{K_I}{T_{on}}} = \frac{1}{3}\sqrt{\frac{135.1}{0.01}} = 38.7\mathrm{s}^{-1} > \omega_{cn}$$

二项近似处理均满足近似条件。

双闭环直流调速系统的仿真如图 6-45 所示。

1. 主电路模型的建立与参数设置

电源 A、B、C 设置峰值电压为 220V，频率为 50Hz，相位分别为 0°、240° 和 120°。整流桥的内阻 $R_{on} = R - R_a = 0.5\Omega$，电动机负载取 130N·m。励磁电源为 220V。由于电动机输出信号是角速度 ω，将其转化成转速 n，单位为 r/min，在电动机角速度输出端接 Gain 模块，参数设置为 30/3.14。

根据公式 $C_e = \dfrac{U_N - I_N R_a}{n_N}$ 可以得到 $R_a = 0.5\Omega$，根据公式 $T_m = \dfrac{GD^2 R}{375 C_e C_m} = \dfrac{GD^2 R}{375 C_e \dfrac{30}{\pi} C_e}$

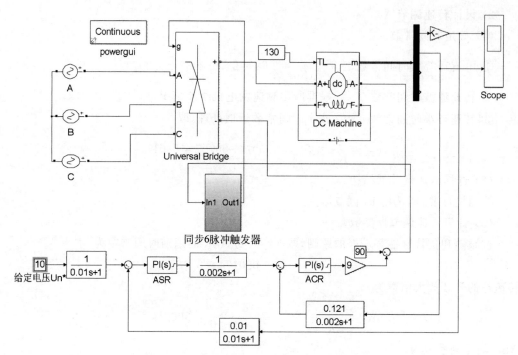

图 6-45　双闭环直流调速系统仿真模型(3)

可以得到 $GD^2 = 10\mathrm{N} \cdot \mathrm{m}^2$，根据公式 $T_1 = \dfrac{1}{R}$ 可以得到回路总电感 $L = 0.017\mathrm{H}$。

电动机本体模块参数中飞轮惯量 J 的单位是 $\mathrm{kg} \cdot \mathrm{m}^2$，而转动惯量 GD^2 单位是 $\mathrm{N} \cdot \mathrm{m}^2$，两者之间的关系为

$$J = \frac{GD^2}{4g} = \frac{10}{4 \times 9.8} = 0.255$$

互感数值的确定如下：励磁电压为 220V，励磁电阻取 240Ω，则

$$I_f = \frac{220}{240} = 0.916\,67(\mathrm{A})$$

由式(6-4)得

$$L_{af} = \frac{30}{\pi} \frac{C_e}{I_f} = \frac{30}{\pi} \frac{0.1925}{0.916\,67} = 2.0(\mathrm{H})$$

电动机参数设置如图 6-46 所示。

2. 控制电路模型的建立与参数设置

控制电路由 PI 调节器、滤波模块、转速反馈和电流反馈等环节组成。现选择 Parallel 模式，即 ASR 的 $P = K_p = 6.02$，$I = K_i = \dfrac{K_p}{\tau_n} = \dfrac{6.02}{0.087} = 69.154$，ACR 的 $P = K_p = 0.43$，$I = K_1 = \dfrac{K_i}{\tau_i} = \dfrac{0.43}{0.017} = 25.3$。同时两个调节器的初始化中的 Integrator 取参数 1，上下限幅值均取[10　0]。ASR 和 ACR 调节器标签 PID advanced 中的 Anti-windup method 下面的下拉菜单中均选择 clamping。带滤波环节的转速反馈系数模块路径为 Simulink/Continuous/Transfer Fcn。参数设置：Numerator coefficients 为[0.01]，Denominator coefficients 为

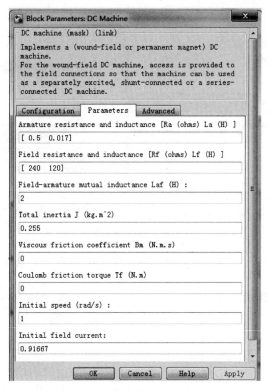

图 6-46　定量仿真的电动机参数设置

$[0.01\quad 1]$。带滤波环节的电流反馈系数参数设置：Numerator coefficients 为$[0.121]$，Denominator coefficients 为$[0.002\quad 1]$。转速延迟模块的参数设置：Numerator coefficients 为 $[1]$，Denominator coefficients 为$[0.01\quad 1]$。电流延迟模块参数设置：Numerator coefficients 为 $[1]$，Denominator coefficients 为$[0.002\quad 1]$。信号转换环节的模型也是由 Constant、Gain、Sum 等模块组成的，原理和参数已在单闭环调速系统中说明。

同时为了观察起动过程转速调节器和电流调节器的输出情况，在转速调节器和电流调节器输出端接示波器。

仿真算法采用 ode23tb，开始时间为 0，结束时间为 5s。

3. 仿真结果分析

双闭环直流调速系统仿真结果如图 6-47 所示。

从仿真结果可以看出，电动机转速在上升阶段，电枢电流接近最大值，转速在 1.65s 后超调，最后稳定于 1000r/min。转速稳定后电动机两端电压为 227V，而电流调节器的输出为 6.1V，因此 $K_s = \dfrac{U_{d0}}{U_c} = \dfrac{227}{6.1} \approx 37.2$，接近晶闸管放大系数 $K_s = 44$。

现把负载转矩改为零，仿真结果如图 6-48 所示。

可以看出最高转速为 1077r/min，则转速超调量为 $\sigma = \dfrac{n_{max} - n_N}{n_N} = \dfrac{1077 - 1000}{1000} = 7.7\% < 20\%$，而起动过程电动机电枢电流为 80A，说明在起动过程中电动机电流始终小于最大电流 $I_{dm} = \lambda I_N = 1.5 \times 55 = 82.5$A，满足生产工艺要求。

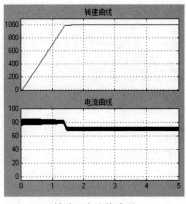

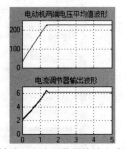

转速、电流的波形　　　　　　　转速、电流调节器的输出波形

图 6-47　双闭环直流调速系统仿真结果(4)

现在把给定电压设为 $U_n^* = 5\mathrm{V}$，负载为 130N·m，仿真结果如图 6-49 所示。

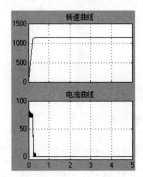

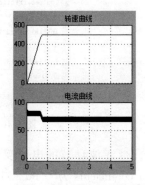

图 6-48　双闭环直流调速系统仿真结果(5)　　图 6-49　双闭环直流调速系统仿真结果(6)

可以看出，随着给定电压 U_n^* 降低，稳态转速也随之降低，转速为 500r/min，说明电动机转速是受给定电压 U_n^* 控制的。

现给定电压 $U_n^* = 5\mathrm{V}$ 不变，把负载改为扰动负载，采用 Step 模块，参数设置：Step time 为 2，Initial value 为 120，Final value 为 150。表明初始负载为 120N·m，在 2s 后负载变为 150N·m，仿真结果如图 6-50 所示。

仿真结果表明，当产生负载扰动时，转速下降，经过系统自动调节，使得转速重新变为 500r/min，说明对负载的扰动起着克服作用。

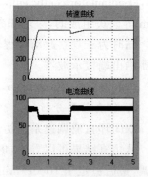

图 6-50　双闭环直流调速系统仿真结果(7)

例 6-3　在一个由三相零式晶闸管整流装置供电的转速、电流双闭环调速系统中，已知电动机的额定数据为：$P_N = 60\mathrm{kW}$，$U_N = 220\mathrm{V}$，$I_N = 308\mathrm{A}$，$n_N = 1000\mathrm{r/min}$，电动势系数 $C_e = 0.196\mathrm{V} \cdot \mathrm{min/r}$，主回路总电阻 $R = 0.18\Omega$，触发整流环节的放大倍数 $K_s = 35$，电磁时间常数 $T_l = 0.012\mathrm{s}$，机电时间常数 $T_m = 0.12\mathrm{s}$，电流反馈滤波时间常数 $T_{oi} = 0.0025\mathrm{s}$，转速反馈滤波时间常数 $T_{on} = 0.015\mathrm{s}$，额定转速时的给定电

压 $U_{nm}^*=10V$,调节器 ASR、ACR 的饱和输出电压为 $U_{im}^*=8V$,$U_{cm}=6.5V$。假设起动电流限制在 339A 以内,系统的静、动态指标为：稳态无静差,调速范围 $D=10$,电流超调量 $\sigma_i\leqslant 5\%$,空载起动到额定转速时的转速超调量 $\sigma_n\leqslant 10\%$,按照工程设计方法设定调节器参数,并通过仿真验证设计的正确性。

【解】　1) 电流调节器设计。

(1) 确定时间常数。

① 整流装置滞后时间常数 T_s。三相零式整流电路平均失控时间 $T_s=0.0033s$。

② 电流环小时间常数之和 $T_{\Sigma i}$。按小时间常数近似处理,取 $T_{\Sigma i}=T_s+T_{oi}=0.0058s$。

(2) 选择电流调节器结构。

根据设计要求 $\sigma_i\leqslant 5\%$,无静差,可按典型 I 型系统设计电流调节器。电流环控制对象是双惯性型的,因此可用 PI 型电流调节器。

(3) 计算电流调节器参数。

电流调节器超前时间常数 $\tau_i=T_1=0.012s$。

电流环开环增益要求 $\sigma_i\leqslant 5\%$ 时,取 $K_I T_{\Sigma i}=0.5$,因此

$$K_I=\frac{0.5}{T_{\Sigma i}}=\frac{0.5}{0.0058}=86.2 s^{-1}$$

电流反馈系数

$$\beta=\frac{U_{im}^*}{I_{dm}}=\frac{8}{339}=0.0236$$

ACR 选用 PI 调节器,其比例系数

$$K_i=\frac{K_I\tau_i R}{\beta K_s}=\frac{86.2\times 0.012\times 0.18}{0.0236\times 35}=0.225$$

(4) 校验近似条件。

电流环截止频率 $\omega_{ci}=K_I=86.2 s^{-1}$。

① 晶闸管整流装置传递函数的近似条件

$$\frac{1}{3T_s}=\frac{1}{3\times 0.0033}=101 s^{-1}>\omega_{ci}=86.2 s^{-1}$$

满足近似条件。

② 忽略反电动势对电流环影响的近似条件

$$3\sqrt{\frac{1}{T_m T_1}}=3\times\sqrt{\frac{1}{0.12\times 0.012}}=79.1 s^{-1}<\omega_{ci}=86.2 s^{-1}$$

满足近似条件。

③ 小时间常数环节的近似处理条件

$$\frac{1}{3}\sqrt{\frac{1}{T_s T_{oi}}}=\frac{1}{3}\times\sqrt{\frac{1}{0.0033\times 0.0025}}=116.1 s^{-1}>\omega_{ci}=86.2 s^{-1}$$

满足近似条件。

2) 转速调节器的设计。

(1) 确定时间常数。

① 电流环等效时间常数 $1/K_I$。

$$\frac{1}{K_I} = 2T_{\Sigma i} = 2 \times 0.0058 = 0.0116s$$

② 转速环小时间常数 $T_{\Sigma n}$。

按小时间常数近似处理,取

$$T_{\Sigma n} = \frac{1}{K_I} + T_{on} = 0.0116 + 0.015 = 0.0266s$$

(2) 选择转速调节器结构。

按照设计要求,选用 PI 调节器。

(3) 计算转速调节器参数。

根据跟随和抗扰性能都较好的原则,取 $h=3$,则 ASR 的超前时间常数为

$$\tau_n = hT_{\Sigma n} = 3 \times 0.0266 = 0.0798s$$

转速环的开环放大倍数为

$$K_N = \frac{h+1}{2h^2 T_{\Sigma n}^2} = \frac{4}{18 \times 0.0266^2} = 314.1s^{-2}$$

转速反馈系数

$$\alpha = \frac{U_{nm}^*}{n_N} = \frac{10}{1000} = 0.01$$

ASR 的比例系数为

$$K_n = \frac{(h+1)\beta C_e T_m}{2h\alpha R T_{\Sigma n}} = \frac{4 \times 0.0236 \times 0.196 \times 0.12}{6 \times 0.01 \times 0.18 \times 0.0266} = 7.73$$

(4) 检验近似条件。

转速环截止角频率为

$$\omega_{cn} = \frac{K_N}{\omega_1} = K_N \tau_n = 314 \times 0.0798 = 25.1s^{-1}$$

① 电流环传递函数简化条件为

$$\frac{1}{3}\sqrt{\frac{K_I}{T_{\Sigma i}}} = \frac{1}{3}\sqrt{\frac{86.2}{0.0058}} = 40.6s^{-1} > \omega_{cn}$$

② 转速环小时间常数近似处理条件为

$$\frac{1}{3}\sqrt{\frac{K_I}{T_{on}}} = \frac{1}{3}\sqrt{\frac{86.2}{0.015}} = 25.3s^{-1} > \omega_{cn}$$

双闭环三相零式直流调速系统的仿真如图 6-51 所示。

1. 主电路模型的建立与参数设置

电源 A、B、C 设置峰值电压为 220V,频率为 50Hz,相位分别为 0°、240°和 120°。整流桥的内阻 $R_{on} = R - R_a = 0.1\Omega$,电动机负载取 20,励磁电源为 220V。由于电动机输出信号是角速度 ω,将其转化成转速 n,单位为 r/min,在电动机角速度输出端接 Gain 模块,参数设置为 30/3.14。

根据公式 $C_e = \frac{U_N - I_N R_a}{n_N}$ 可以得到 $R_a = 0.08\Omega$,根据公式 $T_m = \frac{GD^2 R}{375 C_e C_m} = \frac{GD^2 R}{375 C_e \frac{30}{\pi} C_e}$ 可以得到 $GD^2 = 92N \cdot m^2$,根据公式 $T_1 = \frac{1}{R}$ 可以得到回路总电感 $L =$

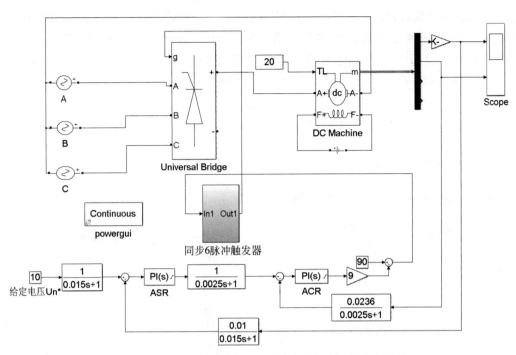

图 6-51 双闭环三相零式整流电路直流调速系统仿真模型

0.002 16H。

电动机本体模块参数中飞轮惯量 J 的单位是 kg·m²,而转动惯量 GD² 单位是 N·m²,两者之间关系为

$$J = \frac{\mathrm{GD}^2}{4g} = \frac{92}{4 \times 9.8} = 2.34$$

互感数值的确定如下：励磁电压为 220V,励磁电阻取 240Ω,则

$$I_\mathrm{f} = \frac{220}{240} = 0.916\ 67(\mathrm{A})$$

由式(6-4)得

$$L_\mathrm{af} = \frac{30}{\pi} \frac{C_\mathrm{e}}{I_\mathrm{f}} = \frac{30}{\pi} \frac{0.1925}{0.916\ 67} = 2.0(\mathrm{H})$$

电动机参数设置如图 6-52 所示。

2. 控制电路模型的建立与参数设置

控制电路由 PI 调节器、滤波模块、转速反馈和电流反馈等环节组成。现选择 Parallel 模式,即 ASR 的 $P = K_\mathrm{p} = 7.73$, $I = K_\mathrm{i} = \dfrac{K_\mathrm{p}}{\tau_\mathrm{n}} = \dfrac{7.73}{0.0798} = 96.87$,ACR 的 $P = K_\mathrm{p} = 0.225$, $I = K_\mathrm{I} = \dfrac{K_\mathrm{i}}{\tau_\mathrm{i}} = \dfrac{0.225}{0.012} = 18.75$。同时两个调节器的初始化中的 Integrator 取参数 1,ASR 和 ACR 调节器标签 PID advanced 中的 Anti-windup method 下面的下拉菜单中均选择 clamping。ASR 调节器上下限幅值取[8 0],ACR 调节器上下限幅值取[6.5 0]。带滤波环节的转速反馈系数模块路径为 Simulink/Continuous/Transfer Fcn,参数设置：Numerator coefficients 为[0.01],Denominator coefficients 为[0.015 1]。带滤波环节的

电流反馈系数参数设置：Numerator coefficients 为 [0.0236]，Denominator coefficients 为 [0.0025　1]。转速延迟模块的参数设置：Numerator coefficients 为 [1]，Denominator coefficients 为 [0.015　1]。电流延迟模块参数设置：Numerator coefficients 为 [1]，Denominator coefficients 为 [0.0025　1]。信号转换环节的模型也是由 Constant、Gain、Sum 等模块组成的，原理和参数已在单闭环调速系统中说明。

仿真算法采用 ode23tb，开始时间为 0，结束时间为 5s。

3. 仿真结果分析

仿真结果如图 6-53 所示。

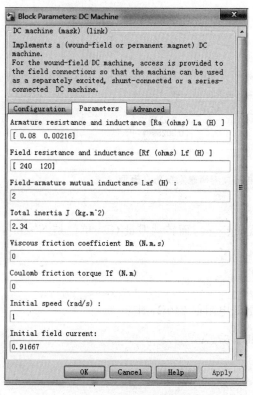

图 6-52　定量仿真的电动机参数设置

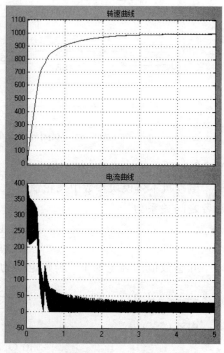

图 6-53　双闭环三相零式整流电路直流
调速系统仿真结果

从仿真结果可以看出，在电动机起动阶段，电动机电流接近最大值，但由于是三相零式整流电路，输出电压仅为三相桥式整流电路的一半，所以电动机最终的稳定转速小于额定转速。

6.2.2　转速超调的抑制——转速微分负反馈仿真

串联校正的双闭环调速系统具有良好的稳态和动态性能，而且结构简单，工作可靠，设计方便，实践证明，它是一种应用广泛的调速系统。然而，略有不足之处就是转速必然有超调，而且抗扰性能的提高也受到限制。在某些对转速超调和动态抗扰性能要求很高的场合，仅用串联校正的电流、转速两个 PI 调节器的双闭环调速系统就显得无能为力了。

解决上述问题简单有效的办法就是在转速调节器上增设转速微分负反馈,这样可以使电动机比转速提前动作,从而改善系统的过渡过程质量,即提高了系统的性能。这一环节的加入,可以抑制转速超调甚至消灭超调,同时可以大大降低动态速降。

1. 带转速微分负反馈双闭环调速系统的基本原理

双闭环调速系统中,加入转速微分负反馈的转速调节器的原理图如图 6-54 所示。它与普通的转速调节器相比,在转速负反馈的基础上再叠加一个转速微分负反馈信号。带转速微分负反馈的转速环动态结构框图如图 6-54(a)所示,为了分析方便,取 $T_{\mathrm{odn}} = T_{\mathrm{on}}$,再将滤波环节都移到转速环内,并按小惯性环节近似处理,设 $T_{\Sigma n} = T_{\mathrm{on}} + 2T_{\Sigma i}$,得简化后的结构框图如图 6-54(b)所示。和普通双闭环系统相比,图 6-54 只是在反馈通道中增加了微分项 $(\tau_{\mathrm{dn}}s+1)$。

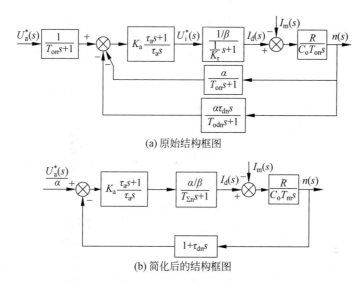

(a) 原始结构框图

(b) 简化后的结构框图

图 6-54　带转速微分负反馈的转速环动态结构框图

由前述已知,转速调节器 ASR 只有当反馈信号 U_{n} 与给定信号 U_{n}^{*} 平衡以后(即 $U_{\mathrm{n}} \geqslant U_{\mathrm{n}}^{*}$)ASR 才开始退饱和。现在反馈端加上了转速微分负反馈信号 $(-\alpha \mathrm{d}n/\mathrm{d}t)$,显然比只有 $(-\alpha n)$ 与 U_{n}^{*} 平衡的时间提前了,亦即把 ASR 的退饱和时间提前了,从而可以减小超调量,降低扰动作用时的转速降。C_{dn} 的作用是对转速信号进行微分,由于纯微分电路容易引入干扰,因此串联电阻 R_{dn} 构成小时间常数的滤波环节,用来抑制微分带来的高频噪声。

加入转速微分负反馈后,对系统起动过程的影响如图 6-55 所示,图中曲线 1 为普通双闭环调速系统的起动过程,曲线 2 为加入转速微分负反馈后的起动过程。普通双闭环系统的退饱和点为 O',加入微分反馈环节后,退饱和点提前到 T 点,T 点所对应的转速 n_{t} 比 n^{*} 低,因而有可能在进入线性闭环系统工作之后不出现超调,近而趋于稳定。

2. 转速微分负反馈参数的工程设计方法

转速微分负反馈环节中待定的参数是 C_{dn} 和 R_{dn},由于 $\tau_{\mathrm{dn}} = R_0 C_{\mathrm{dn}}$,而且已选定 $T_{\mathrm{odn}} = R_{\mathrm{dn}} C_{\mathrm{dn}} = T_{\mathrm{on}}$,只要确定 τ_{dn},C_{dn} 和 R_{dn} 就可以决定了。下面给出了 τ_{dn} 的计算

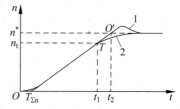

图 6-55　转速微分负反馈对
起动过程的影响

公式

$$\tau_{dn} = \frac{4h+2}{h+1}T_{\Sigma n} - \frac{2\sigma n^* T_m}{(\lambda - z)\Delta n_N} \tag{6-7}$$

式中,σ 是用小数表示的允许超调量。

如果要求无超调,可令 $\sigma = 0$,则

$$\tau_{dn} \mid_{\sigma = 0} \geqslant \frac{4h+2}{h+1}T_{\Sigma n} \tag{6-8}$$

引入转速微分负反馈后,动态速降大大降低,τ_{dn} 越大,动态速降越低,但恢复时间却拖长了。

现在还是在例题 6-1 的基础上,加上带转速微分负反馈的双闭环调速系统,仿真模型如图 6-56 所示。

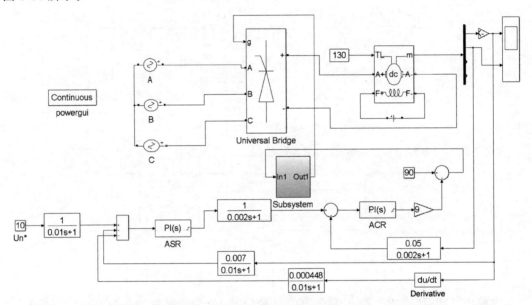

图 6-56 带转速微分负反馈的双闭环调速系统仿真模型

从仿真模型可以看出,和图 6-35 的区别只是在转速环加了个转速微分负反馈,在转速反馈环节加个微分模块 Derivative,路径为 Simulink/Continuous/Derivative。

由于 $h=5$,$T_{\Sigma n}=0.0174$,代入式(6-7)可得 $\tau_{dn}=0.064$。又因 $\alpha=0.007$,则转速环微分系数为 $\alpha\tau_{dn}=0.000\,448$,取 $T_{on}=T_{odn}=0.01s$,其他各模块参数设置和图 6-35 相同,仿真结果如图 6-57 所示。

从仿真结果可以看出,电动机最高转速为 1446r/min,低于额定转速 1460r/min,而无转速微分负反馈的电动机最高转速 1503r/min,超调量为 3%。仿真过程中,转速调节器和电流调节器的输出如图 6-58 所示。

从仿真结果可以看出,当无转速微分负反馈时,转速调节器在 0.735s 退饱和(见图 6-37(b)),而有转速微分负反馈时,转速调节器在 0.672s 就退出饱和,从而使得退饱和提前,转速无超调。

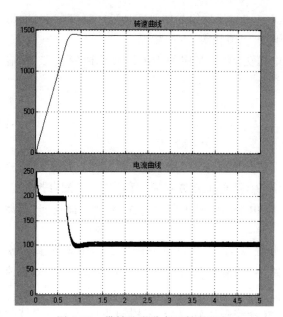

图 6-57 带转速微分负反馈的双闭
环调速系统仿真结果(1)

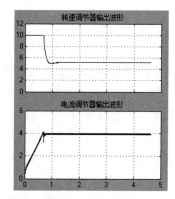

图 6-58 带转速微分负反馈的双闭
环调速系统仿真结果(2)

6.2.3 $\alpha = \beta$ 配合控制调速系统仿真

对于可逆直流调速系统,当采用两个晶闸管反并联时就会出现环流。所谓环流,是指不通过电动机或其他负载,而直接在两组晶闸管之间流动的短路电流,图 6-59 所示的反并联线路中的环流电流为 I_c。

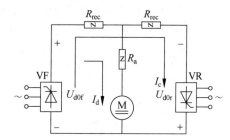

图 6-59 两组晶闸管反并联直流
可逆调速系统环流

I_d—负载电流;I_c—环流

由于环流的存在会显著加重晶闸管和变压器负担,消耗无用功率,环流太大时甚至会损坏晶闸管,为此必须予以抑制。

环流分为以下两类。

(1)静态环流。当晶闸管装置在一定的控制角下稳定工作时,可逆线路中出现的环流叫作静态环流。静态环流又分为直流平均环流和瞬时脉动环流。由于两组晶闸管装置之间存在正向直流电压差而产生的环流称为直流平均环流;由于整流器电压和逆变器电压瞬时值不相等而产生的环流称为瞬时脉动环流。

(2)动态环流。系统稳态运行时并不存在,只在系统处于过渡过程中出现的环流叫作动态环流。

1. 直流平均环流产生的原因及消除办法

(1)直流平均环流产生的原因。在图 6-59 的反并联可逆线路中,如果正组晶闸管 VF 和反组晶闸管 VR 都处于整流状态,且正组整流电压和反组整流电压正负相连,将造成直流电源短路,此短路电流即为直流平均环流。

(2)消除直流平均环流的措施。为防止产生直流平均环流,最好的解决办法是:当正组晶闸管 VF 处于整流状态输出平均电压 U_{dof} 时,让反组晶闸管 VR 处于逆变状态,输出一个逆变平均电压 U_{d0r} 把 U_{dof} 顶住,即两个电压幅值相等,方向相反。

设 VF 组处于整流状态,其输出平均电压为 U_{dof},对应的 VR 组处于逆变状态,其输出平均电压为 U_{d0r}。它们分别为

$$U_{dof} = U_{d0m}\cos\alpha_f \tag{6-9}$$

$$U_{d0r} = U_{d0m}\cos\alpha_r \tag{6-10}$$

又因 $U_{dof} = -U_{d0r}$,则 $\cos\alpha_f = -\cos\alpha_r$,即

$$\alpha_f + \alpha_r = 180° \tag{6-11}$$

如果反组的控制角用逆变角 β_r 表示,则 $\alpha_f = \beta_r$,这种工作方式通常称为 $\alpha = \beta$ 配合控制。

当 $\alpha_f \geqslant \beta_r$ 时,虽然 U_{d0r} 幅值大于 U_{dof},但由于晶闸管单向导电性,电流不能反向,仍然可以消除平均直流环流。

同理,若 VF 处于逆变状态,VR 处于整流状态,同样可以分析出 $\alpha_r \geqslant \beta_f$ 时无直流平均环流。所以,在两组晶闸管组成的可逆线路中,消除直流环流的方法是使 $\alpha_f \geqslant \beta_r$,即整流组的触发角 α_f 大于或等于逆变组的逆变角 β_r。

(3) 实现方法。实现工作制的 $\alpha_f = \beta_r$ 配合控制比较容易,采用同步信号为锯齿波的触发电路时,移相控制特性是线性的。用同一个控制电压 U_c 去控制两组触发装置,使两组触发装置的移相控制电压大小相等、极性相反,即正组触发装置 GTF 由 U_c 直接控制,而反组触发装置 GTR 控制电压 $\overline{U}_c$ 是经过反号器 AR 后得到的。当控制电压 $U_c = 0$ 时,使 $\alpha_{f0} = \beta_{r0} = 90°$,此时 $U_{dof} = U_{d0r} = 0$。增大控制电压 U_c 时,使得 α_f、β_r 同样减小,这样就会使得正组整流反组逆变,在控制过程中始终保持 $\alpha_f = \beta_r$,从而消除平均直流环流,如图 6-60 所示。

为了防止晶闸管有源逆变器因逆变角 β 太小而发生逆变颠覆事故,必须在控制电路中设置限制最小逆变角 β_{min} 的保护环节,同时保证 $\alpha = \beta$ 的配合控制,也必须对 α 加以限制,使 $\alpha = \beta$,通常取 $\alpha_{min} = \beta_{min} = 30°$,如图 6-61 所示。

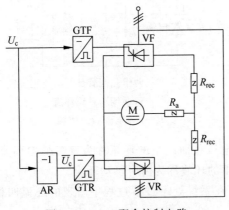

图 6-60　$\alpha = \beta$ 配合控制电路

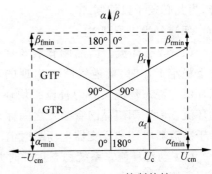

图 6-61　$\alpha = \beta$ 控制特性

2. $\alpha = \beta$ 配合控制三相桥式反并联可逆电路调速系统仿真

$\alpha = \beta$ 配合控制调速系统可以使直流电动机四象限运行,由于采用两组晶闸管,为了消除直流平均环流,采用 $\alpha = \beta$ 配合控制方法,即一组晶闸管处于(待)整流状态时,另一组晶闸管必须在(待)逆变状态。对于瞬时脉动环流,可以通过加环流电抗器的方法来限制,此系统

仿真的关键是两组晶闸管的导通角 α 和逆变角 β 为 $\alpha = \beta$ 的关系。图 6-62 所示为 $\alpha = \beta$ 配合控制三相桥式反并联可逆电路调速系统仿真模型,下面介绍各部分模型的建立与参数设置。

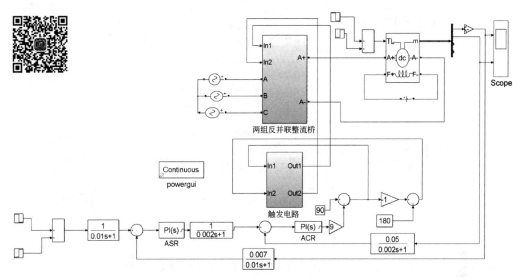

图 6-62　$\alpha = \beta$ 配合控制调速系统仿真模型

（1）主电路仿真模型与参数设置。主电路仿真模型由三相对称电源、两组反并联晶闸管整流桥、直流电动机等组成,对于反并联晶闸管整流桥,可以从电力电子模块组中选取 Universal Bridge 模块获得。正、反组桥及封装后的子系统及符号如图 6-63 所示。

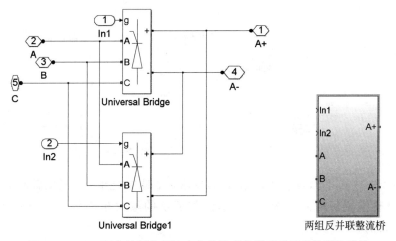

图 6-63　$\alpha = \beta$ 配合控制有环流主电路子系统模型及子系统模块符号

三相对称交流电源可从电源组模块中选取,参数设置:幅值为 220V,频率改为 50Hz,相位差互为 120°。

（2）两组同步触发器的建模。两个 6 同步触发器可以采用 Pulse & Signal Generators 模块组的子模块中的 6 脉冲同步触发器。同时为了使两组整流桥能够正常工作,在脉冲触发器的 Block 端口接入数值为 0 的 Constant 模块。同步脉冲触发器的同步合成频率也改为 50Hz,同步触发器及封装后的子系统模型及符号如图 6-64 所示。

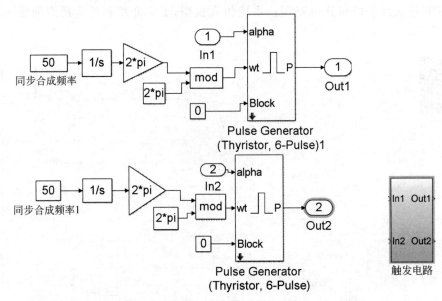

图 6-64 两组同步触发器连接及封装后的子系统模型及系统模块符号

(3) 转换环节的建模。转换环节的建模与参数设置与单闭环相同,不再赘述。

(4) $\alpha=\beta$ 配合环节的建模。从有环流工作原理可知,当本组整流桥整流时,其触发器的触发角应小于 90°;而他组整流桥处于逆变状态,其触发器的触发角应大于 90°,同时必须保证 $\alpha=\beta$,故 $\alpha=\beta$ 配合环节建模如图 6-65 所示。

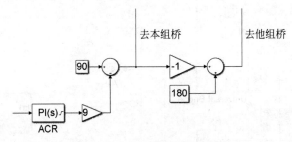

图 6-65 $\alpha=\beta$ 配合环节的建模

从 $\alpha=\beta$ 配合环节可知,当本组整流桥的触发角为 α 时,去他组整流桥的触发角为 $180°-\alpha$;同样,当他组整流桥的触发角为 α 时,本组整流桥的触发角亦为 $180°-\alpha$,从而达到了 $\alpha=\beta$ 配合的目的。

(5) 控制电路建模与参数设置。$\alpha=\beta$ 配合控制有环流直流可逆调速系统的控制电路包括给定环节、一个速度调节器(ASR)、一个电流调节器(ACR)、反向器、电流反馈环节、速度反馈环节等。参数设置主要保证在起动过程中转速调节器饱和,使得电动机以接近最大电流起动,当转速超调时,电流下降,经过转速调节器、电流调节器的调节,很快达到稳态;在发出停车或反向运转指令时,原先导通的整流桥处于逆变状态,另一组整流桥处于待整流状态。但电流方向不能突然改变,仍然通过此组整流桥向电网回馈电能,使得转速和电流都下降。当电流下降到零以后,原先导通的整流桥处于待逆变状态,另一组整流器开始整流,电流开始反向,电动机先反接制动,当电枢电流略有超调时,又进行回馈制动,转速急剧下降直到零或反向运转。本例仍为某晶闸管供电的双闭环直流调速系统,整流装置采用三相桥式电路,基本数据如下:直流电动机为 $220V,136A,1460r/min,C_e=0.132$,允许过载倍数 $\lambda=1.5$,晶闸管装置放大系数为 $K_s=40$,电枢回路总电阻 $R=0.5\Omega$,时间常数 $T_1=0.03s$, $T_m=0.18s$,电流反馈系数 $\beta=0.05V/A(\approx10V/1.5I_N)$,转速反馈系数 $\alpha=0.007V\cdot min/r$ $(\approx10V/n_N)$,电流滤波时间常数 $T_{oi}=0.002s$,转速滤波时间常数 $T_{on}=0.01s$。按照工程设计方法设计电流调节器 ACR、ASR,要求电流超调量 $\sigma_i\leqslant5\%$,转速无静差,转速超调量 $\sigma_n\leqslant10\%$。

根据工程设计方法设计调节器方法得:ASR:$K_p=11.7$;$\dfrac{1}{\tau_n}=11.5$;ACR:$K_i=1.013$;$\dfrac{1}{\tau_i}=33.33$。

在仿真模型中调节器选择 Parallel 形式,即 ASR 的 $P=K_p=11.7$,$I=K_i=\dfrac{K_p}{\tau_n}=\dfrac{11.7}{0.087}=134$,ACR 的 $P=K_p=1.013$,$I=K_I=\dfrac{K_i}{\tau_i}=\dfrac{1.013}{0.03}=33.77$。两个调节器的初始化中的 Integrator 取参数 1,上下限幅值均取 [10　−10]。ASR 和 ACR 调节器标签 PID advanced 中 Anti-windup method 下面的下拉菜单均选择 clamping,其他参数为默认值。

电动机本体模块参数设置方法同双闭环直流调速系统方法相同。

这里特别要指出的是,对于 MATLAB R2014a 版本及以上版本,当给定信号极性发生变化,需要直流电动机反转时,负载极性也必须相应变化,例如给定信号原来是 10V,到了 1.5s 后变成 −10V,则直流电动机负载也是原来的 50N·m,到了 1.5s 后变成 −50N·m。这样仿真结果的直流电动机在反转过程中,电动机的电枢电流才显示负值。而 MATLAB 6.5.1 版本不需要这样做,负载极性保持不变即可。对于不可逆直流调速系统仿真,如果负载大于直流电动机电磁转矩,MATLAB 6.5.1 版本在直流电动机转速就下降,等到达零时,仿真终止,而 MATLAB R2014a 版本直流电动机依然反转,电枢电流还是正值,这也从侧面反应老版本的直流电动机仿真模型更符合实际情况。

系统仿真参数设置:仿真中所选择的算法为 ode23tb,Start 设为 0,Stop 设为 7.0s。

(6)仿真结果分析。$\alpha=\beta$ 配合控制有环流直流可逆调速系统的仿真结果如图 6-66 所示。

从仿真结果可以看出,图 6-66(a)是当给定正向信号 $U_n^*=10V$ 时,在电流调节器 ACR 作用下,电动机的电枢电流接近最大值,使得电动机以最优时间准则开始上升,在 0.6s 左右时转速超调,电流开始下降,转速很快达到稳态;当 1.5s 给定反向信号 $U_n^*=-10V$ 时,电流和转速都下降,在电流下降到零以后,电动机先处于反接制动状态后又处于回馈制动状态,转速急剧下降,当转速为零后,电动机处于反向电动状态。

图 6-66(b)是给定信号为 $U_n^*=7V$ 时的电动机转速和电流曲线,可以看出与图 6-66(a)很相似,但稳态转速降低,表明随着给定信号 U_n^* 的变化,稳态转速也跟着变化。

图 6-66(c)是给定信号 U_n^* 由 −7V 变成 7V,再变成 −7V 时的转速曲线和电流曲线,表明电动机的转速方向由给定电压 U_n^* 的极性确定。

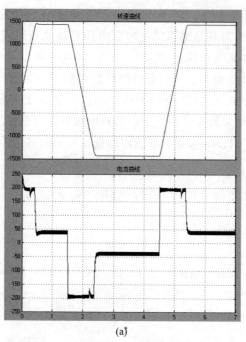

(a)

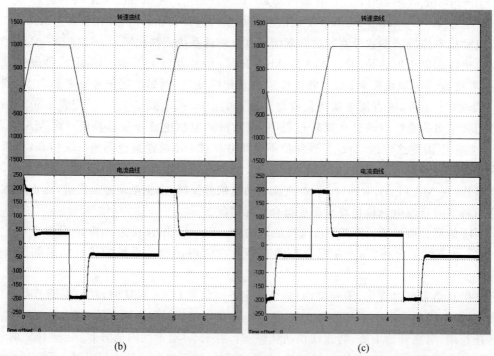

(b)　　　　　　　　　　　　(c)

图 6-66　$\alpha = \beta$ 配合控制有环流直流可逆调速系统的电流曲线和转速曲线

　　本次仿真主要是 $\alpha = \beta$ 配合控制有环流直流可逆调速系统模型搭建、转速调节器、电流调节器参数的设置、转换电路以及配合电路模型的建立。为了使电动机在快速起动、稳定及在制动和反向运转时保证两组整流桥密切配合控制,消除直流平均环流。

　　值得注意的是,对于 $\alpha = \beta$ 配合控制有环流可逆调速系统仿真中并没有采用电感元件作为环流电抗器,这是因为环流电抗器特征是通过较大电流时饱和,失去限环流作用;在通过较小电流时才起限环流作用。由于 MATLAB 中电感元件的数学模型没有这个特点,所以不宜采用电感元件作为环流电抗器。

3. $\alpha=\beta$ 配合控制三相零式反并联可逆电路调速系统仿真

$\alpha=\beta$ 配合控制三相零式反并联可逆电路调速系统仿真,其仿真模型如图 6-67 所示。

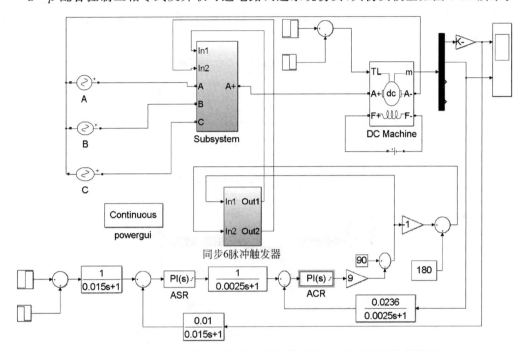

图 6-67　$\alpha=\beta$ 配合控制三相零式反并联可逆电路调速系统仿真模型

(1) 主电路仿真模型与参数设置。主电路仿真模型由三相对称电源、两组反并联晶闸管整流桥、直流电动机等组成。三相对称交流电源可从电源组模块中选取,参数设置:幅值为 220V,频率改为 50Hz,相位差互为 120°。对于反并联晶闸管整流桥,可以从电力电子模块组中选取 Universal Bridge 模块获得。正、反组桥及封装后的子系统及符号如图 6-68 所示。

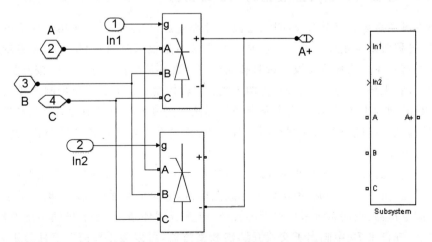

图 6-68　$\alpha=\beta$ 配合控制三相零式整流主电路系统模型及子系统模块符号

（2）控制电路建模与参数设置。两组同步触发器的建模以及控制电路建模与上例相同，参数设置与例 6-3 相同，不再赘述。只不过把 ASR 输出改为上下限幅值[8，−8]。ACR 的输出改为上下限幅值[6.5，−6.5]。给定电压为 10V，到了 3s 后，给定电压为 −10V，再到 6s 后给定电压又为 10V。

系统仿真参数设置：仿真中所选择的算法为 ode23tb，Start 设为 0，Stop 设为 10.0s。

（3）仿真结果分析。$\alpha = \beta$ 配合控制三相零式有环流直流可逆调速系统的仿真结果如图 6-69 所示。

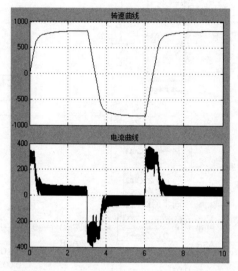

图 6-69　$\alpha = \beta$ 配合控制三相零式有环流直流可逆调速系统的仿真结果

从仿真结果可以看出，图 6-69 是当给定正向信号 $U_n^* = 10V$ 时，转速开始上升，但由于三相零式整流电路，电动机的端电压比三相桥式整流电路要小，所以转速没有达到额定值 1000r/min，且动态性能指标的上升时间较长。同时还可以看出，电动机的转速随着给定电压的变化而变化。

6.2.4　逻辑无环流可逆直流调速系统仿真

有环流可逆系统虽然具有反向快、过渡平滑等优点，但还必须设置几个环流电抗器，因此，当工艺过程对系统正反转的平滑过渡特性要求不是很高时，特别是对于大容量的系统，常采用既没有直流平均环流又没有瞬时脉动环流的无环流控制可逆系统。按照实现无环流控制原理不同，无环流可逆系统又分为两大类：逻辑控制无环流和错位控制无环流系统。

当一组晶闸管工作时，用逻辑电路或逻辑算法去封锁另一组晶闸管的触发脉冲，使它完全处于阻断状态，以确保两组晶闸管不同时工作，从根本上切断环流的通路，这就是逻辑控制无环流的可逆系统。

逻辑控制的无环流可逆调速系统的原理框图如图 6-70 所示，主电路采用两组晶闸管装置反并联线路，由于没有环流，不用设置环流电抗器，但为了保证稳定运行时电流波形连续，仍保留平波电抗器，控制系统采用典型的转速、电流双闭环系统，为了得到不反映极性的电流检测方法，在图 6-70 中画出了交流互感器和整流器，可以为正反向电流环分别各设一个电流调节器,1ACR 用来控制正组触发装置,2ACR 控制反组触发装置,1ACR 的给定信号 U_i^* 经反号器 AR 作为 2ACR 的给定信号,为了保证不出现环流,设置了无环流逻辑控制环节 DLC,这是系统中的关键环节,它按照系统的工作状态指挥正、反组的自动切换,其输出信号 U_{blf}、U_{blr} 用来控制正组或反组触发脉冲的封锁或开放,在任何情况下,两个信号必须是相反的,决不允许两组晶闸管同时开放脉冲,以确保主电路没有出现环流的可能。同时,和自然环流系统一样,触发脉冲的零位仍整定在 $\alpha_{f0} + \alpha_{r0} = 90°$,移相方法采用 $\alpha = \beta$ 配合控制。

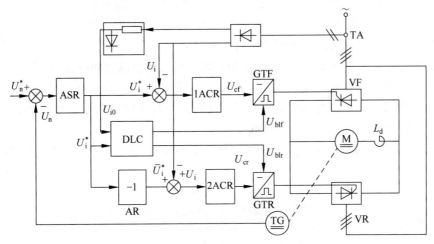

图 6-70　逻辑无环流直流可逆调速系统原理框图

1. 无环流逻辑控制环节

无环流逻辑控制环节是逻辑无环流系统的关键环节,它的任务是,当需要切换到正组晶闸管工作时,封锁反组触发脉冲而开放正组脉冲;当需要切换到反组工作时,封锁正组而开放反组。通常都用数字控制,如数字逻辑电路、微机等,用以实现同样的逻辑控制关系。

完成上述任务的约束条件如下。

(1) 任何时候只允许一组整流桥有触发脉冲。

(2) 工作中的整流桥只有断流后才能封锁其脉冲,以防在逆变工作时因触发脉冲消失导致逆变颠覆。

(3) 只有当原先工作的整流桥完全关断且延时一段时间后才能开放另一组,以防止环流出现。

考察图 6-67 所示的控制系统可以发现,U_i^* 的输出信号的极性有个特点,反转运行和正转制动都需要电动机产生负的转矩;反之,正转运行和反转制动都需要电动机产生正的转矩,U_i^* 的极性恰好反映了电动机的电磁转矩方向的变化趋势,因此,在图 6-70 中采用 U_i^* 作为逻辑控制环节的一个输入信号,称为转矩极性鉴别信号。

U_i^* 极性的变化只是逻辑切换的必要条件,还不是充分条件。从有环流可逆系统制动过程的分析可以看到,当正向制动开始时,U_i^* 的极性由负变正,但当实际电流方向未变以前,仍须保持正组开放,以便进行本组逆变,只有在实际电流降到零时,DLC 才应该给发出切换命令,封锁正组,开放反组,转入反组制动。因此,在 U_i^* 改变极性以后,还需要检测电流真正到零时才能发出正、反组切换指令,这就是逻辑控制环节的第二个输入信号。

逻辑切换指令发出后并不能马上执行,还必须经过两段延时时间,以确保系统的可靠工作,这就是封锁延时 t_{dbl} 和开放延时 t_{dt} 。

从发出切换指令到真正封锁掉原来工作的那组晶闸管之间应该留出来的一段等待时间叫作封锁延时 t_{dbl} ,由于主电流的实际波形是脉动的,而电流检测电路发出零电流数字信号 U_{i0} 时总有一个最小动作电流 I_0 ,如果脉动的主电流瞬时低于 I_0 就立即发出 U_{i0} 信号,实际上电流仍在连续地变化,这时本组正处于逆变状态,突然封锁触发脉冲将产生逆变颠覆。为了避免这种事故,再检测到零电流信号后等一段时间,若仍不见主电流再超过 I_0 ,说明电流确已为零,再进行封锁本组脉冲。封锁延时 t_{dbl} 大约需要半个到一个脉波的时间。

从封锁本组脉冲到开放他组脉冲之间也要留一段等待时间,这就是开放延时 t_{dt} ,因为在封锁触发脉冲后,已导通的晶闸管要经过一段时间后才能关断,再过一段时间才能恢复阻断能力,如果在此以前就开放他组脉冲,仍有可能造成两组晶闸管同时导通,产生环流,为了防止这种事故,必须再设置一段开放延时时间 t_{dt} ,一般应大于一个波头的时间。

最后,在逻辑控制环节的两个输出信号和之间必须有互相连锁的保护,决不允许出现两组脉冲同时开放状态。

根据以上要求,DLC组成及输入输出信号由电平检测、逻辑判断、延时电路和连锁保护电路四个环节组成,如图6-71所示。

图 6-71　DLC 组成及输入输出信号

2. 系统各种状态运行分析

当电动机正向运行时,给定电压 U_n^* 极性为"+",转速反馈电压 U_n 极性为"-"。转速调节器 ASR 输出信号 U_i^* 极性为"-",电流反馈信号 U_i 为"+",1ACR 输出信号 U_{cf} 极性为"+"。逻辑控制环节 DLC 输出的 U_{blf} ="1", U_{blr} ="0"。开放正组 VF,封锁反组 VR,VF整流桥处于整流状态,VR 整流桥处于封锁状态。当给定信号 U_n^* 为"0"时,转速调节器 ASR饱和,输出信号 U_{im}^* ($U_{im}^*=\beta I_{dm}$)极性为"+",由于电枢电流方向未变且不为零,电流反馈信号 U_i 的极性仍为"+"(即使电流方向发生变化,其电流反馈信号 U_i 极性仍然不变化),仍然开放正组 VF,由 U_i^* 和 U_i 共同作用,使得 1ACR 的输出信号 U_{cf} 的极性为"-",所以正组整流桥 VF 处于逆变状态,电动机转速下降,向电网回馈电能。当电流过零后,DLC 发出切换指令,封锁正组 VF,开放反组 VR,由于 ASR 的输出仍为 U_{im}^* ,其极性为"+",经过反号器AR 后变为 $\bar{U}_{im}^*$,极性为"-",电流反馈信号 U_i 为"+",因 $|\bar{U}_{im}^*|>|U_i|$,因此 2ACR 的输出信号 U_{cr} 为"+",VR 处于整流状态,电动机开始反接制动。随着反向电枢电流逐渐增大,U_i 也随之增大,当增大到 $|\bar{U}_{im}^*|<|U_i|$ 时,2ACR 的输出信号 U_{cr} 极性为"-",VR 处于逆变状态,电动机处于回馈制动状态,向电网回馈电能。最后转速与电流都减小,电动机停止。

逻辑无环流可逆直流调速系统利用逻辑切换装置来决定两组晶闸管的工作状态。它通过使一组整流桥处于工作状态,另一组整流桥处于封锁状态来彻底消除环流,因此在工业中有着重要的应用。逻辑无环流可逆直流调速系统的仿真关键是逻辑切换转置 DLC。图 6-72是逻辑无环流可逆直流调速系统的仿真模型,下面介绍各部分模型的建立与参数设置。

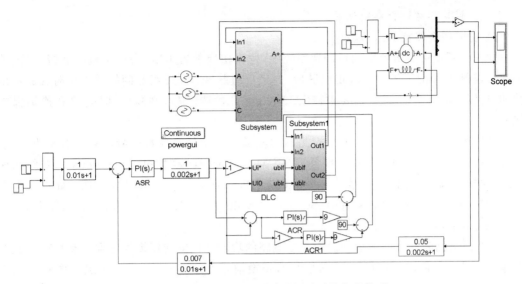

图 6-72 逻辑无环流可逆直流调速系统仿真模型

3. 主电路的建模和参数设置

在逻辑无环流可逆直流调速系统中,主电路是由三相对称交流电压源、两组反并联晶闸管整流桥、同步触发器、直流电动机等组成。反并联晶闸管整流桥可以从电力电子模块组中选取 Universal Bridge 模块。两组反并联晶闸管整流桥模型及封装后的子系统与图 6-63 相同,参数设置与双闭环直流调速系统方法也相同。

两组同步触发装置从附加控制(Extra Control Block)子模块中 6 脉冲同步触发器获得,同步触发器及封装后的子系统如图 6-73 所示。同步脉冲触发器的电源合成频率改为 50Hz。

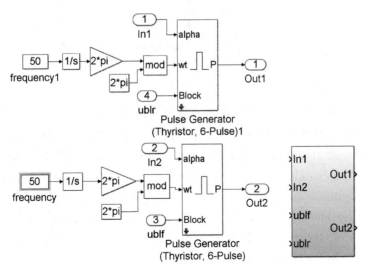

图 6-73 同步触发器及封装后的子系统

三相对称交流电源可从电源组模块中选取。参数设置:幅值为 220V,频率改为 50Hz,相位差互为 120°,负载转矩取 50,励磁电源参数为 220V。

4. 控制电路建模和参数设置

1) 逻辑切换装置 DLC 建模

逻辑无环流可逆直流电动机调速系统中,逻辑切换装置 DLC 是一个核心装置,其任务是在正组晶闸管桥工作时开放正组脉冲,封锁反组脉冲;在反组晶闸管桥工作时开放反组脉冲,封锁正组脉冲。根据其要求,DLC 应由电平检测、逻辑判断、延时电路和连锁保护组成。

(1) 电平检测器的建模。电平检测的功能是将模拟量换成数字量供后续电路使用,它包含电流极性鉴别器和零电流鉴别器,在用 MATLAB 建模时,可用 Simulink 的非线性模块组中的继电器模块 Relay(路径为 Simulink/Discontinuities/Relay)来实现。此模块参数设置:Switch on point 为 eps(eps),Switch off point 为 eps(eps),Output when on 为 1(0),Output when off 为 0(1)。

(2) 逻辑判断电路的建模。逻辑判断电路的功能是根据转矩极性鉴别器和零电流检测器输出信号 U_T 和 U_Z 的状态,正确地发出切换信号 U_F 和 U_R 来决定两组晶闸管的工作状态。

由于 MATLAB 中与非门的模块输出与输入有关,且仿真只是数值计算,对于 MATLAB 中的逻辑模块如 Logical Operator 需要两个输入量,若直接把与非门的输出接入输入,仿真不能进行,本书采用 Combinatorial Logic 逻辑模块(路径为 Simulink/Math Operations/Combinatorial Logic),将参数菜单上的真值表改为[11;11;11;00],表现出与非门性质,同 Demux 模块和 Mux 模块进行连接和封装,封装后再加一个记忆模块 Memory(路径为 Simulink/Discrete/Memory,参数设置 Initial condition 为 1)就能满足判断电路的要求。采用 Combinatorial Logic 模块搭建的与非门,封装后如图 6-74 所示。

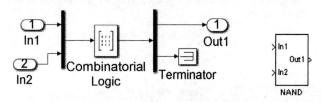

图 6-74 NAND 模型的建立

(3) 延时电路的建模。在逻辑判断电路发出切换指令后,必须经过封锁延时和开放延时才能封锁原导通组脉冲和开放另一组脉冲。由数字逻辑电路的 DLC 装置能够发现,当逻辑电路的输出由 0 变为 1 时,延时电路产生延时,当由 1 变成 0 或状态不变时不产生延时。根据这一特点,利用 Simulink 工具箱中数学模块组中的传递延时模块 Transport Delay(路径为 Simulink/Continuous/Transport Delay,参数设置 Time delay 为 0.004,Initial Output 为 0,Initial buffer size 为 1024)、逻辑模块 Logical Operator(路径为 Simulink/Math Operations/Logical Operator,参数设置 Operator 为 OR)及数据转换模块 Data Type Conversion(路径为 Simulink/Signal Attributes/Data Type Conversion,参数设置 Data Type 为 double)实现此功能,连接及封装后如图 6-75 所示。

(4) 连锁保护电路建模。逻辑电路的两个输出总是一个为 1 态,另一个为 0 态,但是一旦电路发生故障,两个输出同时为 1 态,将造成两组晶闸管同时开放而导致电源短路。为了避免这种事故,在无环流逻辑控制器的最后部分设置了多 1 连锁保护电路,可利用 Simulink

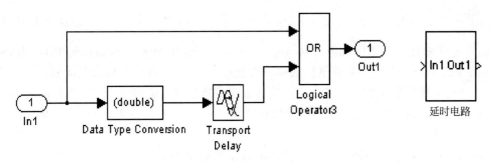

图 6-75 延时电路的建模

工具箱的逻辑运算模块 Logical Operator(参数设置 Operator 为 NAND)实现连锁保护功能。

DLC 仿真模型及封装后 DLC 模块符号如图 6-76 所示。

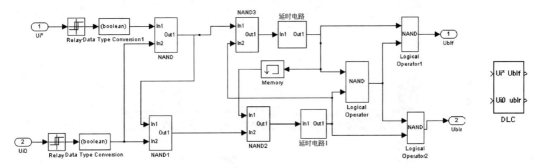

图 6-76 DLC 的仿真模型及其封装后 DLC 模块符号

2) 其他控制电路的建模和参数的设置

逻辑无环流直流可逆调速系统的控制电路包括给定环节、一个速度调节器(ASR)、两个电流调节器(ACR1、ACR2)、反向器、电流反馈环节、速度反馈环节等。参数设置主要保证在起动过程中转速调节器饱和,使得电动机以接近最大电流起动,当转速超调时,电流下降,经过转速调节器、电流调节器的调节,很快达到稳态,在发出停车或反向运转指令时,原先导通的整流桥处于逆变状态,使得转速和电流都下降,当电流下降到零经过延时后,原先导通的整流桥封锁,另一组整流器开始整流,电流开始反向,电动机先处于反接制动状态,当电流略有超调后,又处于回馈制动状态,转速急剧下降到零或电动机反向运转。基本数据如下:直流电动机 220V、136A、1460r/min、$C_e = 0.132$V·min/r,允许过载倍数 $\lambda = 1.5$;晶闸管装置放大系数 $K_s = 40$;电枢回路总电阻 $R = 0.5\Omega$;时间常数 $T_1 = 0.03$s,$T_m = 0.18$s;电流反馈系数 $\beta = 0.05$V/A(≈ 10V$/1.5I_N$)。转速反馈系数 $\alpha = 0.007$V·min/r(≈ 10V$/n_N$),试按工程设计方法设计电流调节器和转速调器,要求电流超调量 $\sigma_i \leqslant 5\%$,转速无静差,空载起动到额定转速时的转速超调量 $\sigma_n \leqslant 10\%$。

根据工程设计方法设计调节器方法得:ASR 的 $K_n = 11.7$;$\tau_n = 0.087$s;ACR 的 $K_i = 1.013$;$\tau_i = 0.03$s。

在仿真模型中调节器选择 Parallel 形式,即 ASR 的 $P = K_p = 11.7$,$I = K_i = \dfrac{1}{\tau_n} = \dfrac{11.7}{0.087} =$

134，ACR 的 $P = K_\mathrm{p} = 1.013$，$I = K_\mathrm{I} = \dfrac{1}{\tau_\mathrm{i}} = \dfrac{1.013}{0.03} = 33.77$。两个调节器的初始化中的
Integrator 取参数 1，上下限幅值均取[10　−10]。ASR 和 ACR 调节器标签 PID advanced
的 Anti-windup method 下面的下拉菜单中均选择 clamping，其他参数为默认值。

电动机本体模块参数设置方法同双闭环直流调速系统方法相同。

系统仿真参数设置：仿真中所选择的算法为 ode23tb，Start 设为 0，Stop 设为 9.0s。

5. 仿真结果分析

逻辑无环流可逆直流调速系统的仿真结果如图 6-77 所示。

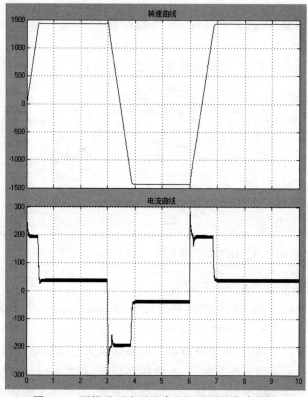

图 6-77　逻辑无环流可逆直流调速系统仿真结果

从仿真结果可以看出，当给定正向信号时，在电流调节器作用下电动机的电枢电流接近
最大值，使得电动机以最优时间准则开始上升，在 0.47s 左右时转速超调，电流很快下降，在
0.55s 时达到稳态，当 3s 给定反向信号时，电流和转速都下降，在电流下降到零以后，电动
机处于制动状态，转速快速下降，当转速为零后，电动机处于反向电动状态，但直流电动机电
流方向不正确，应该为负值，这是 MATLAB R2014a 版本的直流电动机仿真模型缺陷造成
的。整个变化曲线同实际情况非常类似。

6.2.5　PWM 直流调速系统仿真

自从全控型电力电子器件问世以后，就出现了采用脉冲宽度调制的高频开关控制方式，
形成了脉宽调制变换器-直流电动机调速系统，简称直流脉宽调速系统或直流 PWM 调速系
统，与 V-M 系统相比，PWM 系统在很多方面具有较大的优越性。

(1) 主电路线路简单,需用的功率器件少。

(2) 开关频率高,电流容易连续,谐波少,电动机损耗及发热都较小。

(3) 低速性能好,稳速精度高,调速范围宽,可达 1∶10 000 左右。

(4) 与快速相应的电动机配合,则系统频带宽,动态响应快,动态抗扰能力强。

(5) 功率开关器件工作在开关状态,导通损耗小,当开关频率适当时,开关损耗不大,因而装置效率较高。

(6) 直流电源采用不可控整流时,电网功率因数比相控整流器高。

由于有上述优点,直流调速系统的应用日益广泛,特别是在中、小容量的高动态性能系统中,已经完全取代了 V-M 系统。

1. PWM 变换器的工作状态和电压、电流波形

脉宽调制变换器的作用是:用脉冲宽度调制的方法,把恒定的直流电源电压调制成频率一定、宽度可变的脉冲电压序列,从而可以改变平均输出电压的大小,以调节电动机的转速。变换电路有多种形式,可分为不可逆与可逆两大类。下面介绍最常用的 H 桥可逆变换器的工作原理。

可逆变换器主电路有多种形,如图 6-78 所示为 H 桥式电路。这时,电动机两端电压 U_{AB} 的极性随开关器件驱动电压极性的变化而改变,其控制方式有双极式、单极式、受限单极式等多种,这里只着重分析双极式控制的可逆变换器。

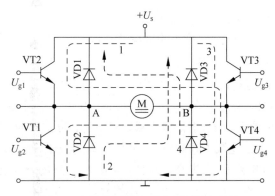

图 6-78 桥式可逆 PWM 直流调速系统

双极式控制可逆变换器的 4 个驱动电压波形如图 6-79 所示,它们关系是 $U_{g1}=U_{g4}=-U_{g2}=-U_{g3}$,在一个开关周期内,当 $0 \leqslant t < t_{on}$ 时,VT2、VT4 导通,$U_{AB}=U_s$。电枢电流沿回路 1 流通,当 $t_{on} \leqslant t < T$ 时,驱动电压反相,但 VT1、VT3 由于受续流二极管 VD2、VD3 反向电压钳住却无法导通,电枢电流沿回路 2 经二极管 VD2、VD3 续流,$U_{AB}=-U_s$。因此 U_{AB} 在一个周期内具有正负相间的脉冲波形。

图 6-79 也绘出了双极式控制时的输出电压和电流波形,i_{d1} 相当于一般负载的情况,脉动电流方向始终为正,i_{d2} 相当于轻载情况,电流可在正负方向之间脉动,存在制动电流。在不同的情况下,器件的导通、电流的方向与回路都和有制动电流通路的不可逆 PWM 变换器相似,电动机的正反转则体现在驱动电压正、负脉冲的宽窄上,当正脉冲较宽时,$t_{on} > \dfrac{T}{2}$,则 U_{AB} 的平均值为正,电动机正转,反之则反转,如果正负脉冲相等,平均输出电压 U_{AB} 为零,

则电动机停止。

双极式控制可逆变换器的输出平均电压为

$$U_d = \frac{t_{on}}{T}U_s - \frac{T-t_{on}}{T}U_s = \left(\frac{2t_{on}}{T} - 1\right)U_s = (2\rho - 1)U_s$$

(6-12)

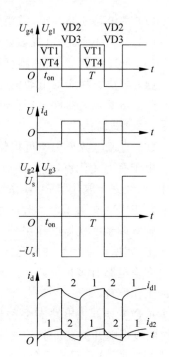

调速时,ρ 的可调范围为 $0\sim1$,相应地,当 $\rho > \frac{1}{2}$ 时,

$U_d > 0$,电动机正转,当 $\rho < \frac{1}{2}$ 时,$U_d < 0$,电动机反转,当

$\rho = \frac{1}{2}$ 时,$U_d = 0$,电动机停止。但电动机停止时电枢电压的

瞬时值并不等于零,而是正负脉宽相等的交变脉冲电压,因
而电流也是交变的,这个交变电流的平均值为零。不产生转
矩,陡然增大电动机的损耗,这是双极式控制的缺点,但它也
有好处,在电动机停止时仍有高频微振电流,从而消除了正、
反方向时的静摩擦死区,起着所谓"动力润滑"作用。

图 6-79   双极式控制可逆 PWM
变换器的驱动电压、输
出电压和电流波形

双极式控制的桥式可逆变换器有下列优点。

(1)电流一定连续。

(2)可使电动机在四象限运行。

(3)电动机停止时有微振电流,能消除静摩擦死区。

(4)低速平稳性好,系统的调速范围宽。

(5)低速时,每个开关器件的驱动脉冲仍较宽,有利于保证器件的可靠导通。

双极式控制方式不足之处是:在工作过程中,4 个开关器件可能都处于开关状态,开关
损耗大,而且在切换时可能发生上、下桥臂直通事故,为了防止直通,在上、下臂的驱动脉冲
之间应设置逻辑延时。为了克服上述缺点,可采用单极式控制,使部分器件处于常通或常断
状态,以减小开关次数和开关损耗,提高可靠性,但系统的静、动态性能会降低。

可逆直流调速系统的控制部分与直流 V-M 相似,为了取得较高的动、静态性能指标,控
制系统一般都采用转速、电流双闭环控制,电流环为内环,转速环为外环,内环的采样周期小
于外环的采样周期,由于电流采样值和转速采样值都有交流分量,常采用硬件和软件相结合
的方法进行滤波。在 V-M 系统中移相控制得到可控的触发角 α,在本系统中得到是可控的
占空比 ρ。转速调节环节 ASR 和电流调节环节 ACR 采用 PI 调节,当系统对动态性能要求
较高时,可以采用其他控制算法。

转速给定信号可以由电位器给出模拟信号,经 A/D 转换后送入微机系统,也可以直接
给出数字信号,当转速给定信号在 $-n_{max}^* \sim 0 \sim n_{max}^*$ 内变化时,由微机输出的信号占空比 ρ 在
$0\sim1/2\sim1$ 内变化,实现双极式可逆控制。在控制过程中,为了避免同一桥臂上、下两个电力
电子器件同时导通造成直流电源短路,在由导通切换到导通或反向切换时,须留有死区时间。

由于脉宽直流调速系统有主线路简单、动态响应快、电流容易连续等优点,在工业生产
中得到广泛的应用。脉宽直流调速系统同晶闸管调速系统仿真有些区别,下面就说明
PWM 直流调速系统的仿真模型的建立与参数设置。单闭环 PWM 直流调速系统采用定性

的仿真,主要介绍各模型建立及主要参数的设置方法,双闭环PWM直流调速系统采用定量仿真,把根据工程设计方法得到的调节器参数应用到仿真模型中。

2. 单闭环PWM可逆直流调速系统仿真

单闭环PWM可逆直流调速系统仿真模型如图6-80所示。下面介绍各部分模型的建立与主要参数的设置方法。

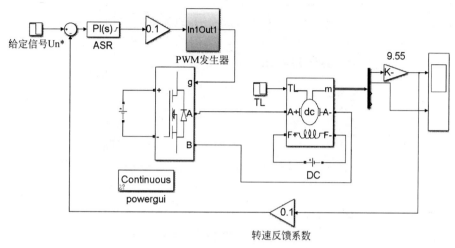

图6-80　单闭环PWM直流调速系统仿真模型

1) 主电流模型的建立与参数设置

主电路由直流电动机本体模块、Universal Bridge桥式电路模块、负载和电源等组成。电动机本体模块参数为默认值,桥式电路参数设置:桥臂数为2,电力电子装置为MOSFET/Diodes,其他参数为默认值。电源参数为220V,励磁电源为220V,负载为50N·m。

2) 控制电路模型的建立与参数设置

控制电路由转速调节器ASR、PWM发生器、转速反馈和给定信号等组成。在仿真模型中调节器选择Parallel形式。参数设置:ASR的$P=K_p=0.1$,$I=K_i=1$,调节器的初始化中的Integrator取参数1,输出限幅为$[10 \quad -10]$。ASR调节器标签PID advanced的Anti-windup method下面的下拉菜单中选择none。

转速反馈系数为0.1,给定信号为10,在2s时给定信号变为-10。

直流脉宽调速系统仿真关键是PWM发生器的建模。从双闭环调速系统的动态结构框图可知,电流调节器ACR输出最大限幅时,H桥的占空比为1。PWM发生器采用两个Discrete PWM Generator模块。由于此模块中自带三角波,其幅值为1,且输入信号应在-1与1之间,输入信号同三角波信号相比较,比较结果大于0时,占空比大于50%,PWM波表现为上宽下窄,电动机正转;当比较结果小于0而大于-1时,占空比小于50%,PWM波表现为上窄下宽,电动机反转。两个PWM Generator(2-Level)模块参数设置均为:调制波为外设,载波频率为1080Hz。采样时间为50e$-$6。发生器模式Generator Type为Single-Phase half-bridge(2 pulses)。其次由于电动机运转时,H桥对角两管触发信号一致,为此采用Selector模块(路径为Simulink/Signal Routing/Selector),参数设置如图6-81所示。使得PWM发生器信号同H桥对角两管触发信号相对应。PWM发生器模型及封装后子系统如图6-82所示。

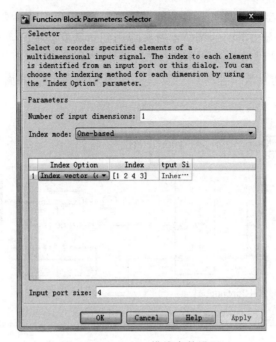

图 6-81　Selector 模块参数设置

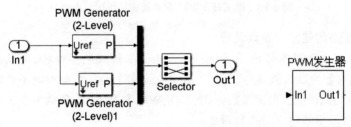

图 6-82　PWM 发生器模型及封装后子系统

　　由于 ASR 输出的数值为 −10～10，为了使 ASR 输出的数值同 PWM 发生器输入信号相对应，在 ASR 输出端加了一个 Gain 模块，参数为 0.1。这样，当 ASR 输出限幅 10 时，PWM 输入端为 1，占空比最大。当 ASR 输出限幅为 −10 时，PWM 输入端为 −1，占空比为 0。

　　系统仿真参数设置：仿真中所选择的算法为 ode23tb，Start 设为 0，Stop 设为 5s。

　　单闭环 PWM 直流调速系统仿真结果如图 6-83 所示。

　　从仿真结果看，PWM 调速系统性能要好于晶闸管控制的调速系统，表现为转速上升快，动态响应较快，开始起动阶段，功率器件处于全开状态，电流波动不大。当转速达到稳态时，电力电子开关频率较高，电流呈现脉动形式。

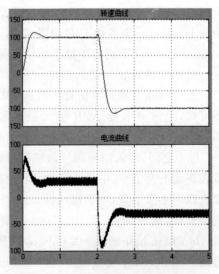

图 6-83　单闭环 PWM 直流调速
系统仿真结果

3. 双闭环 PWM 可逆直流调速系统定量仿真

例 6-4　有一转速、电流双闭环控制的 H 形双极式 PWM 直流可逆调速系统，已知电动机参数为 $P_N = 200W$，$U_N = 48V$，$I_N = 3.7A$，$n_N = 200r/min$，电枢电阻为 $R_a = 6.5\Omega$，电枢回路总电阻为 $R = 8\Omega$，允许电流过载倍数 $\lambda = 2$，电磁时间常数 $T_1 = 0.015s$，机电时间常数为 $T_m = 0.2s$，电流反馈滤波时间常数 $T_{oi} = 0.001s$，转速反馈滤波时间常数 $T_{on} = 0.005s$，设调节器输入输出电压 $U_{nm}^* = U_{im}^* = 10V$，电力电子开关频率为 $f = 1kHz$，PWM 环节的放大倍数 $K_s = 4.8$。试按工程设计方法设计电流调节器和转速调节器。设计指标：稳态无静差，电流超调量 $\sigma_i \leqslant 5\%$；空载起动到额定转速时的转速超调量 $\sigma_n \leqslant 20\%$，过渡过程时间 $t_s \leqslant 0.1s$。

【解】　1）电流调节器设计。

（1）确定时间常数。

① 整流装置滞后时间常数 T_s。由于电力电子开关频率为 $f = 1kHz$，则

$$T_s = \frac{1}{f} = \frac{1}{1000} = 0.001$$

② 电流环小时间常数之和 $T_{\Sigma i}$。按小时间常数近似处理，取

$$T_{\Sigma i} = T_s + T_{oi} = 0.002s$$

（2）选择电流调节器结构。

根据设计要求 $\sigma_i \leqslant 5\%$，无静差，可按典型 I 型系统设计电流调节器。电流环控制对象是双惯性型的，因此可用 PI 型电流调节器。

（3）计算电流调节器参数。

电流调节器超前时间常数为

$$\tau_i = T_1 = 0.015s$$

电流环开环增益要求 $\sigma_i \leqslant 5\%$ 时，取 $K_I T_{\Sigma i} = 0.5$，因此有

$$K_I = \frac{0.5}{T_{\Sigma i}} = \frac{0.5}{0.002} = 250 s^{-1}$$

电流反馈系数为

$$\beta = \frac{U_{im}^*}{I_{dm}} = \frac{U_{im}^*}{\lambda I_N} = \frac{10}{2 \times 3.7} = 1.35$$

ACR 选用 PI 调节器，其比例系数为

$$K_i = \frac{K_I \tau_i R}{\beta K_s} = \frac{250 \times 0.015 \times 8}{1.351 \times 4.8} = 4.63$$

（4）校验近似条件。

电流环截止频率为

$$\omega_{ci} = K_I = 250 s^{-1}$$

① 晶闸管整流装置传递函数的近似条件

$$\frac{1}{3T_s} = \frac{1}{3 \times 0.001} = 333 s^{-1} > \omega_{ci} = 250 s^{-1}$$

满足近似条件。

② 忽略反电动势对电流环影响的近似条件

$$3\sqrt{\frac{1}{T_{\mathrm{m}}T_{\mathrm{l}}}} = 3 \times \sqrt{\frac{1}{0.2 \times 0.015}} = 54.8\mathrm{s}^{-1} < \omega_{\mathrm{ci}} = 250\mathrm{s}^{-1}$$

满足近似条件。

③ 小时间常数环节的近似处理条件

$$\frac{1}{3}\sqrt{\frac{1}{T_{\mathrm{s}}T_{\mathrm{oi}}}} = \frac{1}{3} \times \sqrt{\frac{1}{0.001 \times 0.001}} = 333\mathrm{s}^{-1} > \omega_{\mathrm{ci}} = 250\mathrm{s}^{-1}$$

满足近似条件。

2）转速调节器设计。

（1）确定时间常数。

① 电流环等效时间常数 $1/K_{\mathrm{I}}$。

$$\frac{1}{K_{\mathrm{I}}} = 2T_{\Sigma\mathrm{i}} = 2 \times 0.002 = 0.004\mathrm{s}$$

② 转速环小时间常数 $T_{\Sigma\mathrm{n}}$。按小时间常数近似处理，取

$$T_{\Sigma\mathrm{n}} = \frac{1}{K_{\mathrm{I}}} + T_{\mathrm{on}} = 0.004 + 0.005 = 0.009\mathrm{s}$$

（2）选择转速调节器结构。

按照设计要求，选用 PI 调节器。

（3）计算转速调节器参数。

按跟随和抗扰性能都较好的原则，取 $h=5$，则 ASR 的超前时间常数为

$$\tau_{\mathrm{n}} = hT_{\Sigma\mathrm{n}} = 5 \times 0.009 = 0.045\mathrm{s}$$

转速环的开环放大倍数为

$$K_{\mathrm{N}} = \frac{h+1}{2h^2 T_{\Sigma\mathrm{n}}^2} = \frac{6}{50 \times 0.009^2} = 1481.5\mathrm{s}^{-2}$$

转速反馈系数

$$\alpha = \frac{U_{\mathrm{nm}}^*}{n_{\mathrm{N}}} = \frac{10}{200} = 0.05$$

ASR 的比例系数为

$$K_{\mathrm{n}} = \frac{(h+1)\beta C_{\mathrm{e}} T_{\mathrm{m}}}{2h\alpha R T_{\Sigma\mathrm{n}}} = \frac{6 \times 1.351 \times 0.12 \times 0.2}{10 \times 0.05 \times 8 \times 0.009} = 5.4$$

（4）检验近似条件。

转速环截止角频率为

$$\omega_{\mathrm{cn}} = \frac{K_{\mathrm{N}}}{\omega_1} = K_{\mathrm{N}}\tau_{\mathrm{n}} = 1481.5 \times 0.045 = 66.7\mathrm{s}^{-1}$$

① 电流环传递函数简化条件为

$$\frac{1}{3}\sqrt{\frac{K_{\mathrm{I}}}{T_{\Sigma\mathrm{i}}}} = \frac{1}{3}\sqrt{\frac{250}{0.002}} = 118\mathrm{s}^{-1} > \omega_{\mathrm{cn}}$$

② 转速环小时间常数近似处理条件为

$$\frac{1}{3}\sqrt{\frac{K_{\mathrm{I}}}{T_{\mathrm{on}}}} = \frac{1}{3}\sqrt{\frac{250}{0.005}} = 74\mathrm{s}^{-1} > \omega_{\mathrm{cn}}$$

双闭环直流脉宽可逆调速系统的仿真如图 6-84 所示。

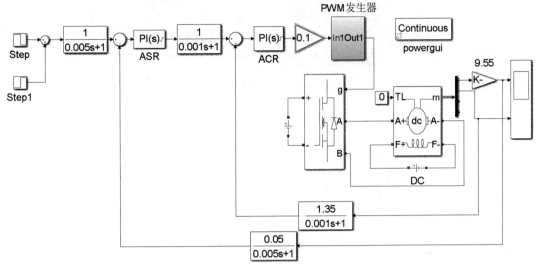

图 6-84　双闭环直流脉宽可逆调速系统仿真模型

4. 主电路模型的建立与参数设置

双闭环 PWM 直流调速系统的主电路仿真模型与单闭环 PWM 直流调速系统的主电路相同(值得注意的是,由于是小功率电动机,其额定电流仅为 3.7A。在带负载仿真时,负载不能过大。如果负载过大,就会得出错误的结果),励磁电源为 220V。由于电动机输出信号是角速度 ω,将其转化成转速 n,单位为 r/min,在电动机角速度输出端接 Gain 模块,参数设置为 30/3.14,直流电源参数设置为 48V。

$$C_{\mathrm{e}} = \frac{U_{\mathrm{N}} - I_{\mathrm{N}} R_{\mathrm{a}}}{n_{\mathrm{N}}} = \frac{48 - 3.7 \times 6.5}{200} = 0.12$$

根据公式 $T_{\mathrm{m}} = \dfrac{\mathrm{GD}^2 R}{375 C_{\mathrm{e}} C_{\mathrm{m}}} = \dfrac{\mathrm{GD}^2 R}{375 C_{\mathrm{e}} \dfrac{30}{\pi} C_{\mathrm{e}}}$ 可以得到 $\mathrm{GD}^2 = 1.3\mathrm{N \cdot m}^2$,根据公式 $T_{\mathrm{l}} = \dfrac{1}{R}$ 可

以得到回路总电感 $L = 0.12\mathrm{H}$。

电动机本体模块参数中飞轮惯量 J 的单位是 $\mathrm{kg \cdot m}^2$,而转动惯量 GD^2 单位是 $\mathrm{N \cdot m}^2$,两者之间关系为

$$J = \frac{\mathrm{GD}^2}{4g} = \frac{1.3}{4 \times 9.8} = 0.0332$$

互感数值的确定如下:励磁电压为 220V,励磁电阻取 240Ω,则

$$I_{\mathrm{f}} = \frac{220}{240} = 0.916\,67\,(\mathrm{A})$$

由式(6-4)得

$$L_{\mathrm{af}} = \frac{30}{\pi} \frac{C_{\mathrm{e}}}{I_{\mathrm{f}}} = \frac{30}{\pi} \frac{0.12}{0.916\,67} = 1.25\,(\mathrm{H})$$

电动机参数设置如图 6-85 所示。

5. 控制电路模型的建立与参数设置

控制电路由 PI 调节器、滤波模块、转速反馈和电流反馈等环节组成。在仿真模型中调

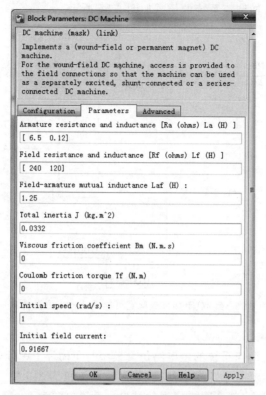

图 6-85 定量仿真的电动机参数设置

节器选择 Parallel 形式,即 ASR 的 $P=K_p=5.4$,$I=K_i=\dfrac{K_p}{\tau_n}=\dfrac{5.4}{0.045}=120$,ACR 的 $P=$

$K_p=4.63$,$I=K_I=\dfrac{K_p}{\tau_i}=\dfrac{4.63}{0.015}=308.7$。两个调节器的初始化中的 Integrator 取参数 1,

上下限幅值均取[10 -10]。ASR 和 ACR 调节器标签 PID advanced 的 Anti-windup method 下面的下拉菜单中均选择 clamping,其他参数为默认值。

其他环节参数设置:H 桥电力电子的导通电阻 $R_{on}=8-6.5=1.5\Omega$。PWM 发射器的建模方法和单闭环 PWM 建模方法相同,两个 PWM Generator 调制波为外设,载波频率为 1000Hz。采样时间为 50e−6。发生器模式 Generator Type 为 Single-Phase half-bridge(2 pulses)。为了反映出此系统能够四象限运行,给定信号为 10 到−10 再到 10,故给定信号模块采用多重信号叠加。给定信号的模型由 Constant、Sum 等模块组成,一个 Constant 参数设置:Step 为 2,Intial Value 为 10,Final Value 为−10;另一个 Constant 参数设置:Step 为 4,Intial Value 为 0,Final Value 为 20。Sum 参数设置:List of signs 为"＋＋"。带滤波环节的转速反馈系数模块参数设置:Numerator coefficients coefficients 为[0.05],Denominator coefficients 为[0.005 1]。带滤波环节的电流反馈系数参数设置:Numerator coefficients 为[1.35],Denominator coefficients 为[0.001 1]。转速延迟模块的参数设置:Numerator coefficients 为[0.05],Denominator coefficients 为[0.005 1]。电流延迟模块参数设置:Numerator 为[1],Denominator coefficients 为[0.001 1]。其他参数为模块本身默认值。

仿真算法采用 ode23tb,开始时间为 0,结束时间为 2s。

6. 仿真结果分析

仿真结果如图 6-86 所示。

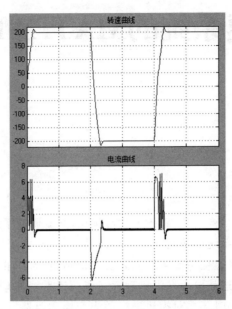

图 6-86　双闭环直流脉宽可逆调速系统仿真结果

从仿真结果可以看出,当给定信号为 10V 时,在电动机起动过程中,电流调节器作用下的电动机电枢电流接近最大值,使得电动机以最优时间准则开始上升,最高转速为 216r/min,超调量为 8%。稳态时转速为 200r/min;给定信号变成 -10V 时,电动机从电动状态变成制动状态,当转速为零时,电动机开始反向运转。说明仿真模型及参数设置的正确性。

第7章

交流调速系统的MATLAB仿真

由于交流电动机具有结构简单、维护方便等优点,交流调速系统已成为电动机调速的主要发展方向。但交流调速系统的仿真比直流调速系统复杂,主要原因是交流电动机是个多变量,强耦合系统。在仿真过程中常常会遇到仿真出错、仿真中止等情况,而且仿真速度要比直流调速系统慢得多。这就要求在深刻理解交流调速系统原理基础上,充分掌握交流调速系统仿真的常用模块,有时还要对模块进行适当变换和改造。在进行交流调速系统仿真之前,先介绍交流调速系统仿真中常用的几个模块:电动机模块(Machine),电动机测量单元模块(Bus Selector)和函数记录仪模块(XY Graph)。

7.1 交流调速系统仿真中常用模块简介

1. 交流电动机模块

在 MATLAB 模块库中,交流异步电动机有两个模块,一个是使用标幺值单位制,路径为 simscape/SimPowerSystems/Specialized Technology/Machines/Asynchronous Machine pu Units,另一个是国际单位制,路径为 simscape/SimPowerSystems/Specialized Technology/Machines/Asynchronous Machine SI Units,前者输出信号的单位均为标幺值,后者输出信号的单位均为国际单位制。

异步电动机的参数可以通过两种方式来确定:一种是直接根据电动机的铭牌数据,如5HP(表示电动机的功率是 5 马力)、460V(线电压)、60Hz(频率)、1750RPM(额定转速为1750r/min)来设定,对话框如图 7-1 所示;另一种就是交流电动机具体定子、转子参数来设定。本书都是采用后者,对话框如图 7-2 所示。

2. 交流电动机的测量单元模块

新版本已取消交流电动机测量单元模块,采用 Bus Selector 模块来代替,路径为Simulink/Signal Routing/Bus Selector,当与交流电动机输出端连接后,单击 Bus Selector模块会出现对话框如图 7-3 所示。

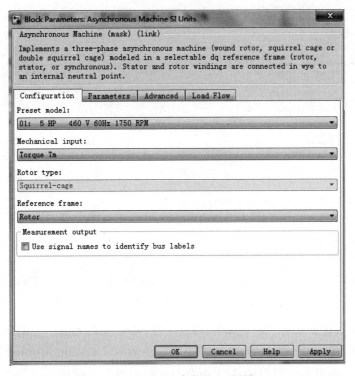

图 7-1 交流电动机参数设置对话框(1)

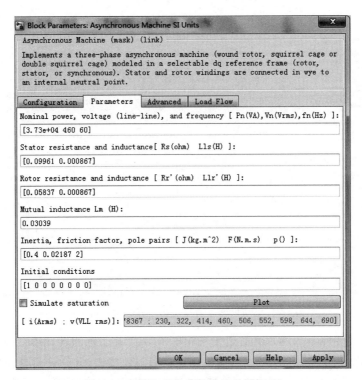

图 7-2 交流电动机参数设置对话框(2)

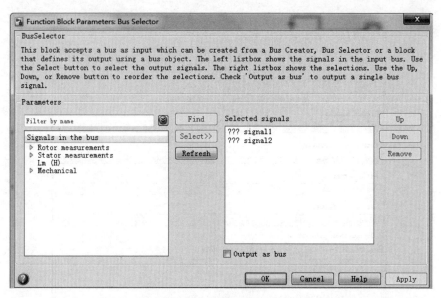

图 7-3 电动机测量信号模块参数设置对话框(1)

首先选中右边窗口里的??? signal1,使其变蓝,再单击 Remove 按钮,消除??? signal1,再用同样的方式消除??? Signal2,单击左边窗口的 Rotor measurements 前面的小三角图标,展开后选中需要测量的物理量,按下两窗口之间的 Select 按钮,就把需要测量的物理量右移到右边的窗口。同样适用于定子物理量测量、转矩测量等,如图 7-4 所示。

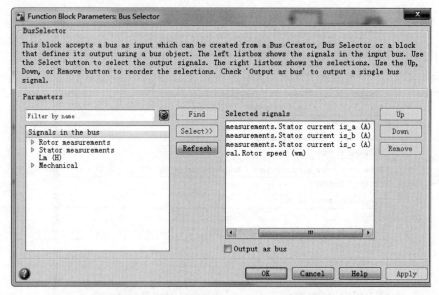

图 7-4 电动机测量信号模块参数设置对话框(2)

可以看出,需要测量的物理量有定子三相电流以及电动机的转速等。被测物理量上下顺序也可以变化,选中被测物理量后,单击 Up 或 Down 按钮,此物理量就会按照指令方式上下移动,还可以删除,单击 Remove 按钮,被选中的物理量就被删除。最后单击 OK 按钮。

3. 旧版本的交流电动机测量单元模块

旧版本交流电动机测量单元模块如图 7-5 所示，其参数设置对话框如图 7-6 所示。

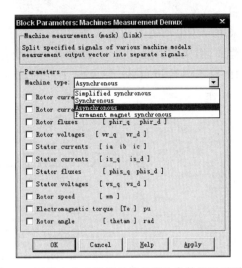

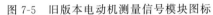

图 7-5　旧版本电动机测量信号模块图标　　图 7-6　旧版本电动机测量信号模块参数设置对话框

Machine type 表示电动机的类型，有简化模型的同步电动机（Simplified synchronous）、同步电动机（Synchronous）、异步电动机（Asynchronous）和永磁同步电动机（Permanent magnet synchronous）等。

现选择电动机类型为异步电动机，从测量单元对话框可以看出，第一路是在三相静止坐标系上转子电流（Rotor currents）ira、irb、irc，第二路、第三路和第四路分别是在 q、d 轴上转子电流（Rotor currents）ir_q、ir_d、转子磁链（Rotor fluxes）phir_q、phir_d 和转子电压（Rotor voltages）vr-q、vr_d，第五路是在三相静止坐标系上的定子电流（Stator currents）ia、ib、ic，第六路、第七路和第八路分别是在 q、d 轴上定子电流（Stator currents）is_q、is_d、定子磁链（Stator fluxes）phis_q、phis_d 和定子电压（Stator voltage）vs_q、vs_d，第九路是转子转速（Rotor speed）wm，第十路是电磁转矩（Electromagnetic torque）Te，第十一路是转子旋转角度（Rotor angle）thetam。

具体要输出哪些信号，可根据实际情况，在需要输出的物理量前面的复选框内打"√"即可。

4. 函数记录仪模块

函数记录仪模块路径为 Simulink/Sinks/XY Graph，它是用来记录 X 轴和 Y 轴数值的大小，坐标上下限可调。此模块常用于交流电动机的定子、转子磁链观测。

7.2　单闭环交流调压调速系统的建模与仿真

7.2.1　调压调速的基本工作原理

调压调速是异步电动机调速方法比较简便的一种调速方法。众所周知，异步电动机的电磁转矩与定子电压的平方成正比,改变电动机定子外加电压就可以改变机械特性的函数关系,从而改变在一定负载转矩下的转速。调压控制方式有两种：一是通断控制；二是相位控制。

采用异步电动机的调压调速时,调速范围很窄,采用高转子电阻的力矩电动机可以增大调速范围,但机械特性又变软,因而当负载变化时的静差率很大,开环控制很难解决这个矛盾,因此对于恒转矩负载,要求调速范围较大时,往往采用转速反馈的闭环控制系统,如图 7-7 所示。

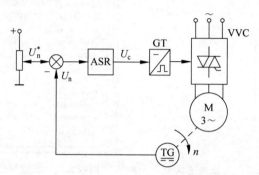

图 7-7　转速反馈的闭环控制系统原理图

从图 7-7 可以看到,当系统带负载稳定运行,如果负载增大引起转速下降,反馈控制作用能调高定子电压,从而在电压较高的一条机械特性上稳定。同理,当负载降低时,经过系统的自动调节,会在另一条电压较低的机械特性上稳定,按照反馈控制规律,尽管异步力矩电动机的机械特性很软,但由于系统放大系数决定闭环系统静特性却可以很硬,如果采用 PI 调节器,照样可以做到无静差,改变给定信号,则静特性平行地上下移动,达到调速的目的。

7.2.2　调压调速的建模与仿真

本次仿真采用的是相位控制方法。单闭环交流调压调速系统仿真模型如图 7-8 所示。下面分别介绍各环节建模与参数设置。

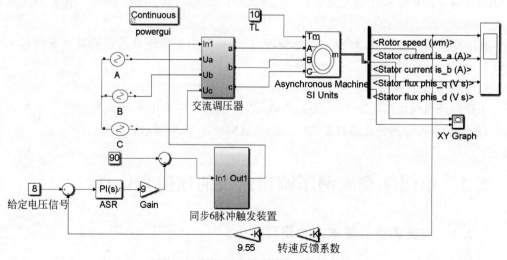

图 7-8　交流电动机调压调速仿真模型

1. 系统的建模与模型参数设置

1）主电路建模与参数设置

主电路是由三相对称电源、晶闸管组成的三相交流调压器、交流异步电动机、电动机测量单元、负载等部分组成。

三相电源建模与参数设置与直流调速系统相同，即三相电源幅值均为220V，频率均为50Hz，A相初始相位角为0°，B相初始相位角为240°，C相初始相位角为120°。交流电动机模块采用国际制，参数设置如图7-9所示。电动机测量单元模块选择定子电流、转子转速和电磁转矩，表明只观测这些物理量，电动机负载为10。

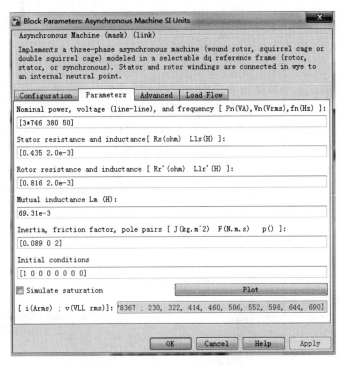

图7-9 交流电动机参数设置

2）交流调压器的建模与参数设置

取6个晶闸管模块（路径为simscape/SimPowerSystems/Specialized Technology/Power Electronics/Thyristor），模块符号名称依此改写为1,2,…,6。按照图7-10(a)排列，为了避免在把这些模块在封装时多出一些测量端口，采用Terminator模块（路径为Simulink/Sinks/Terminator），封锁各晶闸管模块的E端（测量端），在模型的输出端口分别标上a、b、c，模型的输入端口分别标上Ua、Ub、Uc，晶闸管参数取默认值。取Demux模块，参数设置为6，表明有6个输出，按照图7-10(a)连接。需要注意的是各晶闸管的连线和Demux端口对应。交流调压器仿真模型封装后如图7-10(b)所示。

3）控制电路仿真模型的建立与参数设置

控制电路由给定信号模块、调解器模块、信号比较环节模块、6脉冲同步触发装置等组成。同步6脉冲触发装置采用6脉冲触发器和积分模块、放大模块、数学功能模块等封装而成，封装方法与直流调速系统相同，合成频率为50Hz，注意同步6脉冲触发器模块是经过

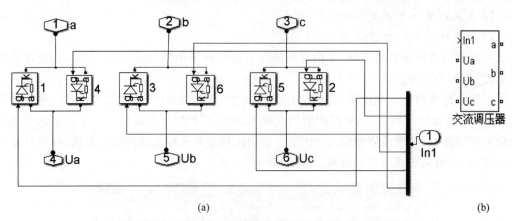

(a)   (b)

图 7-10   交流调压器仿真模型及封装后的子系统

改造的,参见图 5-10。脉冲宽度为 5,双脉冲触发;转速调节器设置采用 Parallel 形式,比例放大系数 K_p 为 4,积分放大系数 K_i 为 0.6。上下限幅为[10　—10]。

对于反馈环节,取两个 Gain 模块,一个参数设置为 30/3.14,表示把电动机的角速度转化为转速,另一个参数设置为 0.01,表示系统转速反馈系数为 0.01。

2. 系统仿真参数设置

仿真选择算法为 ode23tb,仿真开始时间为 0,结束时间为 1.5s。

3. 仿真结果

给定电压为 10V 的仿真结果如图 7-11 所示,为了使读者更好看清电流波形,只选异步电动机 A 相电流。

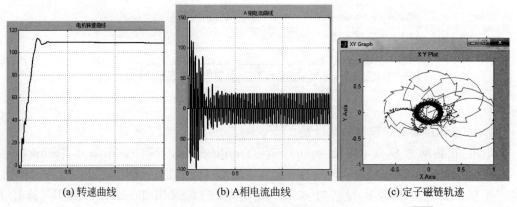

(a) 转速曲线   (b) A相电流曲线   (c) 定子磁链轨迹

图 7-11   交流调压调速仿真结果(1)

给定电压为 8V 的仿真结果如图 7-12 所示。

从仿真结果看,在转速从零上升过程中,电动机电流较大,到电动机转速稳定后,电动机电流也保持不变。电动机起动阶段,定子磁链波动较大,稳态后,定子磁链是个圆形。随着给定电压信号的变化,转速也跟着改变。

当给定电压较小时,就会发现转速波动比较大,这也说明了对于恒转矩的负载,调压调速范围比较小。

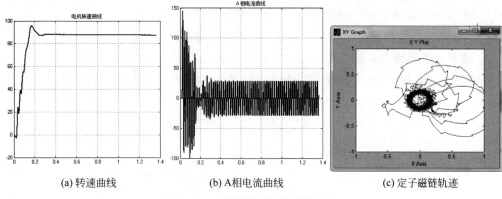

(a) 转速曲线　　　　　　　　(b) A相电流曲线　　　　　　　(c) 定子磁链轨迹

图 7-12　交流调压调速仿真结果(2)

7.3　变频调速系统的建模与仿真

7.3.1　SPWM 内置波调速系统仿真

SPWM 工作原理就是以期望的正弦波作为调制波,以等腰三角波作为载波,两者相交的交点确定逆变器开关器件的导通,从而获得一系列等幅不等宽的矩形波,按照波形面积等效原则,这个一系列矩形波就和正弦波等效。改变调制波的频率和波幅就能达到同时变频变压的调速的要求。其基本工作原理已在第 4 章说明,不再赘述。

SPWM 调速系统仿真模型如图 7-13 所示,它包括交流电动机本体模块、电动机测量单元模块、负载、逆变器、直流电源和控制电路等。

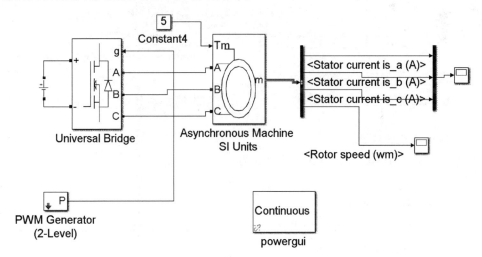

图 7-13　SPWM 调速系统仿真模型

下面介绍各部分环节模型的建立与参数设置

1. 主电路模型的建立和参数设置

主电路是由交流异步电动机本体模块、逆变器模块(Universal Bridge,路径为 simscape/

SimPowerSystems/Specialized Technology/Power Electronics/Universal Bridge)、电动机测量单元模块、电源和负载等组成。逆变器模块参数设置如图 7-14 所示。

直流电源模块参数设置为 780V,电动机本体模块参数设置同上节相同,负载取 5。

2. 控制电路建模与参数设置

在 MATLAB 库中,有现成的 SPWM 模块,其模块名为 PWM Generator(2-Level)。模块路径为 simscape/SimPowerSystems/Specialized Technology/Control and Measurements Library/Pulse & Signal Generators/PWM Generator(2-Level),设置参数如图 7-15 所示。从参数对话框中可以看出载波频率可调。

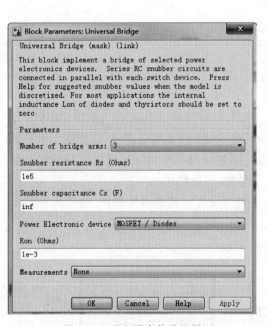

图 7-14 逆变器参数设置图

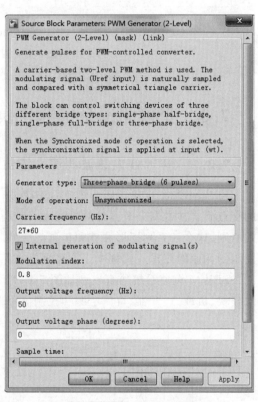

图 7-15 PWM 发生器参数设置

3. 系统仿真参数设置

仿真选择算法为 ode23tb,仿真开始时间为 0,结束时间为 5.0s。

4. 仿真结果

仿真结果如图 7-16 所示。

从仿真结果看,在电动机转速上升过程中,电动机定子电流较大,当电动机转速达到稳态后,电动机电流也跟着稳定下来。

实际上,从 Discrete PWM Generator 模块参数对话框中还可以看出,调制波的设置有外设和内设两种,上面就是采用内设调制波。所谓内设调制波,就是模块本身具有频率可调三相正弦波;而外设调制波,是需要外接三相正弦波。下面再进行外设调制波的 SPWM 控制仿真模型的建立。

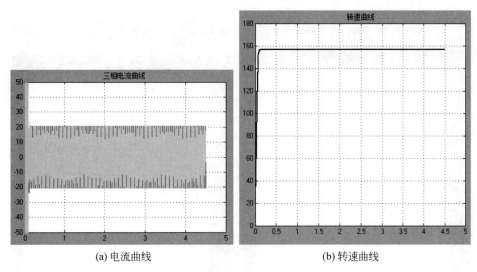

(a) 电流曲线   (b) 转速曲线

图 7-16 内置调制波的 SPWM 仿真结果

7.3.2 SPWM 外置波调速系统仿真

SPWM 外置波调速系统仿真如图 7-17 所示。从仿真模型上看,主电路与内置调制波控制调速系统相同,但在控制电路中,在 PWM Generator(2-Level)模块参数设置上,把此对话框里的 Internal generation of modulating signal(s)前面复选框的"√"去掉,则控制器就有了输入端,取正弦波信号模块 Sine Wave(路径为 Simulink/Sources/Sine Wave),参数设置:正弦波幅值为 0.8,频率为 314rad/sec(50Hz),初始相位角为 0rad。另外两个正弦波模块幅值、频率相同,但要把初始相位角依此改为 4 * 3.14/3、2 * 3.14/3 即可。注意:正弦波信号模块频率的单位是 rad/sec,即通常所说的 ω,它与频率单位为 Hz 的关系为 $\omega = 2\pi f$,初始相位角的单位是 rad,即通常所说的弧度单位。直流电源和交流电动机模块同前。

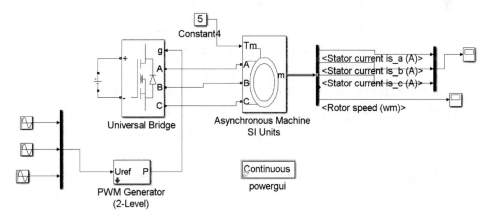

图 7-17 SPWM 外置调制波的仿真模型

再取 Mux 模块,路径为 Simulink/Signal Routing/Mux,参数设置为 3,表示有 3 个输入,按照图 7-17 连接即可。

系统仿真参数设置同上,结束时间取为 5.0s,仿真结果如图 7-18 所示。

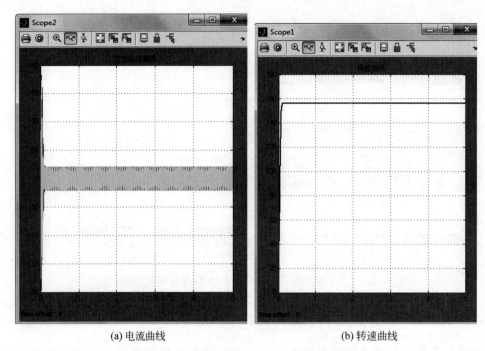

(a) 电流曲线   (b) 转速曲线

图 7-18   外置调制波的 SPWM 仿真结果

从仿真结果来看,内置与外置的正弦波大致相同,这是由于两者调制波设置参数区别不大造成的,参见图 5-10。随着调制波频率的变化,输出电压也随之变化,从而保证了电压和频率之比恒定,转速也跟着变化。

7.4   电流滞环跟踪控制调速系统仿真

对于交流电动机定子绕组最好通入三相对称正弦波交流电流,这样才能保证合成的电磁转矩为恒定值,所以对定子电流实行闭环控制,保证其正弦波形,可以得到更好的性能指标。

电流滞环跟踪控制就是按照给定的电流信号,通过电动机定子电流与给定正弦波电流信号相比较,当二者偏差超过一定值时,改变开关器件的通断,使逆变器的输出电流增大或减小,电流波形做锯齿波变化,将输出电流与给定电流的偏差在一定范围内,电动机定子电流接近正弦波。

电流滞环跟踪控制调速系统仿真模型如图 7-19 所示,包括交流电动机本体模块、电动机测量单元模块、负载、逆变器、直流电源和控制电路等。下面介绍各部分模型的建立和参数设置。

1. 主电路模型建立与参数设置

主电路模型是由异步电动机本体模块、电动机测量模块、逆变器模块、直流电源等组成。电动机模块和负载模块与上节相同,直流电源参数改为 780V。在电动机测量单元模块定子电流输出上,采用 Demux 模块把三相定子合成信号分解,目的是为了检测一相电流波形。

然后再用 Mux 模块把三个定子电流信号合成输入到电流滞环控制器；逆变器选用 Universal bridge,在参数设置的对话框中桥臂数 Number of bridge arms 取 3,电力电子器件取 MOSFET/Diodes,其他为参数默认值；负载转矩取 5。

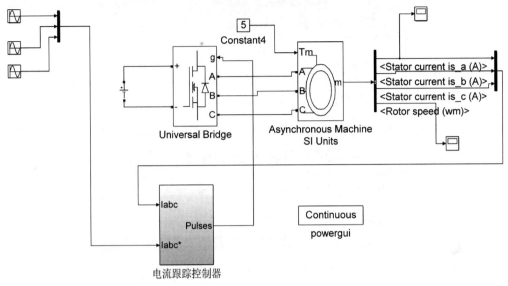

图 7-19　电流滞环跟踪控制系统的仿真模型

2. 控制电路建模与参数设置

1) 电流滞环跟踪控制器模型的建立

电流滞环跟踪控制器模型由 Sum、Relay 和 Data Type Conversion 等模块组成。Sum 模块参数设置：把模块形状改成矩形（形状改变对仿真无任何影响），在参数对话框上把信号的相互作用写成"－ ＋"即可。

Relay 具有继电性质,其路径为 Simulink/Discontinuities/Relay。参数设置主要是环宽的选择,取大可能造成电流波形误差较大,取小虽然使得输出电流跟踪给定的效果更好,但也会使得开关频率增大,开关的损耗增加。本次仿真滞环模块参数设置如图 7-20 所示。

由于模型中存在 Relay 模块,使得仿真速度变慢。为了加快仿真,逆变器下桥臂导通信号不采用 Gain 模块,参数设置为 － 1 的方法。而是采用数据转换模块 Data Type Conversion,其路径为 Simulink/Signal Attributes/Data Type Conversion。由于 Relay 模块输出信号是双精度数据,用 Data Type Conversion 数据转换模块,使得双精度数据变为数字信号（布尔量）,在 Data Type Conversion 参数对话框中把数据类型确定为 boolean,再用逻辑操作模块 Logical Operator 使上下臂桥信号为"反"。逻辑操作模块（Logical Operator）的路径为 Simulink/Math Operations/Logical Operator,参数设置为 NOT,即非门取"反"的意思。最后再次用到 Data Type Conversion 数据转换模块,把布尔量转变为双精度数据,参数设置为 double。电流滞环跟踪控制器模型及封装后如图 7-21 所示。由于逆变器中电力电子器件为 MOSFET/Diodes,6 个开关器件排列是：上臂桥三个开关器件依次编号为 1、3、5,下臂桥三个开关器件依次编号为 2、4、6,同桥式电路中电力电子器件是二极管或晶闸管不同,那种桥式电路上臂桥开关器件依次编号为 1、3、5,下臂桥开关器件依次编号为 4、6、2,所以注意信号线不能任意连接,必须按照图 7-21 中连接才是正确的。

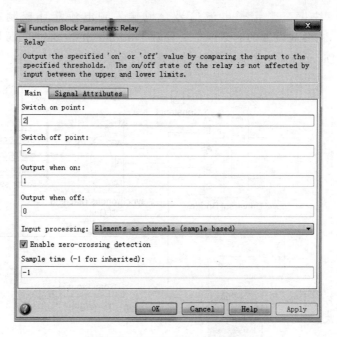

图 7-20　滞环模块参数设置

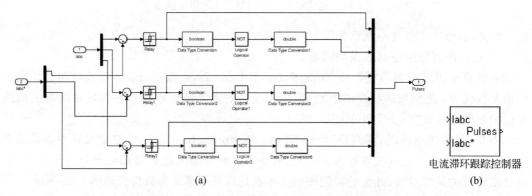

(a)　　　　　　　　　　　　　　　　(b)

图 7-21　电流滞环跟踪控制器仿真模型及封装后子系统

2）给定信号模型的建立与参数设置

给定信号为 3 个正弦波信号,取 3 个正弦波信号模块 Sine Wave,参数设置：正弦波幅值为 50,频率为 314,初始相位角为 0。另外两个正弦波模块幅值、频率相同,但初始相位角依分别为 12.56/3、6.28/3。把三个正弦波信号用 Mux 模块合成一个三维矢量信号加入电流跟踪控制器模型一个输入端。

仿真选择算法为 ode23tb,仿真开始时间为 0,结束时间为 2.0s,其他为默认值。

由于存在 Relay 模块,使得仿真速度非常缓慢,在转速达到稳态值后,仿真速度稍微增加,仿真结果如图 7-22 所示。

从仿真结果可以看到,在转速上升期间,定子电流在给定电流附近上下波动,在 0.6s 左右时转速波动较大,在 1s 左右转速达到稳定,由于采用滞环跟踪控制,导致转速上升缓慢。

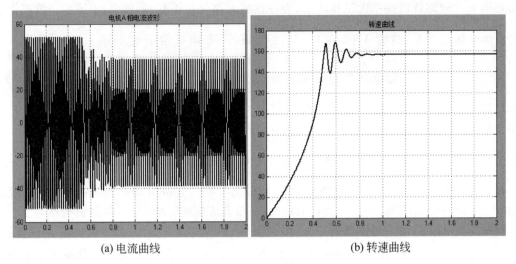

(a) 电流曲线 (b) 转速曲线

图 7-22 电流滞环跟踪控制仿真结果

7.5 电压空间矢量调速系统的建模与仿真

7.5.1 电压空间矢量控制技术

SPWM 控制主要是为了变压变频器输出电压尽量接近正弦波,电流滞环跟踪控制则直接控制输出电流,使之接近正弦波。但是交流电动机最终需要的是三相正弦电流,使其在电动机空间形成圆形旋转磁场,从而产生恒定的电磁转矩。如果把逆变器和交流电动机视为一体,按照跟踪圆形旋转磁场来控制逆变器的工作,其效果会更好,这种控制方法称为磁链跟踪控制,由于磁链的轨迹是不同的电压空间矢量的组合,故又称电压空间矢量控制(SVPWM)。

在常规的变压变频器调速系统中,如果异步电动机由 6 拍阶梯波逆变器供电,这时,供电电压并不是三相平衡的正弦电压,为了讨论电压空间矢量的运动轨迹,把三相逆变器-异步电动机调速系统主电路的原理绘在图 7-23 中,图中 6 个开关功率器件都用开关符号代替,表示任意一种开关器件。

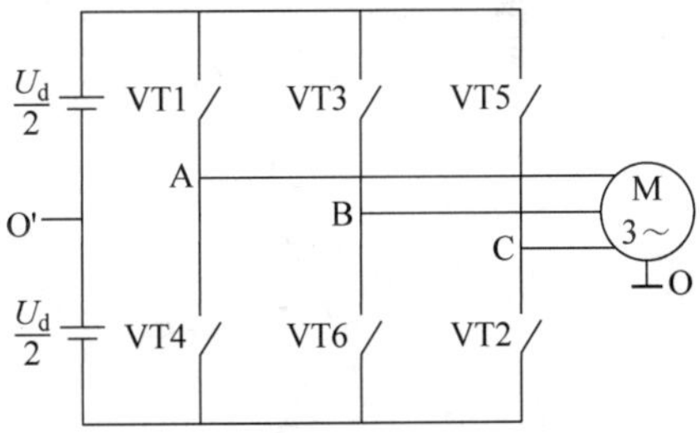

图 7-23 中的逆变器采用上、下管换流,导通方式为 VT1、VT2、VT3→VT2、VT3、VT4→VT3、VT4、VT5→VT4、VT5、VT6→VT5、VT6、VT1→VT6、VT1、VT2 以及 VT1、VT3、VT5 和 VT6、VT4、VT2 等 8 种工作状态。如把上臂桥器件导通用数字"1"表示,下臂桥器件导通用数字"0"表示,则上述 8 种工作状态按照依次排列时可分别表示为 110、010、011、001、101、100、111 和 000。从逆变器的正常工作来看,前 6 种工作状态是有效的,后 2 种工作状态是无效的,因为逆变器这时没有输出电压。

图 7-23 三相逆变器-异步电动机调速系统主电路原理图

对于 6 拍阶梯波的逆变器,其输出的每个周期中 6 种有效的工作状态各出现一次,逆变

器每隔 $\pi/3$ 时刻就切换一次工作状态,而在这时刻内保持不变,如图 7-24 所示。设工作周期从 100 状态开始,这时 VT6、VT1、VT2 导通,则电动机定子电压 $u_{AO'}=+\dfrac{U_d}{2}$,$u_{BO'}=-\dfrac{U_d}{2}$,$u_{CO'}=-\dfrac{U_d}{2}$,三相电压空间矢量的相位分别处于 A、B、C 三根轴线上,$u_{AO'}$ 方向与 A 轴相同,故取正号;而 $u_{BO'}$、$u_{CO'}$ 方向分别与 B、C 轴相反,故取负号。由图 7-24(a)可知,三相合成空间矢量为 $\boldsymbol{u}_1$,其幅值等于 U_d,方向沿 A 轴,存在时间为 $\pi/3$,在这段时间以后,工作状态转为 VT1、VT2、VT3 导通,则电动机定子电压 $u_{AO'}=+\dfrac{U_d}{2}$,$u_{BO'}=+\dfrac{U_d}{2}$,$u_{CO'}=-\dfrac{U_d}{2}$,三相电压空间矢量的相位同样分别处于 A、B、C 三根轴线上,$u_{AO'}$、$u_{BO'}$ 方向与 A、B 轴相同,而 $u_{CO'}$ 方向与 C 轴相反。由图 7-24(b)可知,三相合成空间矢量为 $\boldsymbol{u}_2$,其幅值仍然等于 U_d,存在时间为 $\pi/3$,它在空间上滞后于 $\boldsymbol{u}_1$ 的相位为 $\pi/3\mathrm{rad}$,以此类推,以空间矢量 $\boldsymbol{u}_3$、$\boldsymbol{u}_4$、$\boldsymbol{u}_5$、$\boldsymbol{u}_6$ 分别表示工作状态 010、011、001 和 101,随着逆变器工作状态的切换,电压空间矢量的幅值不变,而相位每次旋转 $\pi/3$,直到一个周期结束,$\boldsymbol{u}_6$ 的顶端与 $\boldsymbol{u}_1$ 尾端衔接,这样,在一个周期中 6 个电压空间矢量共转过 $2\pi\mathrm{rad}$,形成一个封闭的正六边形,如图 7-24(c)所示。111 和 000 两个无效的工作状态,可分别冠以 $\boldsymbol{u}_7$ 和 $\boldsymbol{u}_8$,称为零矢量,它们幅值均为零,也无相位,可认为它们坐落在六边形的中心点上。

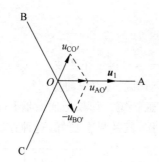

(a) 工作状态100的合成电压空间矢量

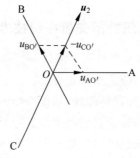

(b) 工作状态110的合成电压空间矢量

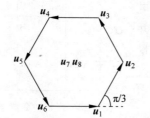

(c) 每个周期的六边形合成电压空间矢量

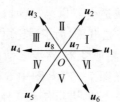

(d) 电压空间矢量的放射形式

图 7-24　由 6 拍逆变器供电时三相电动机的电压空间矢量

把图 7-24(c)的正六边形电压空间矢量改画成图 7-24(d)所示的放射形式,各电压空间矢量间相位和大小保持不变。图中 $\boldsymbol{u}_1$ 在 A 轴水平方向,按顺序互相间隔 $\pi/3$ 画出 $\boldsymbol{u}_2$、$\boldsymbol{u}_3$、$\boldsymbol{u}_4$、$\boldsymbol{u}_5$ 和 $\boldsymbol{u}_6$,而把 $\boldsymbol{u}_7$、$\boldsymbol{u}_8$ 放在放射线的中心点。这样把逆变器的一个工作周期有 6 个电压空间矢量划分成 6 个区域,称为扇区,每个扇区相当于常规 6 拍逆变器一拍,包含两个工作状态。

　　一个由电压空间矢量运动所形成的正六边形轨迹也可以看作是异步电动机定子磁链矢量端点的运动轨迹。设在逆变器工作开始时定子磁链空间矢量为 $\boldsymbol{\psi}_1$，在第一个 $\pi/3$ 期间，电动机上施加的电压空间矢量为 $\boldsymbol{u}_1$，可以写成

$$\boldsymbol{u}_1 \Delta t = \Delta \boldsymbol{\psi}_1 \tag{7-1}$$

这表明在 $\pi/3$ 所对应的时间 Δt 内，施加 $\boldsymbol{u}_1$ 的结果是使定子磁链产生一个增量 $\Delta \boldsymbol{\psi}_1$，其幅值与 $|\boldsymbol{u}_1|$ 成正比，方向与 $\boldsymbol{u}_1$ 一致，最后得到新的磁链 $\boldsymbol{\psi}_2$，而

$$\boldsymbol{\psi}_2 = \boldsymbol{\psi}_1 + \Delta \boldsymbol{\psi}_1 \tag{7-2}$$

以此类推，可以写成 $\Delta \boldsymbol{\psi}$ 的通式

$$\boldsymbol{u}_i \Delta t = \Delta \boldsymbol{\psi}_i, \quad i = 1, 2, \cdots, 6 \tag{7-3}$$

而

$$\boldsymbol{\psi}_{i+1} = \boldsymbol{\psi}_i + \Delta \boldsymbol{\psi}_i \tag{7-4}$$

　　在一个周期内，6 个磁链空间矢量呈放射状，矢量的尾部都在 O 点，其顶端的运动轨迹也就是 6 个电压空间矢量所围成的正六边形。

　　SVPWM 控制模式有如下特点。

　　为了使电动机旋转磁场逼近圆形，每个扇区再分成若干个小区间 T_0，T_0 越短，旋转磁场越接近圆形，但 T_0 缩短受到功率开关器件所允许开关频率的制约。

　　在每个小区间内虽有多次开关状态的切换，但每次切换都只涉及一个功率开关器件，因而开关损耗较小。

　　每个小区间均以零电压矢量开始，又以零电压矢量结束。

　　采用 SVPWM 控制时，直流利用系数比一般的 SPWM 逆变器输出电压高 15%。

7.5.2　电压空间矢量控制技术仿真

　　电压空间矢量调速系统是把电动机和逆变器看成一个整体，按照跟踪圆形旋转磁场来控制逆变器工作，从理论上说，就调速性能而言，应该比 SPWM 和电流滞环控制更好些。本次仿真只是初步说明在一个周期内逆变器开关工作方式，使得电动机定子磁链为正六边形。

　　电压空间矢量调速系统仿真有着独特的特点。由于本次仿真采用了 Interpreted MATLAB Function 模块，所以要编制一个 m 文件。首先要建立一个新文件夹，放入电压空间矢量调速系统仿真模型，再把编制的 m 文件也放入此文件夹中，才可能使仿真顺利进行。

　　电压空间矢量交流调速系统仿真模型如图 7-25 所示，它包括交流电动机本体模块、电动机测量单元模块、负载、逆变器和直流电源等。其中，电压空间矢量控制器与其他交流调速系统仿真不同。下面介绍各部分模型的建立和参数设置。

　　1. 主电路模型的建立与仿真参数设置

　　主电路主要由电动机本体模块、电动机测量单元模块、逆变器和电源组成。电动机测量模块参数根据仿真需要进行设置，本次仿真是为了观测定子磁链波形，故只选择了定子磁链物理量。电源模块参数设置为 780V，电动机本体参数设置有一些特点，在前面对于电压空间矢量控制分析中已经指出，当忽略定子电阻时，定子三相绕组合成电压方向就与磁链方向正交。为了说明电压空间矢量调速系统的意义，故把交流异步电动机定子绕组的电阻取为零，其他参数如图 7-26 所示。逆变器也是选用 Universal bridge，在参数设置的对话框中桥

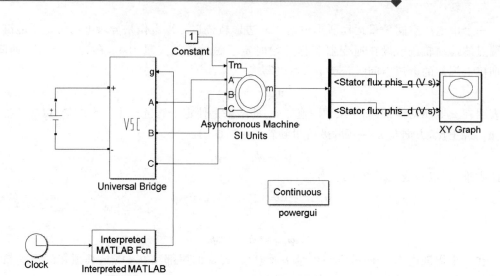

图 7-25　电压空间矢量调速系统仿真模型

臂数 Number of bridge arms 取 3,电力电子器件取理想开关器件 Switching-function based VSC。其他为参数默认值;交流电动机的负载取 1。

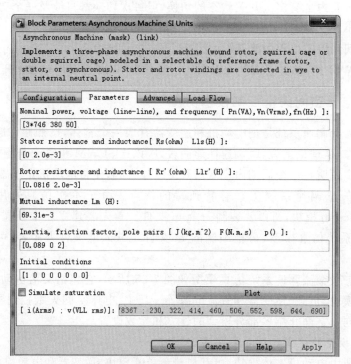

图 7-26　交流电动机参数对话框

2. 控制电路模型的建立与仿真参数设置

控制电路中由 Clock 模块、Interpreted MATLAB Function 模块组成。Clock 路径为 Simulink/Sources/Clock,参数设置 Decimation 为 100,此模块表示输出时间。在控制电路中,本次仿真采用 Interpreted MATLAB Function 模块,其路径为 Simulink/User-Defined

Functions/Interpreted MATLAB Function。此模块参数设置如图 7-27 所示，即在 Interpreted MATLAB Function 编辑框中写入一个函数名 chenzhong37。

由于用到 Interpreted MATLAB Function 模块，此模块需要用到函数，所以要专门写 m 函数文件，下面就说明 m 函数文件的编写方法。

（1）启动 MATLAB。

（2）新建文件菜单中函数。

（3）书写 m 函数定义行。

（4）书写程序。

（5）存储到文件夹。

由于函数文件是用来定义子程序的，它有如下特点。

（1）由 Function 起头，后跟的函数名与文件名不相同。

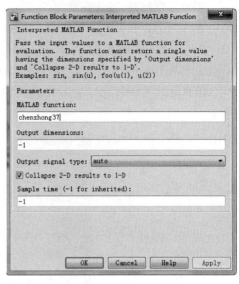

图 7-27　MATLAB Function 参数对话框

（2）有输入输出单元（变量），可进行变量传递。

（3）除非用 global 声明，程序中的变量均为局部变量，不保存在工作空间中。

电压空间矢量控制中 m 函数文件如图 7-28 所示。文件第一行是定义函数名，y 表示输出，T1 表示输入，mod 函数作用是把输入量周期化，mod(T1,0.000 628)表示把输入量按照 0.000 628s 为一个周期，然后根据不同时刻决定逆变器的导通。现以程序第 3 行和第 4 行进行说明。当输入时间在[3.14/30 000　0]时，输出[1　0　0　1　0　1]，也即逆变器中第 1、第 4 和第 6 开关器件同时导通。前面已经说明，三相桥式电路中电力电子器件不同，排列顺序也不一样，即输出[1　0　0　1　0　1]时，相当于三相桥式电路中第 1、第 2、第 6 开关器件同时导通。

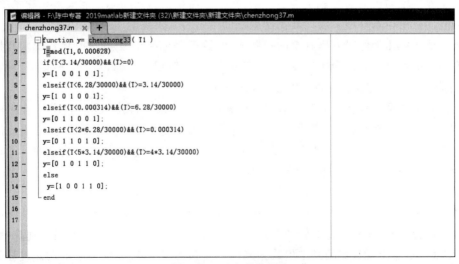

图 7-28　m 文件的程序

需要注意的是,存储在新文件夹中 m 函数文件名和 Interpreted MATLAB Function 模块中 MATLAB Function 编辑框中名称都必须一致。

为了把磁链轨迹放大,在 XY Graph 参数对话框中进行横、纵坐标设置:x-min 为 -0.08,x-max 为 0.105,y-min 为 -0.102,y-max 为 0.02。

仿真选择算法为 ode23tb,仿真开始时间为 0,结束时间为 0.004s,仿真结果如图 7-29 所示。

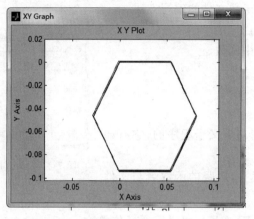

图 7-29　电压空间矢量控制定子磁链轨迹

从仿真结果可以看到定子磁链是正六边形。本次仿真只是定性说明电压空间矢量控制的工作原理。在实际应用中,还必须把定子磁链逼近圆形,这就要求按照一定的方式增加开关频率,才能真正应用到交流调速系统中。

7.6　转速开环恒压频比的交流调速系统仿真

由于异步电动机的动态数学模型复杂,对于不需要很高的动态性能交流调速系统来说,只根据电动机的稳态模型来设计其控制系统即可。为了实现电压-频率协调控制,可以采用转速开环恒压频比带低频电压补偿的控制方案,这就是通用的变频器控制系统。此控制系统把变频器的输出频率作为主控变量,当需要升速时,使频率增加,当需要减速时,使频率减小,为了保持磁通尽量恒定,输出电压也要随之变化。

由于此调速系统是转速或频率开环、恒压频比控制系统,需要设定的控制信息有 U/f 特性、工作频率、频率升高、下降时间。为了保证磁通尽量恒定,在低频时,须适当提高电动机端电压进行补偿,这就靠函数发生器的特性来完成。实现补偿的方法有两种:一种是在微机中存储多条不同斜率和折线段的函数,由用户根据需要选择最佳特性;另一种是采用霍尔电流传感器检测定子电流或直流回路电流,按电流大小自动补偿定子压降。

转速开环恒压频比控制是交流电动机变频调速最基本控制方式,一般变频调速系统装置都带有这种功能,恒压频比的转速开环方式能满足大多数场合交流电动机调速控制要求,且使用方便,是通用变频器的基本模式。采用恒压频比控制,在基频以下的调速过程都可以保持气隙磁通基本恒定,在相同转矩条件下电动机的转差率基本不变,所以电动机有较硬的机械特性,使电动机有良好的调速性能。但如果频率较低,定子阻抗压降所占的比重较大,电动机难以保持气隙磁通不变,电动机的最大转矩将随着频率的下降而减小,为了使电动机在低频低速时仍有较大的转矩,需要进行低频电压补偿。在低频时适当提高定子电压,使电动机仍有较大的转矩,恒压频比调速系统的基本原理如图7-30所示。SPWM和驱动环节将根据频率和电压要求产生按正弦脉宽调制的驱动信号,控制逆变器以实现电动机的变压变频调速。

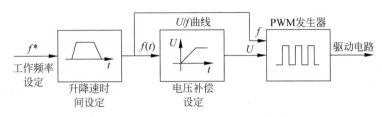

图 7-30　恒压频比调速系统的基本原理

对于频率设定必须通过给定积分算法产生平缓的升速或降速信号,以限制系统起制动电流。升速和降速的积分时间可以根据负载需要确定。

转速开环变频调速系统的仿真模型如图7-31所示,下面介绍各部分环节的仿真。

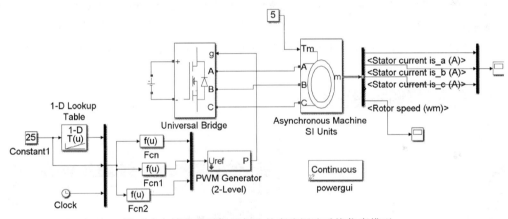

图 7-31　转速开环恒压频比的交流调速系统仿真模型

1. 主电路模型的建立与参数设置

主电路由电动机本体模块、逆变器、直流电源、负载转矩等组成。逆变器模块、交流电动机模块选择和参数设置与7.3节相同,电源模块参数设置为780V。

2. 控制电路模型建立与参数设置

控制电路由给定信号模块 Constant、MATLAB Fcn 模块、Fcn 模块和 PWM Generator(2-Level)模块等组成。给定信号频率为25Hz,从前面章节分析可知,当电源频率下降到低频时,电压不能同步下降,以补偿定子阻抗造成的压降,如图7-32所示,表明当频率大于或等于50Hz时,电源相电压为220V;当频率低于50Hz时,电源相电压随着频率降低而不能同步降低,故在频率为0处设定电压为50V。仿真可以采用 MATLAB Fcn 模块,其参数设置为 chenzhong 22,m 函数

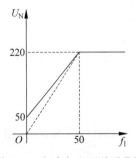

图 7-32　频率与电压关系曲线

文件程序如下：

```
Function y = chenzhong22(f)
if (y > = 50)
y = 220
Else
y = (17/5) * f + 50
end
```

把 m 文件和仿真模型存储在同一个文件夹中。

但由于采用 MATLAB Fcn 模块,会使仿真速度变慢,因此本次仿真时,采用 Look-Up Table 模块,其路径为 Simulink/Look-Up Tables/1-D Look Up Table,参数设置：Table data 为[50:3.4:220],Breakpoints 1 为[0:50],表明输入的频率为 0～50Hz,输出电压为 50～220V。

Fcn 模块的路径为 Simulink/User-Defined Functions/Fcn。从 Mux 模块输出的是三个信号向量,分别是电压、频率和时间。Fcn、Fcn1、Fcn2 的参数分别设置为 u(1) * sin(u(2) * 6.28 * u(3))/220、u(1) * sin(u(2) * 6.28 * u(3) + 4 * 3.14/3)/220、u(1) * sin(u(2) * 6.28 * u(3) + 2 * 3.14/3)/220,u(1)表示电源相电压,u(2)表示频率,u(3)表示时间。

时钟模块参数设置为 Decimation 10,模块设置同调制波为外设的 SPWM 交流调速系统仿真相同,不再赘述。

仿真选择算法为 ode23tb,仿真开始时间为 0,结束时间为 5s。仿真结果如图 7-33 所示。

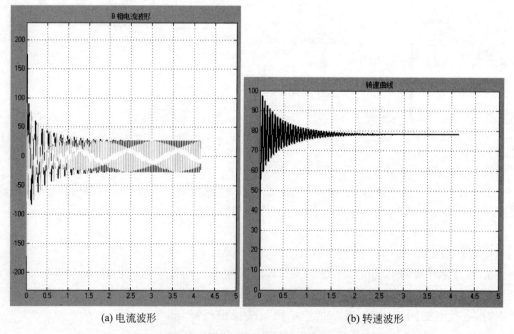

(a) 电流波形　　　　　　　　　　　(b) 转速波形

图 7-33　转速开环恒压频比的交流调速系统仿真模型

从仿真结果看,转速很快达到稳态,但转速波动较大。

7.7 转差频率改进方案的仿真

转速开环变频调速系统可以满足平滑调速要求,但静态、动态性能都有限,要提高静态、动态性能,可以使用反馈闭环控制。闭环系统的静态、动态性能肯定比开环好,但闭环系统不能像直流调速系统那样在开环调速系统的基础上简单加个转速负反馈就能实现,现简要说明。

当给定一个高转速的给定值,电动机从静止起动。开始起动时,速度调节器出入端得到一个大的转速差,经速度调节器调节后,调节器输出的频率指令按积分斜率上升,如果电动机转速跟不上时,变频器的输出频率很快就使电动机的转差率 s 超过最大转差率 $s_{\max}$,这时电动机的输出转矩不升反降,而速度调节器将进一步升高频率指令,使输出转矩进一步下降,最终结果可能使电动机无法正常运行。其根本原因是速度闭环经比较及速度调节器调节后的输出应是转矩指令,但异步电动机的转矩和电源频率之间没有确切的数学关系,而且没有单调增加或减小的变化趋势,因此当转矩需要增加时,并不是无条件地增加频率就能实现,有时会适得其反,但如果能使异步电动机的转差率不超过最大转差率 $s_{\max}$ 情况就不一样了。若把异步电动机的转速反馈用于控制异步电动机的转差率,使之总是保持在较小的转差率下,调速系统就可以在高功率因数、小转子电流、低转子损耗下获得较大的电磁转矩。

在交流异步电动机中,影响转矩的因素很多,控制异步电动机转矩问题比较复杂,按照恒压频比控制时的电磁转矩公式

$$T_{\mathrm{e}} = 3n_{\mathrm{p}}\left(\frac{E_{\mathrm{g}}}{\omega_1}\right)^2 \frac{s\bar{\omega}_1 R'_{\mathrm{r}}}{R'^2_{\mathrm{r}} + (s\omega_1^2 L'_{\mathrm{lr}})^2}$$

可得异步电动机的拖动转矩表达式,即

$$T_{\mathrm{e}} = C_{\mathrm{m}} \Phi_{\mathrm{m}} I'_2 \cos\varphi_2 \tag{7-5}$$

式中,C_{m} 是电动机常数。由于

$$\cos\varphi_2 = \frac{R'_{\mathrm{r}}/s}{\sqrt{\left(\frac{R'_{\mathrm{r}}}{s}\right)^2 + (\omega_1 L'_{\mathrm{lr}})^2}} = \frac{R'_{\mathrm{r}}}{\sqrt{R'^2_{\mathrm{r}} + (s\omega_1 L'_{\mathrm{lr}})^2}} \tag{7-6}$$

$$I'_2 = \frac{E_{\mathrm{g}}}{\sqrt{\left(\frac{R'_{\mathrm{r}}}{s}\right)^2 + (\omega_1 L'_{\mathrm{lr}})^2}} = \frac{sE_{\mathrm{g}}}{\sqrt{R'^2_{\mathrm{r}} + (s\omega_1 L'_{\mathrm{lr}})^2}} \tag{7-7}$$

于是

$$T_{\mathrm{e}} = C_{\mathrm{m}} \Phi_{\mathrm{m}} \frac{sR'_{\mathrm{r}} E_{\mathrm{g}}}{R'^2_{\mathrm{r}} + (s\omega_1 L'_{\mathrm{lr}})^2} \tag{7-8}$$

将 $E = \sqrt{2}\pi f_1 N_{\mathrm{s}} k_{\mathrm{Ns}} \Phi_{\mathrm{m}}$、$\omega_1 = 2\pi f_1$ 代入式(7-8),定义 $\omega_{\mathrm{s}} = s\omega_1$ 为转差角频率,得

$$T_{\mathrm{e}} = K_{\mathrm{m}} \Phi_{\mathrm{m}} \frac{\omega_{\mathrm{s}} R'_{\mathrm{r}}}{R'^2_{\mathrm{r}} + (\omega_{\mathrm{s}} L'_{\mathrm{lr}})^2} \tag{7-9}$$

式中 $K_{\mathrm{m}} = \frac{3}{2} n_{\mathrm{p}} N^2_{\mathrm{s}} k^2_{\mathrm{Ns}}$ 是电动机的结构常数。

当 s 值很小, ω_s 也很小,可以认为 $R_r' \gg \omega_s L_{1r}'$,则电磁转矩可近似表示为

$$T_e \approx K_m \Phi_m^2 \frac{\omega_s}{R_r'} \tag{7-10}$$

式(7-10)表明,在 s 值很小的稳态运行范围内,如果能保持气隙磁通不变,异步电动机转矩 T_e 就近似与转差角频率 ω_s 成正比,也可以认为控制转差频率 ω_s,就能间接控制转矩 T_e,这就是转差频率控制的基本概念。

上述规律是在保持 Φ_m 恒定的前提下才成立,按 U_s/ω_1 控制就可以保持 Φ_m 恒定。为了在低频时补偿定子电流压降,在恒值基础上再适当提高电压,但缺点是补偿量调节困难。

转差频率控制规律的转速闭环变压变频调速系统结构原理图如图 7-34 所示,图中,转速调节器的输出信号是转差频率给定 ω_s^*, ω_s^* 与实测转速信号 ω 相加,即得定子频率给定信号 ω_1^*。

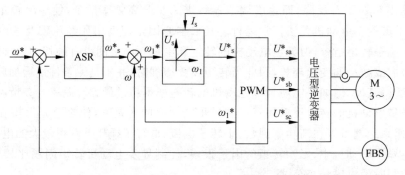

图 7-34 转差频率控制的转速闭环变压变频调速系统结构原理图

转速闭环转差频率控制的交流变压变频调速系统能获得较好的动、静态性能指标,结构也不复杂,但它还具有如下缺点。

(1) 在分析转差频率控制规律时,是从异步电动机稳态转矩公式出发的,认为只要保持磁通恒定就可以。但在动态过程中,磁通不能够保持不变,这影响系统的动态性能。

(2) 在函数关系中,只控制了定子电流幅值,无法控制定子电流相位,这也会影响系统的性能。

(3) 实际转速检测信号存在误差,会以正反馈的方式影响同步频率信号。

闭环变频交流调速系统,动、静态性能要比开环变频调速系统强。但是,对于电压源型逆变器,当采用 SPWM 方式控制策略时,由于转差频率控制本身结构的特点,使得电动机无法正常起动,为此提出一种改进的方法,为此类调速系统的起动问题提供了一个解决办法。

因为转差频率控制原理毕竟是基于交流异步电动机稳态数学模型基础上,电动机起动过程是个动态过程,按照 7-34 的控制策略,仿真结果表明,在转差频率控制的转速闭环系统中,无论如何设定调节器参数,当电动机处于起动阶段时很容易造成起动失败。图 7-35 是此系统的仿真结果。

造成起动失败的根本原因如下。

(1) 对于电压源型变频器,当采用 SPWM 方式控制时,频率变化的时刻不一定是发生在调制信号一个完整周期的末尾,在调制正弦信号一周期尚未结束时,频率发生了变化就可能使下一周期信号的前半周期变宽或变窄,使相应的一周期频率减小或增加,这时的三相电

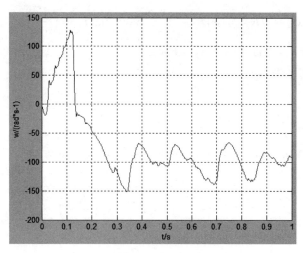

图 7-35　转差频率控制的转速波形

压的相序也可能出现异常,出现瞬时的负相序,电动机也产生了负的转矩,从而使电动机的转矩和转速发生急剧波动,这就是所谓"跳频"现象。这就使得变频器输出的频率降低,进而使转速降低,由于是正反馈,使得电动机转速进一步下降。因此当电压源型变频器采用常用SPWM控制时,转差频率控制往往造成无法正常起动。

(2) 在起动阶段存在许多扰动。当扰动引起转速波动时,由于转差频率控制结构的固有缺点,都会导致转速持续下降,最终造成电动机只能在低速下爬行,甚至不能正常起动。

既然在交流电动机起动阶段存在"跳频"和其他扰动影响电动机的转速,进而影响电动机的频率,那么就对电动机的频率实现动态补偿。补偿要求是电动机降速越大,补偿就越大,保证电动机在一定频率下正常起动,当电动机达到稳态转速时,补偿为零,使得电动机按照转差功率进行控制。改进的转差频率控制方式如图 7-36 所示。在 PI 调节器饱和时,不是输出最大转差频率 ω_{smax},而是 ω'_{smax},两者之间的关系为

$$\omega'_{\text{smax}} = \omega_{\text{smax}} - K\Delta\omega \tag{7-11}$$

下面详细分析改进方法的整个动态过程。

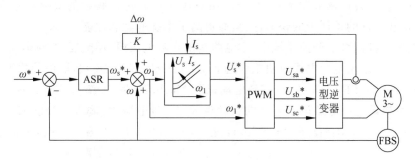

图 7-36　改进后的转差频率控制原理图

在 $t=0$ 时,突加给定 ω^* 信号,转速调节器输出饱和,输出限幅为

$$\omega'_{\text{smax}} = \omega_{\text{smax}} - K\Delta\omega$$
$$= \omega_{\text{smax}} - K\omega^* \tag{7-12}$$

由于转速和电流尚未建立,即 $\omega=0$,$I_s=0$,给定定子频率 ω_{smax},定子电压为

$$U_s = \sqrt{R_s^2 + (\omega_1 L_{ls})^2} \, I_s + E_g = Z\omega_1 I_s + \left(\frac{E}{\omega_{1N}}\right)\omega_1$$

$$= Z\omega_1 I_s + C\omega_1 = C\omega_{smax} \tag{7-13}$$

电流和转矩快速上升,则

$$I_r' = \frac{E_g}{\sqrt{\left(\dfrac{R_r'}{s}\right)^2 + \omega_1^2 L_{lr}'^2}} = \frac{C_g}{\sqrt{\left(\dfrac{R_r'}{\omega_s}\right)^2 + L_{lr}'^2}} \tag{7-14}$$

当 $t = t_1$ 时,电流达到最大值,起动电流等于最大的允许电流,即

$$I_{smax} \approx I_r' = \frac{E_g/\omega_1}{\sqrt{\left(\dfrac{R_r'}{\omega_{smax}}\right)^2 + L_{lr}'^2}} = \frac{C_g}{\sqrt{\left(\dfrac{R_r'}{\omega_{smax}}\right)^2 + L_{lr}'^2}} \tag{7-15}$$

起动转矩等于系统的最大允许输出转矩,即

$$T_{emax} \approx 3n_p \left(\frac{E_g}{\omega_1}\right)^2 \frac{\omega_{smax}}{R_r'} = 3n_p C_g^2 \frac{\omega_{smax}}{R_r'} \tag{7-16}$$

随着电流的建立和转速的上升,定子电压和频率上升,但由于补偿适当,ω_{smax} 不变,起动电流和起动转矩不变,电动机在允许的最大输出转矩下加速运行,式(7-16)表明 T_{emax} 与 ω_{smax} 有唯一的对应关系。假设异步电动机的基频为 50Hz,固有机械特性的 $s_N = 0.12$,对应的最大转差频率为 6Hz。起动时,$f_1 = 40$Hz,$f = 0$Hz,速度调节器很快就输出饱和值 $f_s^* = 5$Hz,变频器以 5Hz 的转差频率输出,电动机频率 f_1^* 也为 5Hz。电动机从零速开始起动,在速度加速到 40Hz 之前,已经饱和的调节器输出保持不变,随着电动机的起动,在 f(相应于电动机转速)增加的过程中,f_1^* 始终与其同步增长,且总是比它大 5Hz。也就是说随着电动机开始升速,变频器也开始升频。在发生"跳频"时刻,电动机的转速下降,$\Delta\omega = \omega^* - \omega$ 增加,使得输入到逆变器的频率为 $\omega_1 = \omega_{smax}' + K(\omega^* - \omega)$,只要补偿的适当,逆变器的频率可以一直保持在 ω_{smax}。当电动机继续升速过 40Hz 后,调节器退出饱和,经过几次振荡,而转速最终稳定,整个起动过程完成。当电动机稳定运行时,$\omega^* = \omega$,补偿为零。因此在调速过程中,f_1^* 实际频率随着实际转速 f 同步地上升或下降,因而加、减速平滑且稳定,同时,由于在动态过程中转速调节器饱和,系统能用对应于最大转差频率的限幅转矩 T_{emax} 进行控制,保证了在允许的条件下的快速性,从而提高了系统的动态性能。

在转差频率控制系统调速系统中,主电路是由直流电压源、逆变器、交流电动机等组成。对于逆变器,可以采用电力电子模块组中选取 Universal Bridge 模块,取桥臂数为 3,电力电子元件设置为 MOSFET/Diodes。交流电动机取 Machines 库中 Asynchronous Machine SI units 模块,参数设置:交流异步电动机容量为 3 * 746,电压为 380V、50Hz、$R_s = 0.435\Omega$、$L_{ls} = 0.002$H、$R_r' = 0.816\Omega$、$L_{lr}' = 0.002$H、$L_m = 0.069\,31$H、$J = 0.089$kg·m^2、二对极。Initial conditions 为 [1　0　0　0　0　0　0　0],直流电压源参数为 780V。

控制电路主要由 look-Up、Fcn、PWM Generator(2-Level)和 PI 调节器等模块组成,look-Up 模块参数设置:Table data 为 [50:3.4:220],Breakpoints 1 为 [0:50],表明输入的频率为 0~50Hz,输出电压为 50~220V,其作用是保持恒压频比,在低频时适当提高电动机电压,补偿定子绕组造成的压降。

从 Mux 模块输出的三个信号向量分别是电压、频率和时间。Fcn、Fcn1、Fcn2 的参数分

别设置为：u(1) * sin(u(2) * 6.28 * u(3))/220、u(1) * sin(u(2) * 6.28 * u(3)＋4 * 3.14/3)/220、u(1) * sin(u(2) * 6.28 * u(3)＋2 * 3.14/3)/220，u(1)表示电源相电压，u(2)表示频率，u(3)表示时间。

时钟模块参数设置为 Decimation 10，PWM Generator(2-Level)模块设置参数为 3 桥臂6 脉冲，Mode of Operation 为 Unsynchronized，载波频率为 1080Hz，补偿系数 $K=1$。PI 调节器参数选择 Parallel 形式，设置为 $K_P=P=10$，$K_1=I=1$，上下限幅[5，－10]。转速反馈系数为 2/6.28。

将主电路和控制电路的仿真模型进行连接，即可得如图 7-37 所示的改进后的转差频率调速系统仿真模型。

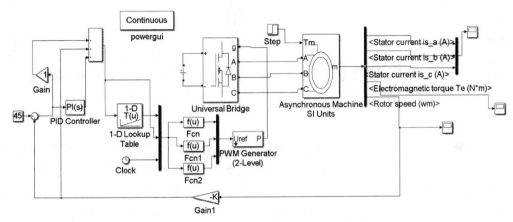

图 7-37 改进后的转差频率调速系统仿真模型

系统仿真参数设置：仿真中所选择的算法为 ode23tb，Start 设为 0，Stop 设为 1.0s。为了和转差频率开环调速系统相比较，把负载设置成初始值 50N·m，在 0.3s 时，负载值变为150N·m。

仿真结果如图 7-38 所示。

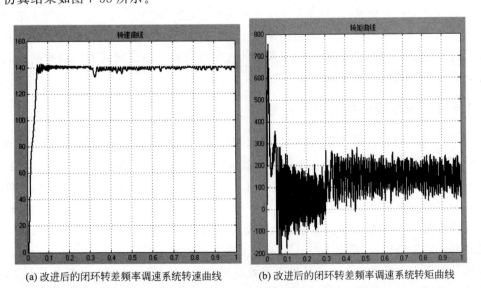

(a) 改进后的闭环转差频率调速系统转速曲线　　(b) 改进后的闭环转差频率调速系统转矩曲线

图 7-38 开环转差频率和改进后的闭环转差频率调速系统仿真结果

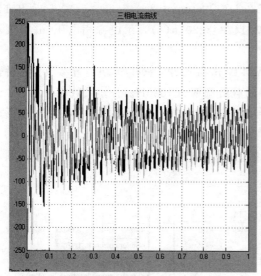

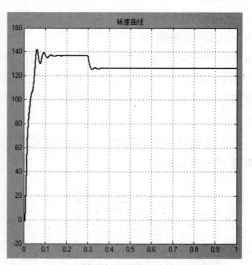

(c) 改进后的闭环转差频率调速系统三相电流曲线　　　　(d) 开环转差频率调速系统转速曲线

图 7-38　（续）

从仿真结果可以看出,对于改进后的转差频率调速系统,当给定信号后,在调节器作用下电动机转速上升阶段,电流接近最大值,使得电动机开始平稳上升,在 0.3s 负载发生变化时,经过系统的自动调节,转速又恢复到原来数值。而对于开环调速系统,在 0.3s 负载发生变化时,由于系统无法自动调节,转速下降,从而说明本改进方法的正确性和优良性。

7.8　转速、磁链闭环控制的矢量控制系统仿真

异步电动机的动态数学模型是一个高阶、非线性、强耦合的多变量系统,虽然通过坐标变换可以使之降阶并化简,但并没有改变其非线性、多变量的本质,因此,需要异步电动机调速系统具有高动态性能时,必须面向这样一个动态模型。经过多年的潜心研究,有几种控制方案已经获得了成功的应用,目前应用最多的方案有按转子磁链定向的矢量控制系统和按定子磁链控制的直接转矩控制系统。

7.8.1　矢量控制系统的基本思路

以产生同样的旋转磁动势为准则,在三相坐标系上的定子交流电流 i_A、i_B、i_C 通过三相-两相变换可以等效成两相静止坐标系上的交流电流 i_α 和 i_β,再通过坐标旋转变换,可以等效成同步旋转坐标系上的直流电流 i_d 和 i_q。由于直流电流 i_d 和 i_q 相互垂直,这样交流异步电动机就和直流电动机就有类似之处。把 d 轴定位于 ψ_r 的方向上,称为 M 轴,把 q 轴称为 T 轴,则 M 绕组相当于直流电动机的激磁绕组,i_m 相当于激磁电流,T 绕组相当于直流电动机的电枢绕组,i_t 相当于与转矩成正比的电枢电流。

既然异步电动机经过坐标变换可以等效成直流电动机,模仿直流电动机的控制策略,得到直流电动机的控制量,经过相应的坐标反变换,就能够控制异步电动机了。由于进行坐标

变换的是电流的空间矢量,所以通过坐标变换实现的控制系统就叫作矢量控制系统,简称
VC 系统。VC 系统的原理结构图如图 7-39 所示,图中给定和反馈信号经过类似于直流调
速系统所用的控制器,产生激磁电流的给定信号 i_m^* 和电枢电流的给定信号 i_t^*,经过反旋转
变换得到 i_α^*、i_β^*,再经过 2/3 变换得到 i_A^*、i_B^* 和 i_C^*,把这三个电流控制信号和由控制器得
到的频率信号 ω_1 加到电流控制的变频器上,即可输出异步电动机调速所需要的三相变频
电流。

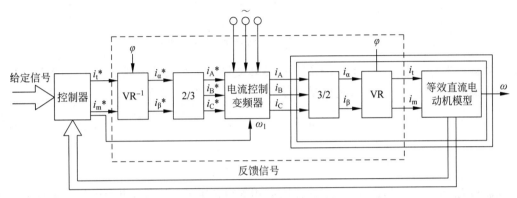

图 7-39 矢量控制系统原理结构图

在设计系统时,如果忽略变频器可能产生的滞后,并认为在控制器后面的反旋转变换器
VR^{-1} 与电动机内部的旋转变换环节 VR 相抵消,2/3 变换器与电动机内部的 3/2 变换环节
相抵消,则图中虚线框内部分可以删去,而把输入或输出信号直接连接起来,就能达到和直
流调速系统一样的性能指标。

7.8.2 按转子磁链定向矢量控制方案

7.8.1 节所述的只是矢量控制的基本思路,其中的矢量变换包括三相-两相变换和同步
旋转变换。如前所述,如果取 d 轴沿着转子总磁链矢量 ψ_r 方向,称为 M 轴,而 q 轴为逆时
针转 90°,即垂直于矢量 ψ_r,称为 T 轴,这样的两相同步旋转坐标系就具体规定为 M、T 坐
标系,即按转子磁链定向的旋转坐标系。

按照如图 7-39 所示的矢量控制系统原理结构图模仿直流调速系统进行控制时,可设置
磁链调节器和转速调节器分别控制 ψ_r 和 ω,如图 7-40 所示。为了使 i_{sm} 和 i_{st} 完全解耦,除
了坐标变换外,还应设法消除或抑制转子磁链 ψ_r 对电磁转矩 T_e 的影响。一种比较直观的
办法是,把 ASR 的输出信号除以 ψ_r,当控制器的坐标反变换与电动机中的坐标变换对消,
且变频器的滞后作用可以忽略时,这时就可以认为 i_{sm} 和 i_{st} 完全解耦了。这样就可以采用
经典控制理论的单变量线性系统综合方法或相应的工程设计方法来设计两个调节器。

从上面分析可知,要实现按转子磁链定向的系统,关键是要获得转子磁链信号,以供磁
链反馈以及除法环节的需要。在矢量控制系统发展初期,人们曾尝试在电动机中埋设霍尔
检测元件来检测磁链,但由于检测实际转子磁链信号存在许多工艺上困难而被放弃。现在
在实用的系统中,多采用间接计算方法,即利用容易测得的电压、电流或转速等信号,借助于
转子磁链模型,实时计算磁链的幅值和相位。转子磁链模型有电流模型和电压模型两类。

图 7-41 所示是一种转子磁链电流模型的计算框图,三相定子电流 i_A、i_B、i_C 经 3/2 变换

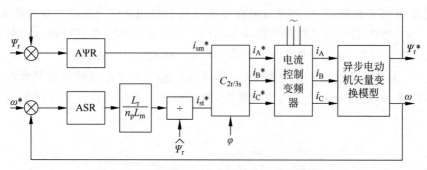

图 7-40　带除法环节的解耦矢量控制系统

成两相静止坐标系电流 $i_{s\alpha}$ 和 $i_{s\beta}$，再经同步旋转变换 VR 并按转子磁链定向，得到 M、T 坐标系上的电流 i_{sm}、i_{st}。利用矢量控制方程式

$$\psi_r = \frac{L_m}{T_r p + 1} i_{sM} \tag{7-17}$$

$$\omega_s = \omega_1 - \omega = \frac{L_m i_{sT}}{T_r \psi_r} \tag{7-18}$$

可以获得 ψ_r 和 ω_s 信号，由 ω_s 与实测转速 ω 相加得到定子频率 ω_1，再经积分即为转子磁链的相位角 φ，它也是同步旋转变换的旋转相位角。这种模型更适合于微机实时计算，即容易收敛，也比较准确。

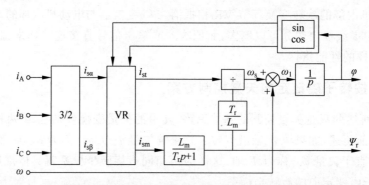

图 7-41　在按转子磁链定向两相旋转坐标系上计算转子磁链的电流模型

　　上述两种计算转子磁链的电流模型都需要实测的电流和转速信号，无论转速高低都能适用，但都受到电动机参数变化的影响。例如，电动机温升和频率变化都会影响到转子电阻 R_r，磁饱和程度将影响电感 L_m 和 L_r，这些影响都将导致磁链幅值与相位信号失真，而反馈信号的失真必然使磁链闭环控制系统的性能降低，这是电流模型的不足之处

7.8.3　转速、磁链闭环矢量控制系统仿真

　　采用转速、磁链闭环控制的矢量控制，即直接矢量控制。此系统在转速环内增设控制内环，如图 7-42 所示，图中，ASR、AψR 和 ATR 分别为转速调节器、磁链调节器和转矩调节器，ω 为测速反馈环节。转矩内环有助于解耦，是因为磁链对控制对象的影响相当于扰动，转矩内环可以抑制这个扰动，从而改造了转速子系统。在图中的"电流变换和磁链概观测"环节就是转子磁链的计算模型。输出的转子磁链信号除用于磁链闭环外还在反馈转矩 T_e

的运算中用到。

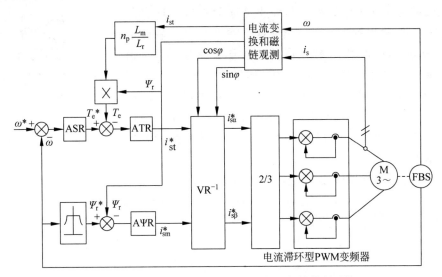

图 7-42　带转矩内环的转速、磁链闭环矢量控制系统

图 7-42 的输出主电路选择了电流滞环跟踪控制的变频器,其目的是为了对输出电流进行控制。电流变换及磁链观测环节的输出用在旋转变换中,输出的转子磁链信号用于磁链闭环控制和反馈转矩中。给定转速 ω^* 经过速度调节器 ASR 输出转矩指令 T_e^*,经转矩闭环及转矩调节器 ATR 输出得到的电流为定子电流的转矩分量 i_{st}^*,转速传感器测得转速 ω 经函数发生器后得到转子磁链给定值 ψ_r^*,经磁链闭环后,经过磁链调节器 AψR 输出定子电流给定值 i_{sm}^*,再经过 VR^{-1} 和 2/3 坐标变换到定子电流给定信号 i_{sA}^*、i_{sB}^*、i_{sC}^*,由电流滞环型逆变器来跟踪三相电流指令,实现异步电动机磁链闭环的矢量控制。系统中还画出了转速正、反向和弱磁升速环节,磁链给定信号由函数发生程序获得,转速调节器的输出作为转矩给定信号,弱磁时它也受到磁链给定信号的控制。

按转子磁链定向的转速、磁链闭环控制的矢量控制系统仿真从定性上说明矢量控制的可行性。把三相异步电动机的数学模型经过坐标变换后,变换成直流电动机模型。在按转子磁链定向的矢量控制时,通过除法环节,使得两个子系统解耦,提高了系统控制的性能。但进行控制时,必须知道转子磁链信号,由于转子磁链检测在工艺上存在不少困难,就用转子磁链模型来代替实际转子磁链信号。根据易测的电动机电流、电压和转速等物理量通过适当的运算来算出转子磁链,因此磁链观测器是否准确是关系到矢量控制的一个重要因素。转子磁链模型有电流模型和电压模型,本次仿真是采用转子磁链电流模型。

在进行转速、磁链闭环控制的矢量控制系统仿真之前,先介绍 MATLAB 库中一个很重要模块,即坐标变换模块。

在 MATLAB 模块库中坐标变换模块有两个,一个是三相到两相变换模块 abc_dq0 Transformation,其路径为 Simscape/SimPowerSystems/Specialized Technology/Control and Measurements Library/Transformations/abc to dq0;另一个是两相到三相变换模块 dq0 to abc,其路径为 Simscape/SimPowerSystems/Specialized Technology/Control and Measurements Library/Transformations/dq0 to abc。

三相坐标系到两相坐标系模块如图 7-43 所示。abc 输入端连接的是需要变换的三相信号,wt 输入端为 d-q 坐标系 d 轴与静止坐标系 A 轴之间夹角的正、余弦信号,输出端 dq0 为输出变换后的 d 轴和 q 轴分量以及 0 轴分量,当输入端 wt 输入信号为恒定时,表明是从三相静止坐标系变换到静止两相坐标系中;如果输入端 wt 输入信号是变化的,表明是从三相静止坐标系变换到两相旋转坐标系。这说明通过 wt 端输入信号的设定,可以决定三相坐标系或两相坐标系的类型,也可以用同样的方法确定是两相静止坐标系还是两相旋转坐标系变换到三相静止坐标系。

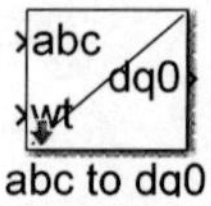

图 7-43 三相坐标系到两相坐标系模块

在三相静止坐标到两相旋转坐标变换的数学模型是

$$C_{3s/2r} = \sqrt{\frac{2}{3}} \begin{bmatrix} \cos\theta & \cos(\theta-120°) & \cos(\theta+120°) \\ \sin\theta & -\sin(\theta-120°) & -\sin(\theta+120°) \\ \dfrac{1}{\sqrt{2}} & \dfrac{1}{\sqrt{2}} & \dfrac{1}{\sqrt{2}} \end{bmatrix} \tag{7-19}$$

但 MATLAB 模块中三相坐标到两相坐标变换模块 abc-dq0 Transformation 的数学模型却是

$$C_{3s/2r} = \frac{2}{3} \begin{bmatrix} \cos\omega t & \cos(\omega t-120°) & \cos(\omega t+120°) \\ -\sin\omega t & -\sin(\omega t-120°) & -\sin(\omega t+120°) \\ \dfrac{1}{2} & \dfrac{1}{2} & \dfrac{1}{2} \end{bmatrix} \tag{7-20}$$

从上面两个式中可以看出是两者是有差别的,因此不能直接应用 MATLAB 中坐标变换模块。如果把矩阵系数乘以 $\sqrt{3/2}$,二者就完全相等。同样,两相坐标变换到三相坐标,在应用 dq0-abc Transformation 模块时系数上也应当进行适当调整。因此对坐标变换模块正确理解是进行按转子磁链定向矢量控制仿真的关键。

按转子磁链定向的转速、磁链闭环控制的矢量调速系统仿真模型如图 7-44 所示,下面介绍各部分建模与参数设置。

1. 主电路建模与参数设置

主电路由电动机本体模块 Asynchronous Machine SI Units、逆变器 Universal Bridge、直流电源 DC Voltage、负载转矩 Constant 和电动机测量单元模块 Machines Measurement Demux 组成。

对于电动机本体模块参数,为了使后面参数设置能够更好理解,特把电动机本体参数写出。参数设置为:交流异步电动机容量为 $3*746$,线电压 380V,频率为 50Hz,二对极,$R_s=0.435\Omega$,$L_{ls}=0.002\text{H}$,$R'_r=0.816\Omega$,$L'_{lr}=0.002\text{H}$,$L_m=0.069\text{H}$,$J=0.9\text{kg}\cdot\text{m}^2$,摩擦系数为 0,Initial conditions 为 $[1\ 0\ 0\ 0\ 0\ 0\ 0\ 0]$,则定子绕组自感 $L_s=L_m+L_{ls}=0.071\text{H}$,转子绕组自感 $L_r=L_m+L'_{lr}=0.071\text{H}$,转子时间常数 $T_r=\dfrac{L'_r}{R'_r}=0.087$。也即除电压、频率和转动惯量改动外,其他参数都是默认值。逆变器模块参数设置:桥臂数取 3,电力电子器件确定为 IGBT/Diodes,其他参数为默认值,电源参数设置为 780V。电动机测量单元模块参数设置是异步电动机,检测的物理量有定子电流、转速和转矩等,负载转矩取 5。

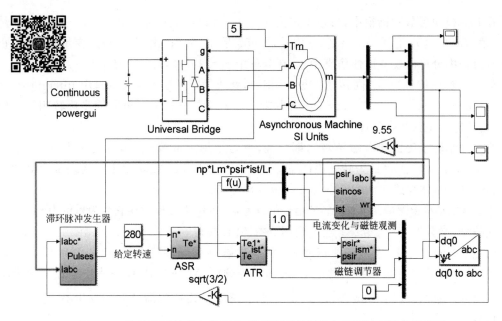

图 7-44　按转子磁链定向的转速、磁链闭环控制的矢量调速系统仿真模型

2. 控制电路建模与参数设置

滞环脉冲发生器与前面电流滞环控制仿真完全相同，也是由 Sum、Relay、Logical Operator 和 Data Type Conversion 等模块组成。在 Relay 模块参数设置上，环宽确定为 12，即 Switch on point 为 6，Switch off point 为一6，Output when on 为 1，Output when off 为 0。

电流变换与磁链观测模型及封装如图 7-45 所示，下面介绍磁链观测模型各部分模块的建立与参数设置。

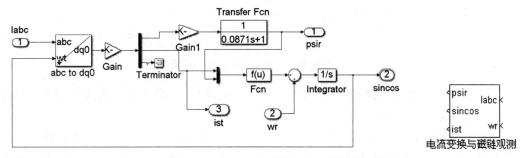

图 7-45　电流变换与磁链观测仿真模型及封装后子系统

前面已经分析，从三相到两相坐标变换时，幅值是不同的，相差 $\sqrt{3/2}$ 倍数，故在 abc-dq0 模块后加个 Gain 模块，参数设为 $\sqrt{3/2}$，从 Demux 模块出来 3 个量，从上到下依此为 d 轴、q 轴和 0 轴物理量 i_{sm}、i_{st} 和 i_0。由于不需要 0 轴的物理量 i_0，所以用 Terminator 模块把第三个信号（也即 0 轴电流）封锁。最上面的物理量为 d 轴电流 i_{sm}，乘以 $L_m = 0.069$，再加入 Transfer Fcn 模块（路径为 Simulink/Continuous/Transfer Fcn），参数设为 Numerator coefficients[1]，Denominator coefficients [0.087 1]。其中 $T_r = 0.087$，就得到转子磁链 ψ_r。

在 Fcn 模块参数对话框中,参数设定为 $0.069 * u(1)/(u(2) * 0.087 + 1e-3)$,0.069 是 L_m 数值。$u(1)$ 是 i_{st} 信号,$u(2)$ 是 ψ_r 信号,0.087 是 T_r 数值,由于 $u(2)$ 是变量,为了防止在仿真过程中分母出现 0 而使仿真中止,在分母中加入 $1e-3$,即 0.001。

从 Fcn 输出信号为 ω_s,同转速信号 ω_r 相加,就成为定子频率信号 ω_1,用 Integrator(路径为 Simulink/Continuous/Integrator)模块对定子频率信号积分后就是同步旋转相位角信号,并自动进行正弦和余弦计算。

为了抑制转子磁链和电磁转矩的耦合性,也是采用 Fcn 模块,函数定义为 $n_p * L_m * u(1) * u(2)/L_r$,其中 $u(1)$ 为转子磁链 ψ_r,$u(2)$ 为 i_{st}。从 Fcn 模块出来的物理量为电动机电磁转矩 T_e,具体写成 $2 * 0.069 * u(1) * u(2)/0.071$。

由于从电动机检测单元出来的转速信号单位为 ω,故用 Gain 模块使它变为单位为 rad/min 的转速信号,参数设为 $60/6.28$;连接到调节器 ASR 端口。

给定信号有转子磁链和转速信号,分别经过磁链调解器、ASR、ATR 调解器后通过 dq0_abc 模块变成三相坐标系上的电流,前面已经分析,MATLAB 模块库中坐标变换模块幅值需要乘以系数,故用 Gain 模块(参数设置为 $\sqrt{3/2}$),连接到滞环脉冲发生器,作为电流给定信号。

磁链调节器、转矩调节器和转速调节器均采用 PI 调节器,然后进行封装,图 7-46 是转速调节器的模型及封装后的子系统,磁链调节器和转矩调节器建模方法与此相同。各参数设置如下。

(1) ASR 选择 Parallel 形式。$K_p = P = 8, K_i = I = 3$,上下限幅为 $[200 \quad -200]$。

(2) ATR 选择 Parallel 形式。$K_p = P = 1, K_i = I = 3$,上下限幅为 $[100 \quad -100]$。

(3) AψR 选择 Parallel 形式。$K_p = P = 1.8, K_i = I = 100$,上下限幅为 $[13 \quad -13]$。

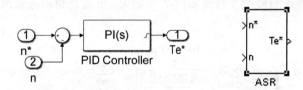

图 7-46 转速调节器的模型及封装后的子系统

转子磁链信号给定值为 1.0。仿真选择算法为 ode23tb,仿真开始时间为 0,结束时间为 3.0s。仿真结果如图 7-47 所示。

从仿真结果可以看出,当给定信号 $n^* = 280$r/min 时,在调节器作用下,电动机转速为上升阶段,电流接近最大值,使得电动机开始平稳上升,在 0.6s 左右时转速超调,电流很快下降,转速达到稳态 280r/min;当给定信号 $n^* = 480$r/min 时,转速稳态值接近为 480r/min。说明异步电动机的转速随着给定信号的变化而发生改变。整个变化曲线同实际情况非常类似。

MATLAB R2014a 版本依然保留旧版本的坐标变换模块,其图标如图 7-48 所示。

其与新版本的最大区别是在搭建电流变换与磁链观测模块时必须增加正、余弦模块,同时其数学模型为

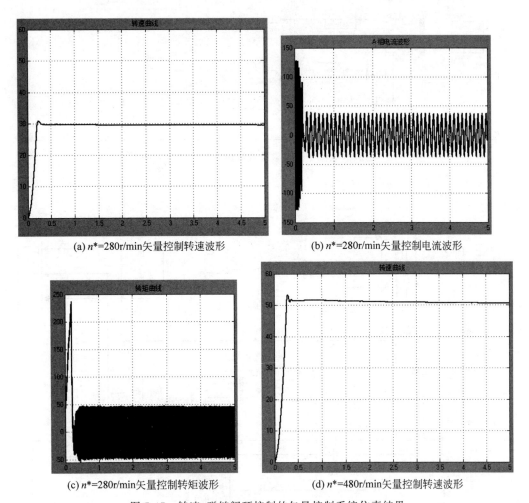

(a) n*=280r/min矢量控制转速波形　　　(b) n*=280r/min矢量控制电流波形

(c) n*=280r/min矢量控制转矩波形　　　(d) n*=480r/min矢量控制转速波形

图 7-47　转速、磁链闭环控制的矢量控制系统仿真结果

图 7-48　$C_{3/2}$ 坐标系模块

$$C_{3s/2r} = \frac{2}{3} \begin{pmatrix} \sin\omega t & \sin(\omega t - 120°) & \sin(\omega t + 120°) \\ \cos\omega t & \cos(\omega t - 120°) & \cos(\omega t + 120°) \\ \dfrac{1}{2} & \dfrac{1}{2} & \dfrac{1}{2} \end{pmatrix}$$

可以看出两者有差别，如果把 abc-dq0 模块的旋转角度加上 90°，同时矩阵系数乘以 $\sqrt{3/2}$，那么二者完全相等。其电流变换与磁链观测仿真模型及封装后子系统如图 7-49 所示。

采用旧版本搭建转速、磁链闭环控制的矢量控制系统仿真模型如图 7-50 所示。

调节器参数与上相同，仿真结果也相同，不再赘述。

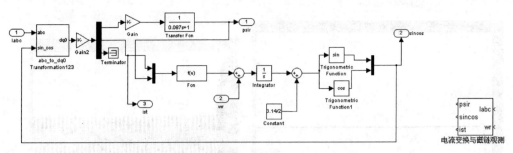

图 7-49　旧版本电流变换与磁链观测仿真模型及封装后子系统

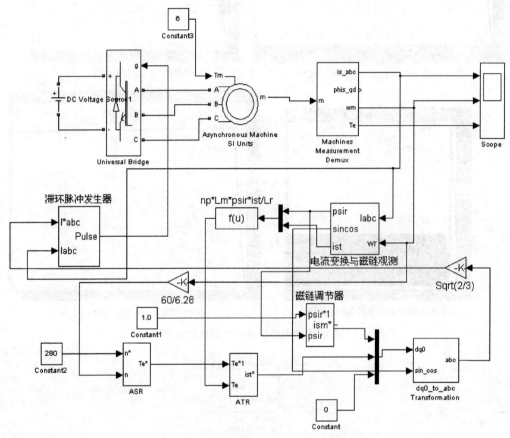

图 7-50　旧版本转速、磁链闭环控制的矢量控制系统仿真模型

7.9　定子磁链定向控制直接转矩控制系统仿真

7.9.1　按定子磁链定向控制直接转矩控制系统的工作原理

交流电动机是一个多变量、非线性、强耦合系统,增加了控制的复杂性。为了提高异步电动机调速系统的性能指标,直接转矩控制技术是一种高性能的变频调速技术,其原理框图如图 7-51 所示。

从图 7-51 可以看出,按定子磁链定向控制的直接转矩控制系统分别控制异步电动机的转速和磁链,转速调节器 ASR 的输出作为电磁转矩的给定型号,在后面设置转矩控制内环。它可以抑制磁链变化对转速子系统的影响,摒弃了矢量控制的解耦思想,将定子磁链及电磁转矩作为被控量,实行定子磁场定向,避免了复杂的坐标变换。定子磁链的估算仅涉及定子电阻,减小了对电动机参数的依赖。它可以抑制磁链变化对转速子系统的影响,从而使转速和磁链子系统实现了近似解耦,从而获得较高的静、动态性能。

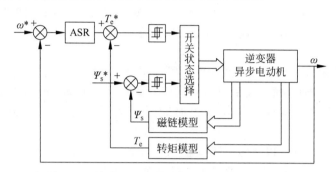

图 7-51　按定子磁链定向控制直接转矩控制系统

在具体控制上,DTC 系统有如下特点。

(1) 转矩和磁链的控制采用双位式砰-砰控制器,并在 PWM 逆变器中直接用这两个控制信号产生电压的 SVPWM 波形,从而避开了将定子电流分解成转矩和磁链分量,省去了旋转变换和电流控制,简化了控制器结构。

(2) 旋转定子磁链作为被控量,计算磁链的模型可以不受转子参数变化的影响,提高了控制系统的鲁棒性。但如果从数学模型推导按定子磁链控制的规律,显然要比按转子磁链定向时复杂,由于采用了砰-砰控制,此复杂性对控制器并没有影响。

(3) 由于采用了直接转矩控制,在加减速或负载变化的动态过程中可以获得快速的转矩响应,但必须注意限制过大的冲击电流,以免损坏功率开关器件,因此实际的转矩响应也有限。

7.9.2　按定子磁链定向控制直接转矩控制系统仿真

要实现按定子磁链定向控制的直接转矩控制系统,还必须获得定子磁链和转矩信号,在实用系统中,多是借助定子磁链和转矩的数学模型,实时计算磁链的幅值和转矩。

基于 MATLAB 工具箱的仿真,实际上是根据系统的数学模型进行计算。模块和参数的正确选择,既要能对系统的正确反映,又要能得出正确的结果。下面给出按定子磁链定向的直接转矩控系统各部分环节的仿真模型。

1. 主电路的建模和参数设置

在按定子磁链控制的直接转矩控制的调速系统中,主电路是由直流电压源、逆变器、交流电动机等模块组成。对于逆变器,可以采用电力电子模块组中选取 Universal Bridge,取臂数为 3,电力电子元件设置为 MOSFET/Diodes。交流电动机取 Machines 库中 Asynchronous Machine SI units,参数设置与 7.2 节相同,直流电压参数为 780V。

2. 控制电路建模和参数设置

1) 脉冲发生器建模

由直接转矩控制的工作原理可知,此系统采用电压空间矢量控制的方法,当电动机转速较高,定子电阻造成的压降可以忽略时,其定子三相电压合成空间矢量 u_s 和定子磁链幅值

Ψ_{m} 的关系式为

$$u_s \approx \frac{\mathrm{d}}{\mathrm{d}t}(\Psi_{\mathrm{m}}\mathrm{e}^{\mathrm{j}\omega_1 t}) = \mathrm{j}\omega_1 \Psi_{\mathrm{m}}\mathrm{e}^{\mathrm{j}\omega t_1}$$

$$= \omega_1 \Psi_{\mathrm{m}}\mathrm{e}^{\mathrm{j}\left(\omega_1 t + \frac{\pi}{2}\right)} \tag{7-21}$$

式(7-21)表明电动机旋转磁场的轨迹问题可以转化为电压空间矢量的运动轨迹问题。在电压空间矢量控制时有 8 中工作状态,开关管 VT1、VT2、VT3 导通,VT2、VT3、VT4 导通,VT3、VT4、VT5 导通等,为了叙述方便,依次用电压矢量 $u_1,u_2,\cdots,u_8$ 表示,其中 u_7、u_8 为零矢量。

从直接转矩控制原理可以知道脉冲发生器作用是在 ΔT_e、$\Delta \Psi$ 都大于零时按照 u_1、u_2、u_3、u_4 等顺序依次导通开关管,故采用 6 个 PWM 模块,参数设置:峰值为 1,周期为 0.02s,脉冲宽度为 50。但 6 个 PWM 模块延迟时间分别为设置为 0s,0.0033s,0.0066s,…,0.0165s。

由给定的定子磁链 Ψ^* 以及转速调节器 PI 输出的给定转矩 T_e^* 同电动机输出的 Ψ、T_e 相比较,当偏差大于零时,PWM 脉冲发生器控制逆变器上(下)桥臂功率开关器件动作,按正常顺序导通;但如果偏差均小于零或有一个小于零时,PWM 脉冲必须给出零矢量,也即只能使开关管 VT1、VT3、VT5 同时导通,VT2、VT4、VT6 截止。为了达到这种要求,现假设 T_e^*、T_e、Ψ^*、Ψ 等参数较高时为 1,相对低时为 0,由以上的说明可以列出电压空间矢量状态,如表 7-1 所示。

表 7-1　电压空间矢量状态表

T_e^*	T_e	Ψ^*	Ψ	电压矢量
1	0	1	0	$u_1,u_2,\cdots,u_6$
1	0	0	1	u_7
0	1	1	0	u_7
0	1	0	1	u_7

从表 7-1 可以看出,对于 ΔT_e、$\Delta \Psi$ 的值,当两个都大于零时,Relay 模块输出应为 1;当有一个小于零或两个都小于零时,Relay 模块输出应为 0,即 Relay 模块的参数设置:环宽为 1,输出为 1 或 0。采用这种方法的好处在于可以和后面逻辑运算模块进行协调控制。

由于需要对 PWM 脉冲进行控制,所以采用逻辑运算模块。下面以第一个开关管的 PWM 为例说明控制原理,第一个、第三个和第五个开关管控制方式相同。

当 $T_e^* > T_e$,$\Psi^* > \Psi$ 时,两个 Relay 模块输出均为 1,应该按 u_1、u_2、u_3……正常的顺序依次导通开关管,但当 $T_e^* < T_e$,$\Psi^* < \Psi$ 成立或其中一个成立时,两个 Relay 模块输出均为 0 或其中一个为 0,开关管的触发脉冲应为 1,即零矢量,其真值表如表 7-2 所示。

表 7-2　第一个开关管的导通状态

T_e^*	T_e	Ψ^*	Ψ	PWM$'$	PWM
1	0	1	0	$\times$	$\times$
0	1	1	0	$\times$	1
1	0	0	1	$\times$	1
0	1	0	1	$\times$	1

其中,1表示为较高值,0表示为相对低值,×表示任意电平,PWM′表示原有的触发脉冲,PWM表示控制后的触发脉冲。

从前面真值表可以设计出控制方案,采用两个逻辑模块搭建第一个开关管的PWM触发脉冲模型,参数设置一个为NAND,另一个为OR,如图7-52所示。

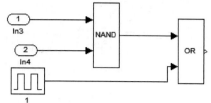

图7-52　第一个开关管的PWM脉冲控制

从图7-52可以看出,ln3是转矩之差的后的处理后结果,ln4是定子磁链之差的处理后结果,当二者均大于零时,输出为1,经过NAND模块处理后,为低电平0,同PWM′原有脉冲相"或"后,输出的PWM脉冲保持不变,还是原有的PWM′脉冲;当ln3、ln4有一个为零或两个都为零时,经过NAND模块处理后,为高电平1,同PWM′原有脉冲相"或"后,输出的PWM脉冲始终为1,从而保证了零矢量。

对于第二个、第四个和第六个开关管的PWM控制原理,也可列出真值表,如表7-3所示。

表 7-3　第二个开关管的导通状态

T_e^*	T_e	Ψ^*	Ψ	PWM′	PWM
1	0	1	0	×	×
0	1	1	0	×	0
1	0	0	1	×	0
0	1	0	1	×	0

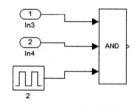

图7-53　第二个开关管的
PWM脉冲控制

从上面真值表可以设计出控制方案,采用逻辑运算模块搭建第二个开关管的PWM触发脉冲模型,如图7-53所示。

从图7-53可以看出,当ln3和ln4均大于零时,输出为1,同PWM′原有脉冲相"与"后,经过AND模块处理,输出的PWM脉冲保持不变,还是原有的PWM′脉冲;当ln3、ln4有一个为零或两个都零时,经过AND模块处理后,PWM为低电平0,从而保证了第二个、第四个和第六个开关管截止。

PWM触发脉冲模型及子系统如图7-54所示。特别要注意的是这些逻辑操作模块的采样时间全部由默认值改为50e−6。

2) 定子磁链模型

在建立定子磁链模型时,先写出 dq 坐标系上定子磁链的数学模型

$$\begin{bmatrix} \Psi_{sd} \\ \Psi_{sq} \end{bmatrix} = \begin{bmatrix} L_s & 0 & L_m & 0 \\ 0 & L_s & 0 & L_m \end{bmatrix} \begin{bmatrix} i_{sd} \\ i_{sq} \end{bmatrix} \tag{7-22}$$

式中,L_m 为 dq 坐标系定子与转子同轴等效绕组的互感,$L_m = \dfrac{3}{2} L_{ms}$;$L_s$ 为 dq 坐标系定子等效两相绕组的自感,$L_s = L_m + L_{ls}$。

式(7-22)是在 dq 坐标系上的定子磁链,由于直接转矩控制需要的是 $\alpha\beta$ 坐标系上的定子磁链,还必须把上式进行坐标转换。

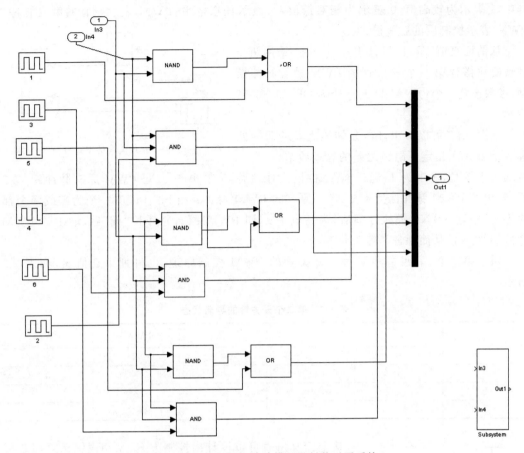

图 7-54　PWM 触发脉冲模型及封装后子系统

式(7-22)两边都左乘以两相旋转坐标系到两相静止坐标系变换矩阵 $\boldsymbol{C}_{2r/2s}$,得到两相旋转坐标系变换到两相静止坐标系的变换方程为

$$\begin{bmatrix} \cos\varphi & -\sin\varphi \\ \sin\varphi & \cos\varphi \end{bmatrix} \begin{bmatrix} \boldsymbol{\Psi}_{sd} \\ \boldsymbol{\Psi}_{sq} \end{bmatrix} = \begin{bmatrix} \cos\varphi & -\sin\varphi \\ \sin\varphi & \cos\varphi \end{bmatrix} \begin{bmatrix} L_s & 0 & L_m & 0 \\ 0 & L_s & 0 & L_m \end{bmatrix} \begin{bmatrix} i_{sd} \\ i_{sq} \end{bmatrix} \tag{7-23}$$

即

$$\begin{bmatrix} \boldsymbol{\Psi}_{s\alpha} \\ \boldsymbol{\Psi}_{s\beta} \end{bmatrix} = \begin{bmatrix} \cos\varphi & -\sin\varphi \\ \sin\varphi & \cos\varphi \end{bmatrix} \begin{bmatrix} L_s & 0 & L_m & 0 \\ 0 & L_s & 0 & L_m \end{bmatrix} \begin{bmatrix} i_{sd} \\ i_{sq} \end{bmatrix} \tag{7-24}$$

对于定子绕组而言,在静止坐标系上的数学模型是任意旋转坐标系数学模型当坐标旋转等于零时的特例,当 $\varphi = 0$ 时,即为定子磁链在 $\alpha\beta$ 坐标系上的变换阵。即

$$\boldsymbol{C}_{2r/2s} = \begin{bmatrix} 1 & 0 \\ 0 & 1 \end{bmatrix} = \boldsymbol{E} \tag{7-25}$$

从式(7-25)可以看出,对于定子绕组的磁链方程,其 dq 坐标系和 $\alpha\beta$ 坐标系方程完全相同,故设计定子磁链模型及封装后子系统如图 7-55 所示。其参数为,$L_m = \dfrac{3}{2} L_{ms} = 0.103\,965$,$L_s = L_m + L_{ls} = 0.105\,965$。

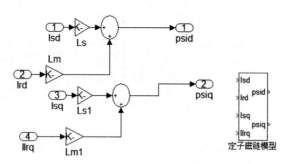

图 7-55 定子磁链模型及封装后子系统

3）转矩模型的建立

由于 MATLAB 模型中的交流电动机测量模块只有 dq 坐标系上的值，而没有 $\alpha\beta$ 坐标系上的值，故采用的转矩方程为

$$T_e = pL_m(i_{sq}i_{rd} - i_{sd}i_{rq}) \tag{7-26}$$

搭建转矩模型如图 7-56 所示，其参数为 $p = 2, L_m = 0.103\,965$。

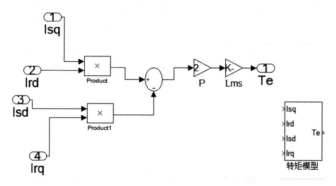

图 7-56 转矩模型及封装后子系统

由于转矩模型输入的是电动机测量模块的 dq 坐标系上的定、转子电流，在电动机测量模块中，其定子、转子电流的值与 T_e 有关，当 $\Delta T_e = 0$ 时，就会出现仿真终止的情况。为了防止这种情况发生，在转矩模型后端加了一个保持模块（Memory），参数设置为 1，即可达到要求。

4）调节器的建模与参数设置

转速调节器采用 PI 调节器，参数设置：选择 Parallel 形式，$K_p = P = 100, K_i = I = 10$，上下限幅为 $[800 \quad -1]$。

将主电路和控制电路的仿真模型进行连接，即可得如图 7-57 所示的按定子磁链控制的直接转矩控制系统的仿真模型。Relay 模块的环宽为 0.02，即 Switch on point 为 0.01，Switch off point 为 -0.01，Output when on 为 1，Output when off 为 0。

系统仿真参数设置：仿真中所选择的算法为 ode23tb，Start 设为 0，Stop 设为 3.0s。

3. 仿真结果

仿真结果如图 7-58 和图 7-59 所示。图 7-58 是对于恒转矩负载 10N·m 时的仿真结果，而图 7-55 是对于负载变化时的仿真结果，负载开始时为 10N·m，在 1.0s 时负载变为 50N·m。

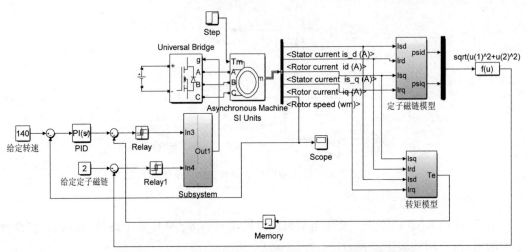

图 7-57 按定子磁链控制的直接转矩控制系统的仿真模型

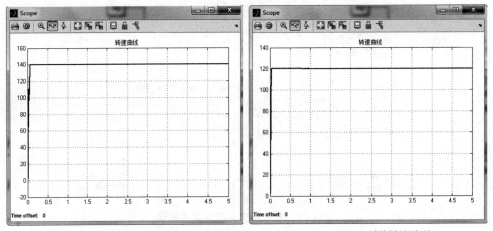

(a) ω*=140rad/s时的转速波形   (b) ω*=120rad/s时的转速波形

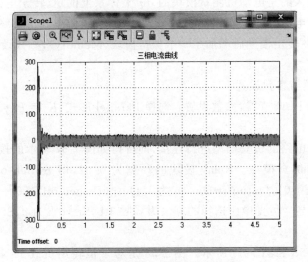

(c) ω*=140rad/s时的电动机三相电流波形

图 7-58 恒转矩负载系统的仿真结果

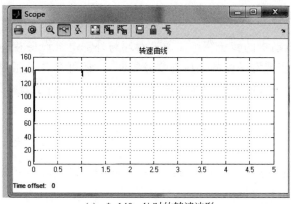

(a) ω*=140rad/s时的转速波形

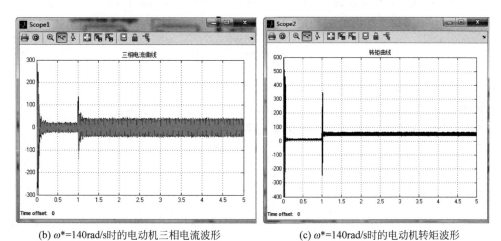

(b) ω*=140rad/s时的电动机三相电流波形　　　　(c) ω*=140rad/s时的电动机转矩波形

图 7-59　变转矩负载系统的仿真结果

从仿真结果可以看出,对于恒转矩负载,当给定信号 $\omega^* = 140\text{rad/s}$ 时,在调节器作用下,电动机转速很快上升,最后稳定在 140rad/s;当给定信号 $\omega^* = 120\text{rad/s}$ 时,电动机转速最终稳定在 120rad/s。而且当负载产生变化时,由于系统的自动调节,使得转速很快上升为原来的给定转速,表明系统动态性能较好。电动机的稳态转速由给定转速信号控制,对于闭环内的扰动能够进行克服。在电动机起动阶段,电流和转矩波动都较大,且在稳定时转速和磁链都会上下波动,同直接转矩控制理论相符合,整个变化曲线同实际情况非常类似。

7.10　绕线转子异步电动机双馈调速系统仿真

异步电动机的变频调速因具有宽调速范围与高调速性能而得到越来越广泛的应用,同时,适应各种不同场合的需要,其他交流调速方法也有一定的应用空间。绕线型异步电动机串级调速系统具有效率高、线路简单、可靠性高与设备初投资低等特点,特别适用于调速范围要求较小的大功率调速系统,尤其在大功率的风机、水泵的调速中,有着广阔的应用领域。

7.10.1　绕线转子异步电动机串级调速原理

绕线转子异步电动机的转子绕组能通过滑环与外部电气设备相连接,因此,除了与笼型异步电动机一样,可实现定子侧的调压与变频控制外,还可在转子侧接入电阻或反电势对其进行转速控制。转子中接电阻的调速方法属于耗能型调速,由于效率低与调速性能差,现已极少应用。

绕线式异步电动机运行时,其转子相电动势为

$$E_2 = sE_{20} \tag{7-27}$$

式中,s 为异步电动机的转差率;E_{20} 为绕线转子异步电动机在转子不动时的相电势,或称开路电动势、转子额定相电压。

式(7-27)说明,转子电动势 E_2 值与其转差率 s 成正比,同时它的频率 f_2 也与 s 成正比,即 $f_2 = sf_1$。当转子按常规接线时,转子相电流的方程式为

$$I_2 = \frac{sE_{20}}{\sqrt{R_2^2 + (sX_{20})^2}} \tag{7-28}$$

式中,R_2 为转子绕组每相电阻;X_{20} 为 $s=1$ 时转子绕组每相漏抗。

如果在转子电路中引入一个可控的交流附加电动势 E_{add},并与转子电动势 E_2 串联,E_{add} 应与 E_2 有相同的频率,但与 E_2 同相或反相,如图 7-60 所示。

图 7-60 中转子电路的电流方程式为

$$I_2 = \frac{sE_{20} \pm E_{\text{add}}}{\sqrt{R_2^2 + (sX_{20})^2}} \tag{7-29}$$

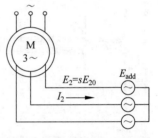

图 7-60　绕线转子异步电动机转子附加电动势的原理图

由于转子电流 I_2 与负载的大小有直接关系,当电动机的负载转矩 T_L 恒定时,可以认为不论转速高低转子电流 I_2 都不变,即在不同的 s 值下,式(7-28)和式(7-29)相等。设附加电动势 $E_{\text{add}}=0$ 时,电动机在 $s=s_1$ 的转差率下稳定运行。当加入反相的附加电动势后,电动机转子回路的合成电动势减小了,转子电流和电磁转矩也相应减小,由于负载转矩未变,电动机必然减速,因而 s 增大,转子总电动势增大,转子电流也逐渐增大,直至转差率增大到 s_2(大于 s_1)时,转子电流又恢复到原值,电动机进入新的稳定运行状态。此时 s_1 与 s_2 之间的关系为

$$\frac{s_1E_{20}}{\sqrt{R_2^2 + (s_1X_{20})^2}} = I_2 = \frac{s_2E_{20} - E_{\text{add}}}{\sqrt{R_2^2 + (s_2X_{20})^2}} \tag{7-30}$$

可见,改变附加电动势 E_{add} 的大小,即可调节电动机的转差率 s,亦即调节电动机的转速。同理,如果引入同相的附加电动势,则可使电动机的转速增大。

在异步电动机转子回路中串入附加电动势固然可以改变电动机的转速,但由于电动机转子回路感应电动势 E_2 的频率随转差率而变化,所以附加电动势的频率也必须能随电动机转速而变化。这种调速方法就相当于在转子侧加入了一个可变频、可变幅的电压。由于在工程上获取可变频、可变幅的可控交流电源是有一定难度的,因此常变换到直流电路上来处理,即先将电动机转子电动势整流成直流电压,然后引入一个直流附加电动势,调节直流附加电动势的幅值就可以调节异步电动机的转速。那么,对这一直流附加电动势有什么技术要

求呢? 按前述,首先它应该是平滑可调的,以满足对电动机转速的平滑调节。另外从功率传递的角度来看,希望能吸收从电动机转子侧传递过来的转差功率并加以利用,譬如把能量回馈电网,而不让它无谓地损耗掉,这就可以大大提高调速的效率。根据上述两点,如果选用工作在逆变状态的晶闸管可控整流器作为产生附加直流电动势的电源,是完全能满足上述要求的。

图7-61为根据前面所讨论而组成的异步电动机的电气串级调速系统原理图。图中异步电动机以转差率 s 在运行,其转子电动势 sE_{20} 经三相不可控整流装置 UR 整流,输出直流电压 U_d。工作在逆变状态的三相可控整流装置 UI 除提供可调的直流输出电压 U_i 作为调速所需的附加电动势外,还将经 UR 整流后输出的电动机转差功率逆变,并回馈到交流电网。图中 TI 为逆变变压器,L 为平波电抗器。两个整流装置的电压 U_d 与 U_i 的极性以及电流 I_d 的方向如图7-61所示。

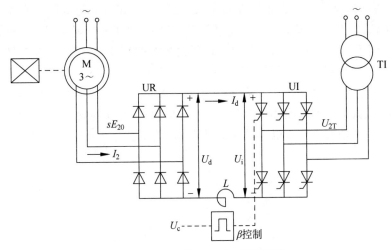

图 7-61 电气串级调速系统原理图

由此可写出整流后的转子直流回路的电压平衡方程式
$$U_d = U_i + I_d R \tag{7-31}$$
或
$$K_1 s E_{20} = K_2 U_{2T} \cos\beta + I_d R \tag{7-32}$$
式中,K_1、K_2 为 UR 与 UI 两个整流装置的电压整流系数,如果都采用三相桥式整流电路,则 $K_1 = K_2 = 2.34$;U_{2T} 为逆变变压器的二次相电压;β 为工作在逆变状态的可控整流装置 UI 的逆变角;R 为转子回路总电阻。

式(7-31)和式(7-32)是在未计及电动机转子绕组与逆变变压器的漏抗作用影响的情况下而写出的简化公式。从式中可以看出,U_d 是反映电动机转差率的量,I_d 与转子交流电流 I_2 间有固定的比例关系,所以它可以近似地反映电动机电磁转矩的大小。控制晶闸管逆变角 β 可以调节逆变电压 U_i。

在电动机负载转矩不变的条件下作稳态运行时,可以近似认为 I_d 为恒值,当增大 β 时,逆变电压 U_i 减小,电动机转速因存在机械惯性尚未变化,U_d 仍维持原值,由式(7-31)可知,直流回路电流 I_d 增大,转子电流 I_2 也相应增大,电动机加速;转子整流电压 U_d 随转速增大而减小,直至 U_d 与 U_i 依式(7-31)取得新的平衡,电动机进入新的稳定状态以较高的转速运行。同理,减小 β 时,电动机减速。图7-61中,除电动机外,其余装置都是静止型的元器件,故称这种系统为静止型电气串级调速系统。由上述原理可见,系统转子侧构成了一个交-直-交有源逆变器,由于逆变器通过变压器与交流电网相连,其输出频率是固定的,因而是一个有源逆变器。由此可见,这种调速系统可以看作是电动机定子恒频恒压供电下的转子变频调速系统。由于其值可平滑连续变化,因而电动机的转速也能平滑地连续调节。这种调速方法因为逆变器能将电动机的转差功率回馈到交流电网,相比于转子串电阻调速可大大提高调速系统的效率,故称为转差功率回馈型的调速方法。

根据生产工艺对调速系统静、动态性能要求的不同,串级调速系统可采用开环控制或闭环控制。由于串级调速系统机械特性的静差率较大,所以开环控制系统只用于对调速性能要求不高的场合。为了提高静态调速精度并获得较好的动态特性,须采用闭环控制,和直流调速系统一样,通常采用具有电流反馈与转速反馈的双闭环控制方式。

图 7-62 所示为双闭环控制的串级调速系统原理图,其结构与双闭环直流调速系统相似,ASR 和 ACR 分别为转速调节器和电流调节器,TG 和 TA 分别为测速发电机和电流互感器。图中转速反馈信号取自与异步电动机同轴相连的测速发电机,电流反馈信号取自逆变器交流侧的电流互感器,也可通过霍尔变换器或直流互感器取自转子直流回路。为防止逆变器逆变颠覆,在 ACR 输出电压为零时,应整定触发脉冲输出相位角为 $\beta = \beta_{min}$。图 7-62 所示的系统与直流不可逆双闭环调速系统一样,具有静态稳速与动态恒流的作用,所不同的是它的控制作用都是通过异步电动机转子回路来实现的。

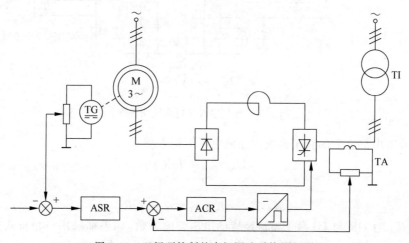

图 7-62 双闭环控制的串级调速系统原理图

绕线转子异步电动机在转子回路中串入与转子电势同频率的附加电势,通过改变附加电势的幅值和相位实现调速。在电动机运转时,转差功率大部分被串入的附加电势所吸收,利用产生附加电势的装置,把所吸收的这部分转差功率回馈给电网,这样就使电动机在调速时有较高的效率,这种在绕线式异步电动机转子回路中串入附加电势的高效率调速方法称为串级调速。

7.10.2 绕线转子异步电动机串级调速仿真

图 7-63 是双闭环异步电动机串级调速的仿真模型,下面介绍各部分仿真模型的建立与参数设置。

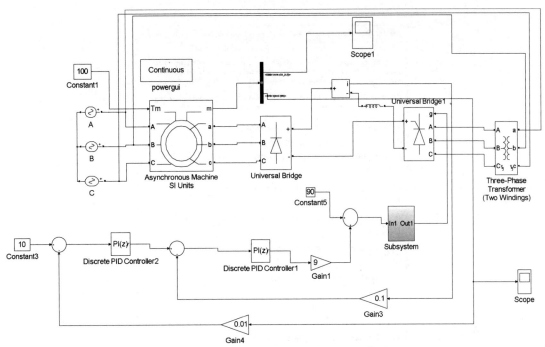

图 7-63　绕线转子异步电动机双馈调速系统的仿真模型

1. 主电路仿真模型的建立与参数设置

主电路由三相电源、绕线转子异步电动机、桥式整流电路、电感、逆变器及逆变变压器组成。

电源模块就是取交流电压源模块 AC Voltage Source,参数设置同前面相同,不再赘述。异步电动机模块取 Asynchronous Machine,参数设置:绕线转子异步电动机,额定容量为 $3*746$VA,线电压为 380V,频率为 50Hz,二对极;$R_s=0.435\Omega$,$L_{ls}=0.002$H,$R'_r=0.816\Omega$,$L'_{lr}=0.002$H,$L_m=0.069$H,$J=0.089$kg·m^2,Initial conditions 为[1　0　0　0　0　0　0　0]。整流桥模块取 Universal Bridge,参数设置:电力电子器件为 Diodes,其他参数为默认值。逆变桥 Universal Bridge 参数设置:电力电子器件为 Thyristor,其他参数也为默认值。平波电抗器取模块(路径为 simscape/SimPowerSystems/Specialized Technology/Elements/Series RLC Branch)的参数设置:电感(Inductance)为 1e−3H,电感初始电流为 1。逆变变压器路径为 simscape/SimPowerSystems/Specialized Technology/Elements/Three-Phase Transformer(Two-Windings),参数设置如图 7-64 所示。

2. 控制电路仿真模型的建立与参数设置

控制电路由给定信号(Constant 模块)、PI 调节器(Discrete PI Controller 模块)、比较信号(Sum 模块)、同步 6 脉冲发生装置(一个同步合成频率,积分模块等封装而成,同直流调速系统仿真中同步 6 脉冲发生装置完全相同)、转速反馈信号(Gain 模块)和电流反馈信号(Gain 模块)等组成。

给定信号参数设置为 10。转速调节器的参数设置:选择 Parallel 形式,$K_p=P=0.1$、$K_i=I=1$,上下限幅[10　−10];电流调节器参数设置:选择 Parallel 形式,$K_p=P=0.1$,$K_i=I=1$,上下限幅[10　−10],电流反馈系数为 0.1,转速反馈系数为 0.01。

由于同步 6 脉冲触发装置的输入信号是导通角,整流桥处于逆变状态时导通角为 $90°\leqslant$

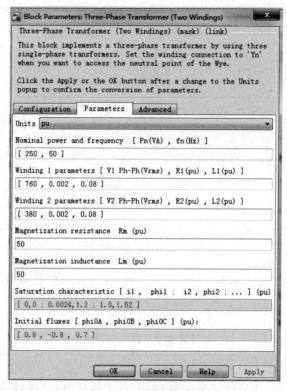

图 7-64 逆变变压器的参数设置

$\alpha \leqslant 180°$,由于从速度调节器输出信号的数值可能小于 90 而处于整流状态。在仿真中电流调节器输出信号不能直接同步触发器的输入端,必须经过适当转换,使得电流调节器输出信号同逆变桥的输出电压对应,即当电流调节器输出信号为 0 时,整流桥的逆变电压为 0,限幅器输出达到限幅 U_i^*(10V)时,整流桥输出电压为最大值 $U_{d0(max)}$,因此转换模型如图 7-65 所示。

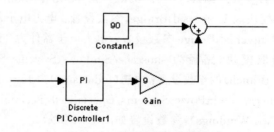

图 7-65 电路转换仿真模型

从转换模块可知,当 ACR 输出为 0 时,同步 6 脉冲触发器的输入信号 α 为 90°,逆变桥的输出电压为 0;当 ACR 输出为最大限幅(10V)时,同步 6 脉冲触发器的输入信号为 180°,逆变桥输出电压为 $U_{d0(max)}$。

仿真选择算法为 ode23tb,仿真开始时间为 0,结束时间为 5.0s,仿真结果如图 7-66 所示。

从仿真结果可知,在异步电动机转速上升阶段,定子电流波动比较大,当转速稳定下来后,定子电流也随之稳定。

本章对交流调速系统只是定性进行了仿真,主要介绍交流调速系统仿真模型的建立与主要参数的设置。在进行定量仿真时,把调速系统中各部分实际参数代入各模块即可。

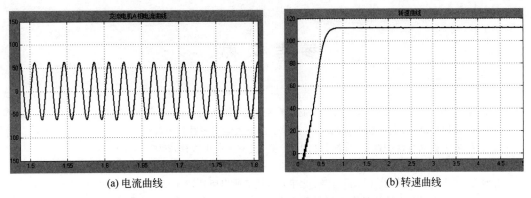

(a) 电流曲线   (b) 转速曲线

图 7-66 绕线转子异步电动机双馈调速系统的仿真结果

参 考 文 献

［1］ 陈中.基于 MATLAB 的电力电子技术和交直流调速系统仿真［M］.北京：清华大学出版社,2014.

［2］ 冷增祥,徐以荣.电力电子技术基础［M］.南京：东南大学出版社,2012.

［3］ 陈伯时.电力拖动自动控制系统［M］.3 版.北京：机械工业出版社,2007.

［4］ 顾春雷,陈中.电力拖动自动控制系统与 MATLAB 仿真［M］.北京：清华大学出版社,2011.

［5］ 王兆安,黄俊.电力电子技术［M］.4 版.北京：机械工业出版社,2008.

［6］ 洪乃刚.电力电子和电路拖动自动控制系统的 MATLAB 仿真［M］.北京：机械工业出版社,2003.

［7］ 孙亮.MATLAB 语言与控制系统仿真［M］.北京：北京工业大学出版社,2006.

［8］ 马志源.电力拖动控制系统［M］.北京：科学出版社,2004.

［9］ 陈中,胡国文.转差频率控制的转速闭环调速系统的改进方法［J］.合肥工业大学学报（自然科学版）,2012(5).

［10］ 陈中,顾春雷.基于 MATLAB 的配合控制有环流可逆直流调速系统的仿真［J］.盐城工学院学报（自然科学版）,2008(4).

［11］ 陈中,朱代忠.基于 MATLAB 逻辑无环流直流可逆调速系统仿真［J］.微电机,2009(1).

图书资源支持

感谢您一直以来对清华版图书的支持和爱护。为了配合本书的使用，本书提供配套的资源，有需求的读者请扫描下方的"清华电子"微信公众号二维码，在图书专区下载，也可以拨打电话或发送电子邮件咨询。

如果您在使用本书的过程中遇到了什么问题，或者有相关图书出版计划，也请您发邮件告诉我们，以便我们更好地为您服务。

我们的联系方式：

教学交流、课程交流

地　　址：北京市海淀区双清路学研大厦 A 座 701

邮　　编：100084

电　　话：010－62770175－4608

资源下载：http://www.tup.com.cn

客服邮箱：tupjsj@vip.163.com

QQ：2301891038（请写明您的单位和姓名）

清华电子

扫一扫，获取最新目录

用微信扫一扫右边的二维码，即可关注清华大学出版社公众号"清华电子"。